Otto Bruhns
Theodor Lehmann

Elemente der Mechanik I

Einführung, Statik

W0259964

Aus dem Programm
Grundgebiete des Maschinenbaus

Mathematik für Ingenieure, Band 1 und 2
von L. Papula

Mathematische Formelsammlung
für Ingenieure und Naturwissenschaftler
von L. Papula

Übungen zur Mathematik für Ingenieure
von L. Papula

Roloff/Matek Maschinenelemente
Aufgabensammlung
von W. Matek, D. Muhs und H. Wittel

Roloff/Matek Maschinenelemente
Formelsammlung
von W. Matek, D. Muhs und H. Wittel

Elemente der Mechanik I
Einführung, Statik
von O. Bruhns und Th. Lehmann

Elektrotechnik für Maschinenbauer
von H. Krämer

Regelungstechnik für Maschinenbauer
von W. Schneider

Lehr- und Übungsbuch der Technischen Mechanik
Band 1: Statik; Band 2: Festigkeitslehre
von H. H. Gloistehn

Vieweg

Otto Bruhns
Theodor Lehmann

Elemente der Mechanik I

Einführung, Statik

Mit 169 Bildern und 8 Tafeln

Die Deutsche Bibliothek – CIP-Einheitsaufnahme

Bruhns, Otto:
Elemente der Mechanik / Otto Bruhns; Theodor
Lehmann. – Braunschweig; Wiesbaden: Vieweg
Frühere Ausg. u. d. T.: Lehmann, Theodor:
Elemente der Mechanik
NE: Lehmann, Theodor:
1. Einführung, Statik: mit 8 Tabellen. – 1993
ISBN 978-3-528-03047-6 ISBN 978-3-322-92899-3 (eBook)
DOI 10.1007/978-3-322-92899-3

Alle Rechte vorbehalten
© Friedr. Vieweg & Sohn Verlagsgesellschaft mbH, Braunschweig/Wiesbaden, 1993

Der Verlag Vieweg ist ein Unternehmen der Verlagsgruppe Bertelsmann International.

Das Werk einschließlich aller seiner Teile ist urheberrechtlich geschützt. Jede Verwertung außerhalb der engen Grenzen des Urheberrechtsgesetzes ist ohne Zustimmung des Verlags unzulässig und strafbar. Das gilt insbesondere für Vervielfältigungen, Übersetzungen, Mikroverfilmungen und die Einspeicherung und Verarbeitung in elektronischen Systemen.

Umschlaggestaltung: Klaus Birk, Wiesbaden

ISBN 978-3-528-03047-6

Vorwort

Die Tätigkeit als Ingenieur erfordert sowohl die Befähigung zum analytischen Durchdringen eines Sachverhaltes als auch die Fähigkeit, eine Aufgabe in schöpferischer Synthese einer Lösung zuführen zu können. Die Mechanik, die eine der Grundlagen der Ingenieurwissenschaften bildet, ist mehr dem analytischen Bereich der Ingenieurtätigkeit zuzuordnen, der den Studenten des Ingenieurwesens erfahrungsgemäß die größeren Schwierigkeiten bereitet. Dieses Studienbuch soll dazu beitragen, diese Schwierigkeiten abzubauen. Deshalb ist die Darstellung relativ breit angelegt. Zugleich strebt dieses Studienbuch aber auch eine möglichst exakte Gedankenführung an, die zu einem kritischen Mitdenken anregen soll.

Das Buch folgt eng der didaktischen Linie der Mechanik-Vorlesungen, die von meinem verehrten im vorigen Jahr leider verstorbenen Lehrer Th. Lehmann und mir über viele Jahre für Studenten des Maschinenbaus und des Bauingenieurwesens gehalten wurden. Dieses Konzept geht weitestgehend auf die Bedürfnisse der anderen Grundlagenfächer ein, ohne allerdings die eigene Linie zu verlassen.

Im einzelnen wird stets so vorgegangen, daß zunächst an einem als bekannt voraussetzbaren oder leicht einsehbar zu machenden *physikalischen Sachverhalt* angeknüpft wird. Aus diesem Sachverhalt werden dann gewisse *Methoden* zu seiner Beschreibung abgeleitet, die danach wiederum auf andere Sachverhalte angewendet werden. Dabei wird stets großer Wert auf eine eingehende Erläuterung der Voraussetzungen gelegt, an die die Anwendung einer Methode gebunden ist. Beim methodischen Durcharbeiten eines Sachverhaltes wird im übrigen sorgfältig zwischen *Definitionen*, mit denen lediglich eine Größe oder ein neuer Begriff eingeführt werden, und *Sätzen* unterschieden, die eine Folgerung aus dem bereits Bekannten darstellen. Die physikalischen Grundaussagen (z.B. die Äquivalenzsätze für Kräftesysteme, das Grundgesetz der Mechanik usw.) werden hier zu den Sätzen gezählt. Ihrer Bedeutung für die Mechanik entsprechend werden diese Sätze und Definitionen im Text deutlich hervorgehoben.

Zur ingenieurmäßigen Lösung einer die Probleme der Mechanik berührenden Aufgabe gehören die folgenden Schritte:

1. Entwicklung eines mechanischen Modells, das die mechanischen Eigenschaften des technischen Problems in geeigneter Weise wiedergibt, und Formulierung der mechanischen Problemstellung.

2. Übersetzung des mechanischen Problems in das entsprechende mathematische Problem.

3. Lösung des mathematischen Problems.

4. Rückübersetzung der mathematischen Lösung in den mechanischen Bereich.

5. Einbringung der mathematischen Lösung in den mechanischen Bereich.

6. Einbringung der mechanischen Erkenntnisse in das vorliegende technische Problem und Untersuchung der technischen Lösungsmöglichkeiten des Problems.

Der erste und der letzte Schritt dieses Vorgehens, das gelegentlich auch iterativ erfolgen muß, konnten sich bei der gewählten Zielsetzung dieses Studienbuches allenfalls in einigen Randbemerkungen niederschlagen. Sehr viel stärker finden diese Schritte bei den Übungsaufgaben Berücksichtigung, die in den Lehrveranstaltungen des Faches Mechanik als notwendige Ergänzung zu diesem Buch behandelt werden. Solche Übungsaufgaben auch noch in dieses Buch aufzunehmen, hätte allerdings den verfügbaren Rahmen gesprengt.

Das vorliegende Buch ist der erste Band einer auf nunmehr drei Bände reduzierten grundlegend überarbeiteten Neuauflage der „Elemente der Mechanik“von Th. Lehmann. Viele meiner Mitarbeiter haben an dieser Überarbeitung und der Erstellung des Schriftsatzes mitgewirkt. Von ihnen seien hier lediglich die Hauptbeteiligten genannt. Die sorgfältige Herstellung des Textes hatte Frau Bayreuther übernommen, die Zeichnungen wurden von Frau Brockmeyer und Herrn Grundmann ausgeführt. Herr Dr. Meyers hat durch kritisches Korrekturlesen sehr zur endgültigen Fassung des Buches beigetragen. Seinem unermüdlichen Einsatz ist es auch zu danken, daß der Schriftsatz in LaTeX in erstaunlich kurzer Zeit erstellt werden konnte. Ihnen allen möchte ich an dieser Stelle recht herzlich danken.

Bochum, im Januar 1993 *Otto Bruhns*

Inhaltsverzeichnis

1 Einleitung

1.1 Die Aufgabe der Mechanik und ihre Abgrenzung

Die Mechanik ist ein Teilgebiet der Physik. Als ihre Aufgabe betrachten wir es, die *Bewegung* und den inneren, mechanischen *Zustand* von *Körpern* unter der Einwirkung von *Kräften* zu beschreiben. Der Begriff *Körper* sei dabei ganz allgemein gebraucht. Es seien also darunter sowohl feste Körper als auch Flüssigkeiten und Gase verstanden. In dieser Einführung in die Mechanik werden wir uns allerdings nur mit festen Körpern befassen.

Bewegungen eines Körpers bedeuten Ortsveränderungen der Körperpunkte in einem – geeignet festzulegenden – Bezugsraum im Verlauf der Zeit. Dabei sei der Zustand der Ruhe als Sonderfall mit eingeschlossen. In die Beschreibung des inneren, mechanischen Zustandes gehen, wie wir noch sehen werden, die Deformationen ein, die die Körperelemente erfahren, und die im Innern des Körpers wirkenden Kräfte. Die Deformationen der Körperelemente lassen sich aus den Ortsveränderungen der Körperpunkte ableiten. Mithin können wir auch sagen:

Aufgabe der Mechanik

In der Mechanik sind die Beziehungen zwischen den Ortsveränderungen der Körperpunkte, den im Innern eines Körpers wirkenden und den von außen auf ihn ausgeübten Kräften zu beschreiben.

Hierzu sind noch einige kritische Bemerkungen nötig. Die soeben formulierte Abgrenzung der Aufgabe ist nur möglich, wenn wir im Rahmen der sogenannten klassischen Mechanik bleiben, und auch dann nur unter bestimmten weiter einschränkenden Voraussetzungen. In der sogenannten relativistischen Mechanik etwa lassen sich mechanische und thermodynamische Vorgänge grundsätzlich nicht voneinander trennen. Aber auch in der klassischen Mechanik sind bei Deformationsvorgängen mechanische und thermodynamische Vorgänge miteinander verknüpft, es sei denn, daß alle Körperelemente in gleicher Weise isotherm deformiert werden.

In dieser Einführung in die Mechanik wollen wir allerdings von der Kopplung mechanischer und thermodynamischer Vorgänge absehen und ganz im Rahmen der klassischen Mechanik bleiben. Das bedeutet:

1. Raum und Zeit werden als indifferenter Rahmen aller physikalischen Vorgänge angenommen, d.h. als ein Rahmen, der unabhängig von dem physikalischen Geschehen in ihm und unabhängig von dem Beobachter dieses Geschehens ist (*Indifferenz-Prinzip für Raum und Zeit*).
2. Die Körper werden als materielle Kontinua betrachtet, deren Bewegungen und Deformationen durch die Angabe der Ortsveränderungen der Körperpunkte vollständig zu beschreiben sind (*Punkt-Kontinuum*).

Setzt man die Gültigkeit des Indifferenz-Prinzipes für Raum und Zeit voraus, so läßt sich daraus folgern:

a. Der Raum hat eine orts- und zeitunabhängige Struktur;

b. der Raum ist euklidisch, d.h. in ihm gilt an jedem Punkt zu allen Zeiten die euklidische Geometrie;

c. es gibt keinen ausgezeichneten Bezugspunkt und keine ausgezeichnete Bezugsrichtung des Raumes;

d. es gibt keinen ausgezeichneten Zeitpunkt;

e. die Gleichzeitigkeit zweier an verschiedenen Orten stattfindender Ereignisse ist unabhängig vom Beobachter eindeutig definierbar;

f. Beziehungen zwischen gleichzeitig an verschiedenen Orten stattfindenden Ereignissen erfordern die Existenz von Fernwirkungen, d.h. von Wirkungen, die sich mit unendlich großer Geschwindigkeit übertragen lassen.

Raum an sich und Zeit an sich sind nicht zu den physikalischen Größen zu zählen, da sie nach dem Indifferenz-Prinzip nicht als Merkmale in das physikalische Geschehen eingehen, sondern nur als Rahmen dienen. Dagegen gibt es sehr wohl raumartige wie zeitartige als auch daraus abzuleitende physikalische Größen. Beispiele dafür sind das Volumen eines Körpers, die Zeitdifferenz zwischen zwei Ereignissen oder auch der Abstand zweier Punkte, die Frequenz eines Schwingers, die Geschwindigkeit eines Punktes.

Die zweite Annahme der klassischen Mechanik, daß Körper als materielle Punkt-Kontinua betrachtet werden, bedarf ebenfalls noch einer Erläuterung. Zunächst wird damit gesagt, daß wir jedem Körper einen Raumbereich zuordnen können, da der Körper geometrisch dieselbe Struktur hat wie der Raum. Der Begriff *materiell* soll hingegen zum Ausdruck bringen, daß Körper – im Gegensatz zu Raum und Zeit – als Träger *physikalischer Größen* erscheinen. So ist z.B. den Körpern bzw. ihren Elementen ein Volumen, den Körperpunkten eine Geschwindigkeit zuzuordnen. Ebenso sind auftretende Kräfte stets materiellen Körpern zugeordnet. Zwar spricht man bei manchen Problemen von Kraftfeldern im Raum, z.B. vom Schwerefeld der Erde und des Mondes bei Problemen der Raumfahrt. Dieses Schwerefeld ist jedoch an die materiellen Körper Erde und Mond gebunden und nur in seiner Zuordnung zu diesen Körpern zu definieren. Die Raumpunkte, denen wir eine bestimmte Schwerewirkung zuschreiben, sind hierbei als Umgebung materieller Körper zu verstehen.

1.2 Allgemeines zur Aussageform der Mechanik

Wir haben bei unseren vorstehenden Überlegungen bereits verschiedene Begriffe aus dem Bereich der Mechanik gebraucht (z.B. Kraft, Geschwindigkeit usw.), ohne sie genauer zu definieren. Wir sind dabei - unausgesprochen - davon ausgegangen, daß jeder bereits aus seiner alltäglichen Erfahrung ein gewisses Vorverständnis für Phänomene der Mechanik besitzt. Damit können wir uns jedoch nicht begnügen. Wir wollen ja zu einer präziseren Beschreibung mechanischer Vorgänge gelangen. Wie wir hier vorzugehen haben, ist von allgemeiner Bedeutung nicht nur für die Mechanik, sondern für viele Zweige der Wissenschaft.

1. Die wissenschaftliche Beschreibung eines Sachverhaltes geschieht in Form von *Sätzen*, die eine *Aussage* enthalten. In einer Aussage werden *Begriffe* in Beziehung zueinander gebracht. Um die Beziehungen auszudrücken, bedient man sich einer Sprache, die mehr oder weniger formalisiert ist. Das Aufstellen der Regeln für eine solche formale Sprache ist Aufgabe der *Aussagen-Logik*, wobei allerdings verschiedene Logik-Systeme möglich sind.

2. Die Gesamtheit der Aussagen eines Wissenschaftsbereiches, z.B. der Mechanik, bildet ein *Aussagen-System*, das von einigen Grundbegriffen ausgeht. Diese Grundbegriffe sind Abstraktionen aus unserer Erfahrung. Wir können solche Grundbegriffe nicht losgelöst von jedem Vorverständnis definieren. Aber wir können sie präzisieren, indem wir Aussagen über ihre Beziehungen zueinander machen. Dieses Vorgehen nennt man *implizite Definition*. Wir können schließlich auch neue Begriffe bilden, indem wir sie durch Aussagen in Beziehung zu bereits bekannten Begriffen setzen.

3. Das Aussagen-System, das wir aufstellen, stellt ein *Bild* (eine Abbildung) dessen dar, was es beschreiben soll. Ein solches Bild spiegelt gewisse (uns wesentlich erscheinende) Merkmale und Strukturen eines realen Vorganges oder Zustandes wider, jedoch niemals alle. Diesen Sachverhalt können wir uns veranschaulichen, indem wir etwa das Foto eines Gegenstandes mit dem Gegenstand selbst vergleichen.

4. Bei der Aufstellung eines Aussagen-Systems benutzen wir *Abstraktionen* und *Idealisierungen*. Eine Abstraktion bedeutet, daß wir – im Hinblick auf die beabsichtigte Aussage – Nebensächliches weglassen. Idealisierungen zielen auf eine vereinfachte Darstellung einer Beziehung. Wie weit wir jeweils Abstraktion und Idealisierung treiben können, hängt davon ab, zu welchem Zweck

das Aussagen-System aufgestellt werden soll. In diesem Buch haben wir beispielsweise vorwiegend technische Fragestellungen im Auge. Das gibt uns die Berechtigung, uns auf den Rahmen der klassischen Mechanik zu beschränken und von Fall zu Fall auch noch weitergehende Vereinfachungen vorzunehmen.

Bei dem systematischen Aufbau des Aussage-Systems eines Wissenschaftszweiges strebt man an, an den Anfang eine Reihe von Grund-Aussagen (*Axiome*) zu stellen, die die Beziehungen zwischen den Grund-Begriffen definieren und die sich nicht auf noch elementarere Aussagen zurückführen lassen. Daraus sind dann alle weiteren Aussagen mit Hilfe eines als gültig angenommenen Logik-Systems abzuleiten. Die Definition der Axiome und die Wahl des Logik-Systems rechtfertigen sich nur dadurch, daß die abgeleiteten Aussagen ein befriedigendes Bild des zu beschreibenden Sachverhaltes ergeben. Dafür gibt es keine a priori Begründung. Es lassen sich deshalb für denselben Sachverhalt auch verschiedene Aussage-Systeme nebeneinanderstellen, die alle für sich in Anspruch nehmen können, *richtig* zu sein. So können wir z.B. etwa neben die Betrachtung eines Problems im Rahmen der klassischen Mechanik eine Betrachtung im Rahmen der relativistischen Mechanik stellen. Zwar ergibt die letztere zusätzliche Phänomene gegenüber der ersten. Diese können aber für den beabsichtigten Zweck ganz unerheblich sein. Deshalb sind beide Aussagen richtig in dem Sinne, daß beide eine in sich schlüssige Erklärung der zu erörternden Phänomene und eine hinreichende Übereinstimmung mit der Erfahrung liefern.

Wir folgern daraus, daß sich Aussagen über Beziehungen zwischen physikalischen Größen nicht schlechthin als *Naturgesetz* interpretieren lassen. Jede Aussage gibt nur ein mehr oder weniger genaues Bild von dem realen Sachverhalt. Sie spiegelt allenfalls den letzten Stand unserer Kenntnis von dem Sachverhalt wider, aber sie ist nicht letzte Erkenntnis; denn sie erfaßt den Sachverhalt niemals vollständig und ist stets noch zu verbessern.

Wir werden im übrigen hier nicht versuchen, eine streng axiomatische Grundlegung und einen daraus folgenden systematischen Aufbau der Mechanik vorzunehmen. Wir werden vielmehr häufig – etwa beim Übergang zu einem neuen Teilgebiet – neu bei unserer Erfahrung anknüpfen, dann aber jeweils systematisch weiterbauen.

1.3 Die Einteilung der Mechanik

Bei der Aufgliederung der Mechanik können wir einerseits die Bewegungsmöglichkeiten der Körper für sich betrachten, ohne auf ihren Zusammenhang mit den auf die Körper einwirkenden Kräften einzugehen, und auf der anderen Seite Aussagen über die Kräfte machen. Die Betrachtung der Bewegungsmöglichkeiten ist Aufgabe der *Kinematik*. Die Aussagen über die Kräfte fassen wir unter dem Begriff *Dynamik* zusammen.

In der Anwendung unterscheiden wir Probleme der Mechanik, bei denen der Körper in Ruhe bleibt (*Statik*), und Probleme, bei denen er seinen Bewegungszustand ändert (*Kinetik*). Sowohl in der Statik wie auch in der Kinetik sondern wir zweckmäßig zunächst die Probleme aus, bei denen wir die Körper als starr betrachten

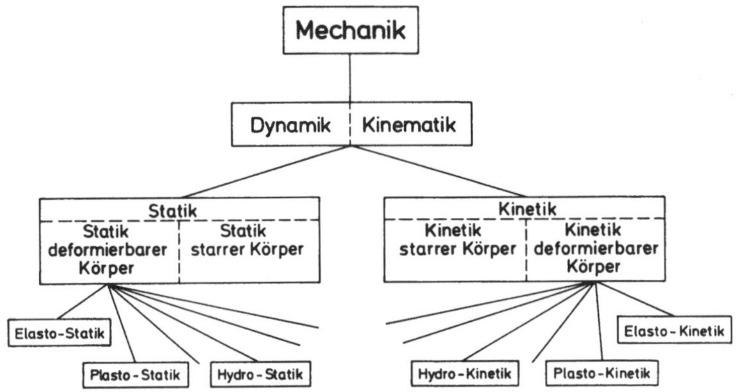

Bild 1.1 Die Einteilung der Mechanik

können. Bei der Statik und der Kinetik der deformierbaren Körper unterteilt man üblicherweise noch weiter nach den speziellen Stoffeigenschaften der Körper. Idealisieren wir das reale Stoffverhalten, so können wir einige ***einfache Modellkörper*** definieren, so etwa den elastischen Körper, den plastischen Körper, die inkompressible Flüssigkeit, das kompressible Gas usw. Dementsprechend gelangt man zur Elasto-Statik, zur Elasto-Kinetik, Plasto-Statik usw. Das reale Stoffverhalten ist allerdings meist sehr viel komplexer. Die einfachen Modellkörper haben deshalb auch nur die Bedeutung idealer Grenzfälle. In vielen praktischen Problemen kommt man jedoch mit diesen Idealisierungen aus.

Angemerkt sei noch, daß man im praktischen Sprachgebrauch vielfach anstelle von Kinetik das Wort Dynamik verwendet. Man hat dann den Gegensatz Statik – Dynamik und benutzt dementsprechend die Bezeichnungen Hydrodynamik, Aerodynamik usw. Das entspricht jedoch nicht mehr der ursprünglichen Bedeutung von Dynamik.

2 Allgemeine Grundlagen

2.1 Allgemeines über physikalische Größen

2.1.1 Größenarten und ihre Beziehungen

In den Aussagen über physikalische Vorgänge oder Zustände begegnen uns *physikalische Größen*. Sie sind meßbare oder berechenbare physikalische Merkmale dieser Vorgänge bzw. Zustände.

Es gibt offensichtlich physikalische Größen verschiedener Art: Längen, Zeiten, Kräfte, Temperaturen, Lichtstärken, elektrische Ladungen usw. Manche von ihnen sind durch eine einzige Zahlenangabe festzulegen, wie z.B. eine Zeitdifferenz oder eine Temperatur. Wir nennen sie *skalare Größen*. Bei anderen ist es erforderlich, neben dem Betrag der Größe auch ihre Richtung anzugeben, wie z.B. bei der Beschreibung der Geschwindigkeit eines Körperpunktes. Wir bezeichnen sie als *vektorielle Größen*. Daneben gibt es schließlich noch physikalische Größen höherer Ordnung, sogenannte *tensorielle Größen*, zu deren Festlegung man noch weitere Angaben benötigt.

Zur Bezeichnung physikalischer Größen führen wir im allgemeinen Buchstaben als *Symbole* ein. Dabei haben sich für einzelne Wissenschaftsgebiete gewisse Konventionen ausgebildet, die z.T. in DIN-Normen festgelegt sind.

Beispiele für die Bezeichnung *skalarer Größen* sind etwa

Zeit	t	Länge	l
Winkel	α	Fläche	A
Arbeit	W	Volumen	V
Leistung	P	Temperatur	T.

Vektorielle Größen kennzeichnen wir durch Fettdruck. Beispiele dafür sind:

Kraft	$\boldsymbol{F}$	Geschwindigkeit	$\boldsymbol{v}$
Moment	$\boldsymbol{M}$	Beschleunigung	$\boldsymbol{a}$.

Handschriftlich kennzeichnet man vektorielle Größen auch häufig durch Unterstreichung (glatt oder Tilde) oder durch einen übergesetzten Pfeil, hat also als äquivalente Schreibweisen

$$\boldsymbol{a} = \underline{a} = \underset{\sim}{a} = \vec{a}\,.$$

Meinen wir nur den *Betrag* einer vektoriellen Größe, so schreiben wir

$$|\boldsymbol{a}| = a\,.$$

Der Betrag ist also eine nicht-negative skalare Größe.

Der Abstand zweier Punkte, der Durchmesser einer Welle, die Spannweite einer Brücke sind Größen gleicher Art, nämlich Längen. Die Temperatur einer Flüssigkeit ist dagegen eine andere Größenart. Von Größen gleicher Art kann man sinnvoll Summen oder Differenzen bilden, also z.B. die Differenz zwischen dem Durchmesser einer Bohrung und dem Durchmesser einer Welle; sie ergibt das Spiel der Welle. Summen oder Differenzen von Größen verschiedener Art sind hingegen sinnlos.

2.1.2 Die zahlenmäßige Festlegung skalarer Größen

Die zahlenmäßige Festlegung skalarer Größen erfolgt durch eine Messung. Dazu benötigen wir eine *Maßeinheit* oder, wie man kürzer sagt, eine *Einheit*, die von der gleichen Größenart ist wie die zu messende Größe. Der in der Messung festzustellende Zahlenwert gibt dann ein Vielfaches der Größe bezogen auf die Einheit an:

$$\textit{Zahlenwert} = \frac{\textit{Größe}}{\textit{Einheit}}.$$

Für die Größe selbst gilt

$$\textit{Größe} = \textit{Zahlenwert} \cdot \textit{Einheit}.$$

Wie die Meßvorschrift für eine physikalische Größe im einzelnen aussieht, braucht hier nicht erörtert zu werden. Es seien nur zwei Beispiele angeführt, die die zahlenmäßige Festlegung einer skalaren Größe demonstrieren mögen.

1. Beispiel: Zahlenmäßige Festlegung einer *Länge* l (s. Bild 2.1)

Messung mit Maßstab:

Meßergebnis: $l =$ 2,5 m
Zahlenwert · Einheit *Meter*.

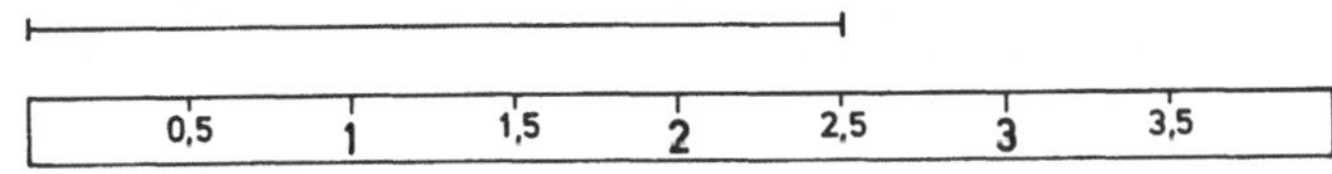

Bild 2.1 Festlegung einer Länge

2. Beispiel: Zahlenmäßige Festlegung des *Betrages einer Kraft* $\boldsymbol{F}$(s. Bild 2.2)
Messung durch Gegengewicht:

Meßergebnis: $F =$ 2 · N
Zahlenwert · Einheit *Newton*.

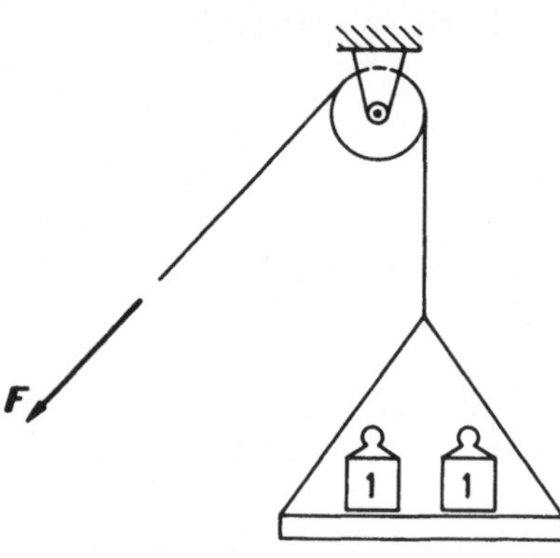

Bild 2.2
Festlegung des Betrages einer Kraft

In Schaubildern und Diagrammen benutzen wir oft eine graphische Darstellung skalarer Größen, indem wir die Größen auf Strecken abbilden, d.h. den darzustellenden Größen eine bestimmte Streckenlänge zuordnen. Das geschieht mittels einer *Abbildungsvorschrift*. Wollen wir z.B. Zeiten (gemessen in Sekunden) durch Strecken darstellen, so können wir vorschreiben

$$1\ \text{cm} \ \hat{=}\ 5\ \text{s}.$$

darstellende Strecke — *darzustellende Zeit*

Wir können diesen Sachverhalt aber auch durch eine Gleichung ausdrücken, indem wir schreiben

$$1\ \text{cm} = \underbrace{\frac{1}{5}\,\frac{\text{cm}}{\text{s}}}_{\beta_t\ =\ \textit{Darstellungsmaßstab für Zeiten}} \cdot 5\ \text{s}.$$

Allgemein gilt dann für die Darstellung beliebiger Zeiten

$$l_t = \beta_t \cdot t$$

d.h. *darstellende Strecke = Zeitmaßstab · Zeit.*

Dieses Vorgehen läßt sich analog auf alle anderen skalaren Größen übertragen. Wir können also ganz allgemein Abbildungsvorschriften von der Form

$$l_a = \beta_a \cdot a$$

darstellende Strecke = Darstellungsmaßstab · darzustellende Größe

einführen.

2.1.3 Zahlenmäßige Festlegung vektorieller Größen

Vektorielle Größen haben einen *Betrag* und eine *Richtung*. Der Betrag ist eine skalare Größe und kann, wie wir am Beispiel der Messung des Betrages einer Kraft gesehen haben, in gleicher Weise zahlenmäßig festgelegt werden.

Es bleibt somit nur noch die Festlegung der Richtung der vektoriellen Größe. Dazu benötigen wir ein System von Bezugsrichtungen, eine *Basis*, gebildet aus drei *Basisvektoren* (Richtungsvektoren) e_i $(i = 1, 2, 3)$ (Bild 2.3).

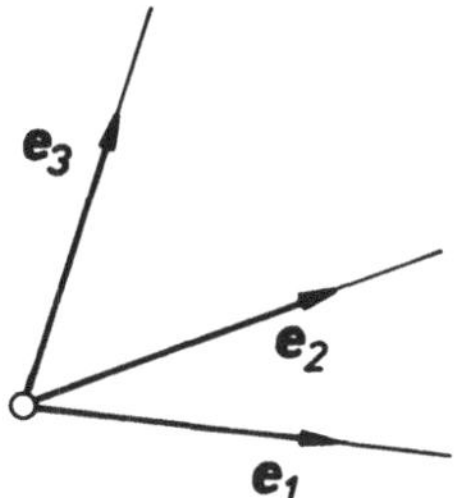

Bild 2.3
Basisvektoren

Die Basisvektoren dienen dazu, Bezugsrichtungen im Raum festzulegen. Ihren Betrag können wir deshalb gleich 1 setzen:

$$|e_i| = 1 \quad (i = 1, 2, 3) .$$

Die Basis kann rechtwinklig (orthogonal) oder schiefwinklig sein. Eine rechtwinklige Basis, deren Basisvektoren den Betrag 1 haben, nennen wir eine *orthonormale Basis*.

Als Beispiel für eine vektorielle Größe betrachten wir eine gerichtete Strecke $\boldsymbol{a}$. Es liegt nun zunächst nahe, die Richtung dieser Strecke zahlenmäßig in der Weise festzulegen, daß wir die drei Winkel α_i angeben (Bild 2.4), die die gerichtete Strecke mit den Bezugsrichtungen e_i einschließt. Dieses Vorgehen ist jedoch nicht zweckmäßig. Die drei Winkel sind nämlich nicht unabhängig voneinander. Für eine orthonormale Basis gilt z.B.

$$\cos^2 \alpha_1 + \cos^2 \alpha_2 + \cos^2 \alpha_3 = 1 .$$

Eine Zahlenangabe ist also überflüssig, auch im Falle einer schiefwinkligen Basis, für die eine etwas andere Beziehung zwischen den drei Winkeln gilt. Andererseits dürfen wir aber auch nicht einfach eine Winkelangabe, z.B. α_3, fortlassen, denn zu jedem Wertepaar α_1, α_2 gibt es jeweils zwei verschiedene Richtungen, die spiegelbildlich zueinander in bezug auf die durch e_1 und e_2 aufgespannte Ebene liegen.

Diese Schwierigkeit können wir beheben, indem wir andere Winkel zur Festlegung der Richtung benutzen, etwa die Winkel ϑ (*Zenitdistanz*) und φ (*Azimut*) entsprechend Bild 2.5. Dann wird die Richtungsfestlegung mit zwei Zahlenangaben eindeutig.

Für manche Aufgaben ist die Festlegung der Richtung durch zwei geeignete Winkel durchaus zweckmäßig. Für viele Probleme eignet sich jedoch ein anderes Vorgehen zur zahlenmäßigen Festlegung vektorieller Größen besser. Betrag und Richtung

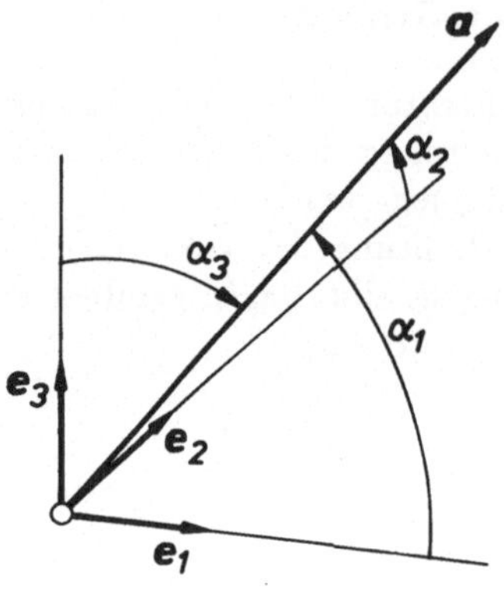

Bild 2.4
Festlegung der Richtung durch drei Winkel α_i

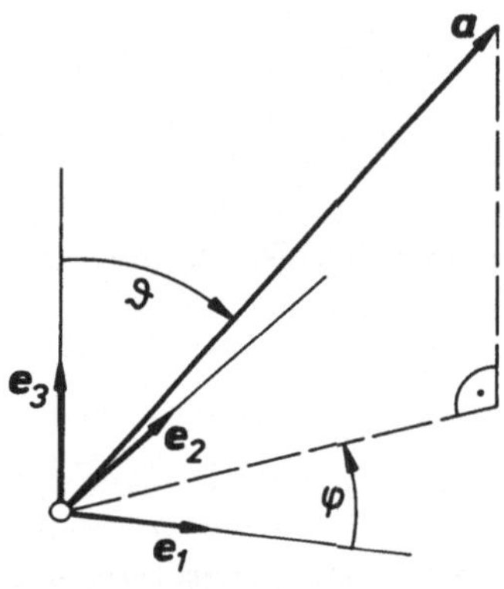

Bild 2.5
Festlegung der Richtung durch die Winkel ϑ und φ

werden dabei nicht zahlenmäßig getrennt festgelegt, sondern miteinander kombiniert. Dabei haben wir zwei Varianten zu unterscheiden.

1. *Festlegung durch die Projektionen auf die Bezugsrichtungen*
   Wir projizieren die uns als Beispiel dienende gerichtete Strecke $\boldsymbol{a}$ auf die Bezugsrichtungen und erhalten als *Projektionen* die drei gerichteten Strecken

   $$\boldsymbol{a}_i^* = a_i^* \boldsymbol{e}_i \quad (i = 1, 2, 3)$$

   mit $a_i^* = |\boldsymbol{a}| \cos \alpha_i = a \cos \alpha_i \gtrless 0$.

   Die drei skalaren Größen a_i^* bestimmen eindeutig die vektorielle Größe $\boldsymbol{a}$ nach Betrag und Richtung.

2. *Festlegung durch Komponentenzerlegung nach den Bezugsrichtungen*
   Wir zerlegen die vektorielle Größe $\boldsymbol{a}$ durch eine Parallelepiped-Konstruktion entsprechend Bild 2.7 in *Komponenten*

   $$\boldsymbol{a}_i = a_i \boldsymbol{e}_i \quad (i = 1, 2, 3)$$

mit $a_i \gtrless 0$.

Die Zerlegung ist eindeutig. Umgekehrt bestimmen die Komponenten $\boldsymbol{a}_i$ eindeutig die vektorielle Größe $\boldsymbol{a}$ nach Betrag und Richtung.

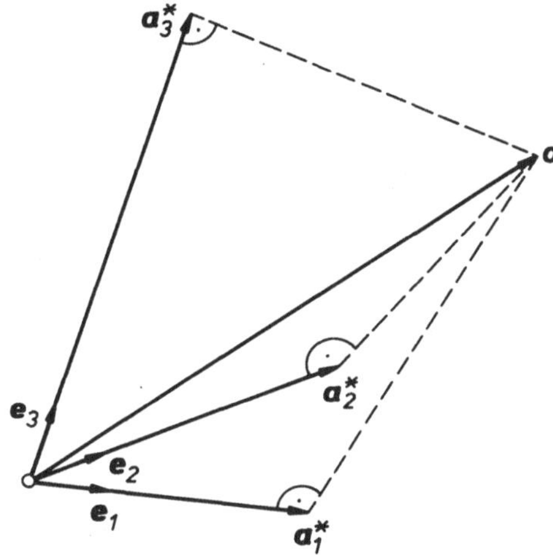

Bild 2.6
Festlegung durch Projektionen

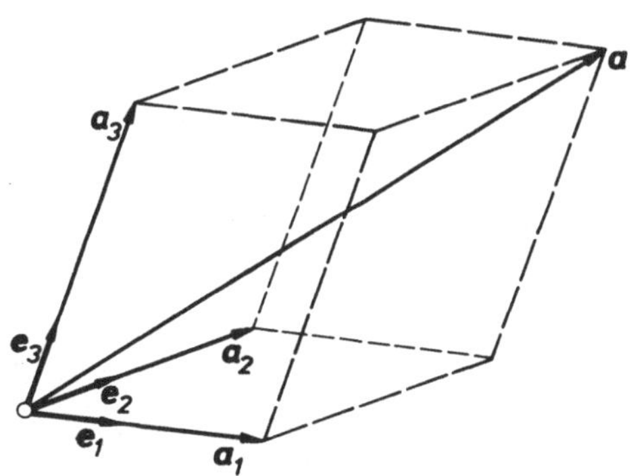

Bild 2.7
Festlegung durch Komponentenzerlegung

Nach den Regeln der Vektor-Algebra läßt sich $\boldsymbol{a}$ als Summe der Komponenten darstellen:

$$\begin{aligned} \boldsymbol{a} &= \boldsymbol{a}_1 + \boldsymbol{a}_2 + \boldsymbol{a}_3 \\ &= a_1\boldsymbol{e}_1 + a_2\boldsymbol{e}_2 + a_3\boldsymbol{e}_3 . \end{aligned}$$

Für die Projektionen ist hingegen im allgemeinen

$$\boldsymbol{a} \neq \boldsymbol{a}_1^* + \boldsymbol{a}_2^* + \boldsymbol{a}_3^* .$$

Nur für eine orthogonale Basis verschwindet der Unterschied zwischen Projektionen und Komponenten. Für sie gilt

$$\begin{aligned} \boldsymbol{a}_i &= \boldsymbol{a}_i^* \\ a_i &= a_i^* = \cos\alpha_i\,. \end{aligned}$$

Deshalb bevorzugen wir in der Regel eine orthogonale Basis. Wir setzen im folgenden also stets eine orthonormale Basis voraus, sofern wir nicht ausdrücklich etwas anderes festlegen.

Aus den Komponenten bzw. Projektionen, bezogen auf eine orthonormale Basis, können wir leicht den Betrag und die Richtung der vektoriellen Größe entnehmen. Aus

$$a_1^2 + a_2^2 + a_3^2 = a^2 \underbrace{(\cos^2\alpha_1 + \cos^2\alpha_2 + \cos^2\alpha_3)}_{1}$$

folgt zunächst unmittelbar der Betrag der vektoriellen Größe

$$a = \sqrt{a_1^2 + a_2^2 + a_3^2}\,.$$

Für die Winkel zwischen der vektoriellen Größe $\boldsymbol{a}$ und den Bezugsrichtungen $\boldsymbol{e}_i$ ergibt sich dann weiter

$$\alpha_i = \arccos\frac{a_i}{a}\,.$$

Damit ist dann auch die Richtung von $\boldsymbol{a}$ eindeutig festgelegt.

Das hier am Beispiel der gerichteten Strecke $\boldsymbol{a}$ demonstrierte Verfahren läßt sich auf alle anderen vektoriellen Größen übertragen, da wir diese Größen stets eindeutig auf eine gerichtete Strecke abbilden können.

Statt eine vektorielle Größe symbolisch mit einem fettgedruckten Buchstaben, z.B. $\boldsymbol{a}$ zu bezeichnen oder sie in anderer Weise symbolisch zu kennzeichnen, (etwa durch $\underset{\sim}{a}$ oder $\vec{a}$), können wir auch die Zahlenwerte der Komponenten in Form einer Zeilen- oder Spaltenmatrix angeben, also schreiben

$$\boldsymbol{a} \mathrel{\hat{=}} (a_1\,,\, a_2\,,\, a_3)$$

$$\text{bzw.}\quad \boldsymbol{a} \mathrel{\hat{=}} \begin{pmatrix} a_1 \\ a_2 \\ a_3 \end{pmatrix}.$$

Man nennt das die analytische Schreibweise einer vektoriellen Größe im Gegensatz zur symbolischen Schreibweise $\boldsymbol{a}$. Beide Schreibweisen sind äquivalent. Für allgemeine Betrachtungen bevorzugt man häufig die symbolische Schreibweise. Bei der Definition von Operationen mit vektoriellen Größen kann jedoch die analytische Schreibweise vorteilhafter sein.

2.1.4 Physikalische Größengleichungen, Größen- und Einheiten-Systeme

Physikalische Größengleichungen sind Gleichungen, in denen die Symbole (Formelzeichen) physikalische Größen bedeuten, soweit sie nicht Zahlen oder Symbole für mathematische Operationen darstellen. Dasselbe gilt für Ungleichungen und andere funktionale Beziehungen. Der Einfacheit halber werden wir hier jedoch immer nur von Gleichungen sprechen.

Größengleichungen gelten unabhänig davon, welche Einheiten und welche Basis wir zur zahlenmäßigen Festlegung der Größen wählen (vgl. DIN 1313). Wir haben nur jeweils bei der Auswertung der Größengleichung für jede Größe den Zahlenwert und die zugehörige Einheit sowie – bei vektoriellen Größen – die benutzte Basis einzusetzen. Beispielsweise ist die für den Betrag der Geschwindigkeit einer geradlinigen, gleichförmigen Bewegung eines Punktes geltene Beziehung

$$v = \frac{s}{t}$$

richtig, unabhängig davon, in welcher Einheit wir die Zeit t bzw. den in der Zeit t zurückgelegten Weg s messen.

Beispiel:

$$v = \frac{10\ \text{Seemeilen}}{15\ \text{min}} = \frac{18.52\ \text{km}}{0.25\ \text{h}}\,.$$

Ganz analog zu Größengleichungen können wir auch Gleichungen zwischen Grössenarten aufstellen. Wir können solche Gleichungen dazu benutzen, um neue Größenarten zu definieren. Wir schreiben z.B.

$$\textit{Geschwindigkeit} =_{\text{def}} \frac{\textit{Länge}}{\textit{Zeit}}$$

und meinen damit, daß die Größenart Geschwindigkeit definiert ist als Quotient der Größenart Länge durch die Größenart Zeit. Bezeichnen wir die Größenart Länge mit [L] und die Größenart Zeit mit [Z], so gilt also

$$\textit{Geschwindigkeit} =_{\text{def}} [\mathrm{L}]\,[\mathrm{Z}]^{-1} = [\mathrm{L}\mathrm{Z}^{-1}]\,.$$

Um genauer zu sein, müssen wir hierbei allerdings unterscheiden, ob wir die skalare Größenart *Betrag der Geschwindigkeit* meinen oder die vektorielle Größenart *Geschwindigkeit*. Für die erstere gilt die obige Definition, für die zweite gilt hingegen

$$\textit{vektorielle Geschwindigkeit} =_{\text{def}} [\mathbf{L}]\,[\mathrm{Z}]^{-1} = [\mathbf{L}\mathrm{Z}^{-1}]\,.$$

Diese Unterscheidung ist notwendig. Beispielsweise ist (mit [**K**] als vektorieller Größenart *Kraft*)

	Arbeit	$=_{\text{def}} [\mathbf{L}]\cdot[\mathbf{K}]$	eine skalare Größenart,
aber	*Moment einer Kraft*	$=_{\text{def}} [\mathbf{L}]\times[\mathbf{K}]$	eine vektorielle Größenart.

Beide Größenarten sind durch ein Produkt von **L** und **K** definiert. Sie sind deshalb von gleicher *Dimension*, wie man sagt. Dennoch unterscheiden sie sich, da die Arbeit durch das skalare Produkt von [**L**] und [**K**], das Moment einer Kraft hingegen durch das vektorielle Produkt dieser Größenarten definiert ist, wie wir noch sehen werden.

Die Definition neuer Größenarten erfolgt stets durch die Bildung von Produkten aus bereits eingeführten Größenarten. Dabei können verschiedene Produktformen auftreten. In manchen Fällen erfolgt die Einführung neuer Größenarten lediglich aus Gründen der Zweckmäßigkeit, weil sich die in den physikalischen Beziehungen auftretenden Größen dann übersichtlicher zusammenfassen lassen. Beispiele dafür sind etwa die Größenarten Arbeit und Moment einer Kraft. In anderen Fällen sind es die grundlegenden physikalischen Größengleichungen selbst, die die Beziehungen zwischen den verschiedenen Größenarten bestimmen. So gilt z.B für die Bewegung des Massenmittelpunktes eines Körpers die Größengleichung:

$$\textit{Resultierende Kraft} = \textit{Masse} \cdot \textit{Beschleunigung}\,.$$

Daraus ergibt sich für die vektorielle Größenart *Kraft* die folgende Beziehung:

$$[\mathbf{K}] = [\mathrm{M}]\,[\mathbf{L}\mathrm{Z}^{-2}] = [\mathrm{M}\mathbf{L}\mathrm{Z}^{-2}]\,.$$

Die vektorielle Größenart Kraft $\mathbf{K}$ ist damit aus den skalaren Größenarten Masse [M] und Zeit [Z] sowie der vektoriellen Größenart Länge [$\mathbf{L}$] abgeleitet. Wir bezeichnen solche (aufgrund von Definitionen oder physikalischen Beziehungen) neu eingeführte Größenarten als *abgeleitete Größenarten*.

Es erhebt sich nun die Frage: Wie viele *Basisgrößenarten* benötigen wir, um daraus alle anderen Größenarten per Definition oder aufgrund physikalischer Beziehungen (wozu auch geometrische Beziehungen zu rechnen sind) ableiten zu können? Eine Analyse der Zusammenhänge ergibt, daß wir im Bereich der *Geometrie* mit einer vektoriellen Basisgrößenart, der *gerichteten Länge* [$\mathbf{L}$] auskommen, aus der wir beispielsweise die skalare Größenart Länge durch folgende Definition ableiten können

$$[\mathrm{L}] = [|\mathbf{L}|] = \left[(\mathbf{L}\cdot\mathbf{L})^{\frac{1}{2}}\right]\,.$$

Aus der gerichteten Länge können wir ferner die Größenart Richtung ableiten, indem wir definieren

$$[\mathbf{1}] = [\mathbf{L}\mathbf{L}^{-1}] = \left[\mathbf{L}\,(\mathbf{L}\cdot\mathbf{L})^{-\frac{1}{2}}\right]\,.$$

Diese Größenart umfaßt definitionsgemäß vektorielle Größen, deren Betrag eine Zahl ist. Die Größenart der Zahlen bezeichnen wir dementsprechend mit [1]. Auf diese Größenart stoßen wir beispielsweise im Bereich der Geometrie, wenn Längenverhältnisse oder Winkel als Größen auftreten.

Die Ausdehnung der Betrachtungen auf den Bereich der *Kinematik* erfordert eine weitere, skalare Basisgrößenart, als die wir etwa die *Zeit* [Z] einführen können. Beziehen wir auch Kräfte in unsere Überlegungen ein, gehen wir also zur *Kinetik* über, so ist noch eine weitere Basisgrößenart erforderlich. Früher benutzte man dazu im technischen Bereich meist die *Kraft* [$\mathbf{K}$]. Als zweckmäßiger erweist es sich jedoch, im Hinblick auf den Gesamtbereich der Physik, die *Masse* [M] als skalare Basisgrößenart einzuführen und die Kraft als abgeleitete Größenart anzusehen. Werden *thermodynamische* Betrachtungen in die Mechanik einbezogen, so haben wir als weitere skalare Basisgrößenart etwa die *Temperatur* [T] hinzuzunehmen.

Welche Größenarten als Basisgrößenarten und welche als abgeleitete Größenarten einzuführen sind, liegt nicht a priori fest. Wir haben nur zu fordern, daß das System der Basisgrößenarten (Basissystem der Größenarten) vollständig ist, so daß sich alle anderen Größenarten des betrachteten Bereiches daraus ableiten lassen, und daß es andererseits keine überzähligen Größenarten enthält. Vermerkt sei hier lediglich, daß man für den Gesamtbereich der Physik mit sechs Basisgrößenarten auskommt.

Entsprechend dem Basissystem der Größenarten können wir auch ein ***Basissystem der Einheiten*** einführen; denn alles, was über Größenarten gesagt wurde, läßt sich unmittelbar auf die zur zahlenmäßigen Festlegung physikalischer Größen erforderlichen Einheiten übertragen. Es liegt nahe, die ***Basiseinheiten*** entsprechend den Basisgrößenarten festzulegen. Wir halten uns hier an das international vereinbarte Système International d'Unités (SI-Einheiten), das dem oben definierten Basissystem der Größenarten entspricht, und haben dann folgendes Schema:

	Größenart		Einheit für Betrag	
	Benennung	Bezeichnung	Benennung	Bezeichnung
Basis	Gerichtete Länge	[L]	Meter	m
	Zeit	[Z]	Sekunde	s
	Masse	[M]	Kilogramm	kg
	Temperatur	[T]	Kelvin	K
Beispiele	Fläche	$[L^2] = [L \cdot L]$	Quadratmeter	m^2
für	Winkel	$[LL^{-1}] = [1]$	Radiant	1
abgeleitete	Richtung	$[LL^{-1}] = [1]$	—	—
Größenarten	Beschleunigung	$[LZ^{-2}]$	—	m/s^2
und	Kraft	$[MLZ^{-2}]$	Newton	N
Einheiten	Leistung	$[ML^2Z^{-3}]$	Watt	W
	Arbeit	$[ML^2Z^{-2}]$	Joule	J

Tabelle 2.1 Größenarten und Einheiten

Die Definition der SI-Einheiten finden wir in DIN 1301. Dort sind auch zahlreiche abgeleitete Einheiten sowie die Beziehungen zu anderen, noch gebräuchlichen Einheiten-Systemen aufgeführt. Im übrigen ist jedoch sowohl dort wie wohl in fast allen anderen Betrachtungen über Größenarten und Einheiten nicht sorgfältig genug unterschieden zwischen vektoriellen (und tensoriellen) Größenarten einerseits und skalaren Größenarten andererseits. Das hat zur Folge, daß es an klaren Kriterien zur Unterscheidung von Größen gleicher Dimension, aber unterschiedlicher Art fehlt, wie z.B. von Arbeit und dem Moment einer Kraft.

Diese Unterscheidung verschiedener Größenarten gleicher Dimension ist auch noch in einer anderen Hinsicht bedeutsam. In physikalischen Größengleichungen müssen alle Glieder (Summanden, Terme) von gleicher Größenart sein, da man nur von Größen gleicher Art sinnvoll Summen und Differenzen bilden bzw. Aussagen über ihre Gleichwertigkeit (Äquivalenz) usw. machen kann. Die sogenannte Dimensionskontrolle, bei der festgestellt wird, ob alle Glieder einer Größengleichung dieselbe Dimension haben, genügt deshalb nicht als Nachweis dafür, daß eine vorgelegte Größengleichung überhaupt physikalisch sinnvoll sein kann. Es ist zu diesem Zweck vielmehr zu prüfen, ob alle Glieder von derselben Größenart sind.

2.2 Raum-zeitliches Bezugssystem

Die physikalischen Größen, die wir bei der Beschreibung eines Vorganges oder Zustandes zu betrachten haben, sind jeweils einem Körperpunkt bzw. den Raumpunkten der Körperumgebung zugeordnet, wie wir bereits in Abschnitt 1.1 erörtert haben. Zur Festlegung dieser Zuordnung ebenso wie zur Beschreibung der Bewegung der Körperpunkte benötigen wir ein raum-zeitliches Bezugssystem.

2.2.1 Zeitliches Bezugsystem

Den zeitlichen Bezugspunkt können wir aufgrund des Indifferenz-Prinzips für die Zeit beliebig festsetzen, indem wir ihn mit irgendeinem Ereignis, z.B. dem Anlaufen einer bestimmten Uhr, identifizieren. Das Zeitmaß leiten wir aus einem als gleichmäßig ablaufend angenommenen Vorgang ab. So ist die SI-Einheit Sekunde (abgekürzt: s) definiert als das 9 192 631 770-fache der Periodendauer der Strahlung, die dem Übergang zwischen den beiden Hyperfeinstrukturniveaus des Grundzustandes von Atomen des Nuklids ^{133}Cs entspricht. Für viele praktische Zwecke können wir die Einheit Sekunde auch mit dem 86 400. Teil eines mittleren (Sonnen-) Tages gleichsetzen.

2.2.2 Räumliches Bezugssystem

Zur zahlenmäßigen Festlegung der Körper- bzw. Raumpunkte benötigen wir zunächst einen Bezugspunkt 0, den wir mit irgendeinem Körperpunkt, z.B. einem Fixpunkt auf der Erde, identifizieren. Wir können als Bezugspunkt auch irgendeinen Raumpunkt definieren, der einem Körper oder einem System von Körpern eindeutig zugeordnet ist, z.B. dem gemeinsamen Massenmittelpunkt von Erde und Mond. Für das weitere Vorgehen haben wir dann mehrere Möglichkeiten.

1. Möglichkeit: Einführung eines Koordinatensystems

Wir wählen zur Beschreibung der Lage von Körper- bzw. Raumpunkten in ihrer

Zuordnung zum Bezugspunkt 0 z.B. ein kartesisches, d.h. orthogonales Koordinatensystem x, y, z (vgl. Bild 2.8). Die Koordinaten x, y, z bedeuten hierbei keine Längen, sondern Zahlen. Die Zahlenwerte x = konst. bzw. y = konst. oder z = konst. definieren jeweils eine Ebene im Raum. Jeder Punkt des Raumes ist als Schnittpunkt dreier solcher Ebenen durch ein *Koordinaten-Tripel* x, y, z eindeutig festgelegt.

Wir können x, y, z auch als die Zahlenwerte der Abstände des Raumpunktes von den Grundebenen $x = 0$, $y = 0$ und $z = 0$ interpretieren, gemessen in einer Längeneinheit, die dem Einheitsabstand der Koordinaten entspricht. Häufig betrachtet man sogar x, y, z selbst als Längen und nicht nur als deren Zahlenwerte. Für systematische Betrachtungen ist das zwar weniger geeignet; für praktische Zwecke ist dieses Vorgehen jedoch häufig einfacher. Deshalb werden auch wir später bei den Anwendungen häufig so verfahren, wollen aber vorerst daran festhalten, daß die Koordinaten ein Zahlen-Tripel bedeuten sollen.

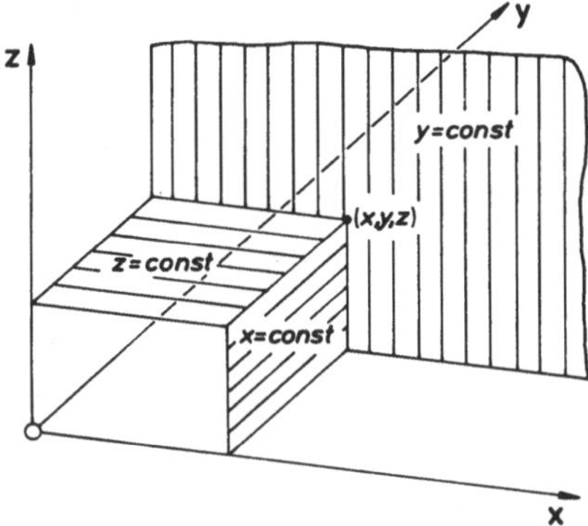

Bild 2.8
Kartesisches Koordinatensystem

Die Orientierung des Koordinatensystems und der für den ganzen Raum geltende Einheitsabstand zwischen den Ebenen x = konst. usw. können willkürlich gewählt werden. Sie müssen nur eindeutig definiert sein. So kann man z.B. für einen Bezugspunkt auf der Erdoberfläche die Richtung der Koordinatenachsen an den Himmelsrichtungen orientieren oder auch an anderen Markierungen wie z.B. bestimmten Vermessungspunkten. Den Einheitsabstand kann man hingegen etwa festlegen, indem man seine Relation zur SI-Einheit der Länge, d.h. zu der Einheit Meter angibt. Das *Meter* (abgekürzt: m) ist seinerseits definiert als die Länge der Strecke, die Licht im Vakuum während des Intervalls von 1/299 792 458 Sekunden durchläuft.

2. Möglichkeit: Einführung von Ortsvektoren

Eine andere Möglichkeit zur Beschreibung der Körper- bzw. Raumpunkte besteht darin, daß wir neben dem Bezugspunkt 0 z.B. eine orthonormale Basis $\boldsymbol{e}_1$, $\boldsymbol{e}_2$, $\boldsymbol{e}_3$ festlegen. Dann können wir die Lage eines jeden Körper- bzw. Raumpunktes durch einen Ortsvektor

$$\boldsymbol{r} = r_1\boldsymbol{e}_1 + r_2\boldsymbol{e}_2 + r_3\boldsymbol{e}_3$$

beschreiben. r_1, r_2, r_3 sind dabei wiederum reine Zahlenwerte, da wir $\boldsymbol{r}$ nicht als gerichtete Strecke, sondern als einen Vektor einführen wollen (Größenart [1]). Dies erreichen wir, indem wir die vom Bezugspunkt 0 zu dem betreffenden Punkt gerichtete Strecke $\boldsymbol{R}$ auf die Längeneinheit beziehen, d.h. den Betrag dieser Strecke durch die Längeneinheit (oder eine andere geeignete Bezugslänge) dividieren:

$$\boldsymbol{r} = \frac{\boldsymbol{R}}{Längeneinheit}.$$

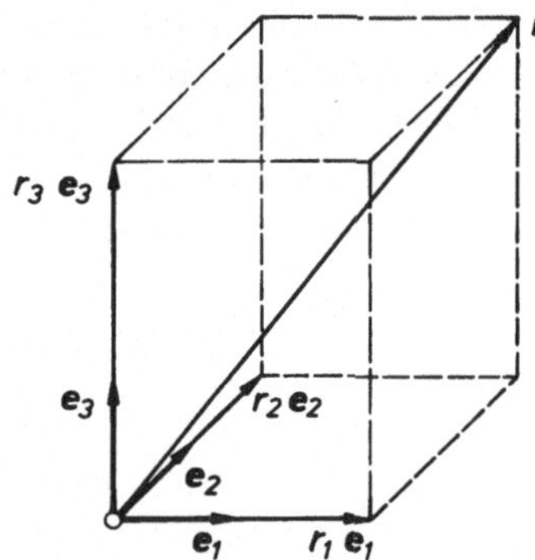

Bild 2.9
Ortsvektor

Umgekehrt können wir leicht vom Ortsvektor $\boldsymbol{r}$ zur gerichteten Strecke $\boldsymbol{R}$ übergehen, indem wir den Betrag von $\boldsymbol{r}$ mit der Längeneinheit (oder mit der betreffenden Bezugslänge) multiplizieren.

Die beiden Möglichkeiten können wir einfach dadurch miteinander verknüpfen, daß wir (bei gleichem Bezugspunkt 0) fordern:

1. die Basisvektoren e_1, e_2, e_3 seien so festgelegt, daß sie mit den Richtungen der Koordinatenachsen e_x, e_y, e_z übereinstimmen, d.h.

$$\begin{aligned} e_1 &= e_x \\ e_2 &= e_y \\ e_3 &= e_z . \end{aligned}$$

2. Die Längeneinheiten (bzw. Bezugslängen) seien für die Festlegung des kartesischen Koordinatensystems und für die Festlegung der Ortsvektoren gleich gewählt.

Dann gilt, daß in diesem Falle die Koordinaten mit den Zahlenwerten des Ortsvektors übereinstimmen. Es ist dann

$$r_1 = x, \quad r_2 = y, \quad r_3 = z$$

und

$$\boldsymbol{r} = x\, e_x + y\, e_y + z\, e_z .$$

Das wollen wir im folgenden bei orthonormalen Bezugssystemen, bestehend aus Bezugspunkt und orthonormaler orts- und zeitunabhängiger Basis stets voraussetzen.

Unser Vorgehen läßt sich unmittelbar auf schiefwinklige Koordinatensysteme mit konstantem Abstandsmaß im ganzen Raum übertragen. Wir können sie mit einer orts- und zeitunabhängigen schiefwinkligen Basis verknüpfen (vgl. Bild 2.10), so daß sich ebenfalls eine Übereinstimmung der Koordinaten und der Zahlenwerte des Ortsvektors ergibt, also

$$\begin{aligned} r_1 &= x_1 \\ r_2 &= x_2 \\ r_3 &= x_3 \end{aligned}$$

und $\quad \boldsymbol{r} = x_1\boldsymbol{e}_1 + x_2\boldsymbol{e}_2 + x_3\boldsymbol{e}_3\,.$

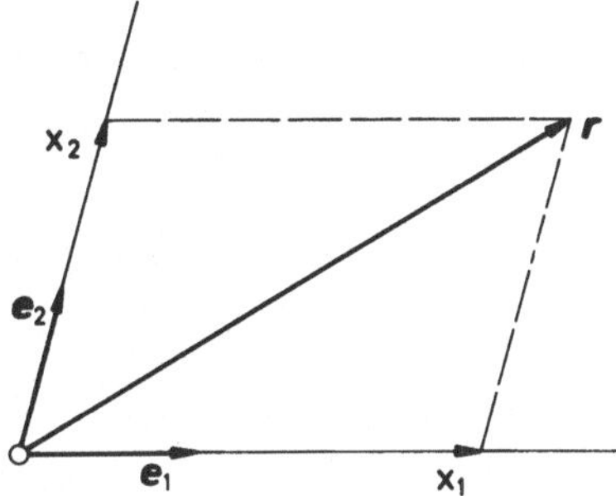

Bild 2.10
Schiefwinklige Koordinaten

Für allgemeinere Koordinatensysteme gilt dies jedoch nicht mehr. Für sie muß man besondere Zuordnungen zwischen Koordinatensystem und Basis festlegen.

Als Beispiel wollen wir *Zylinder-Koordinaten* betrachten. Die Körper- bzw. Raumpunkte sind hier durch ein Koordinaten-Tripel r, φ, z festgelegt (vgl. Bild 2.11). Die Flächen $r =$ konst. stellen Zylinder-Mantelflächen, die Flächen $\varphi =$ konst. Meridianebenen dar, die sich alle auf der Zylinderachse $r = 0$ schneiden. Die Flächen $z =$ konst. sind hingegen wie bei einem kartesischen Koordinatensystem parallele Ebenen.

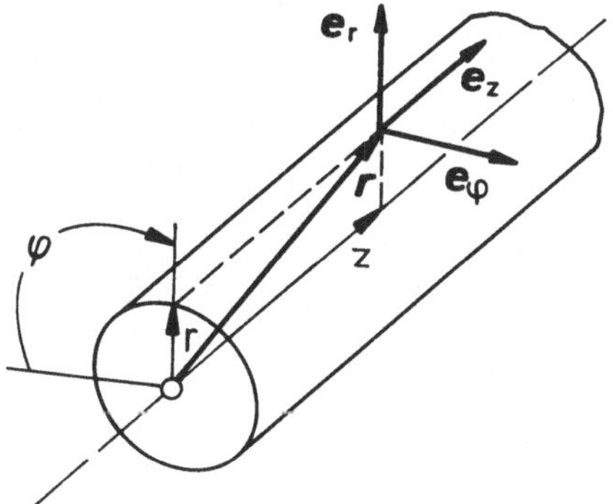

Bild 2.11
Zylinderkoordinaten

Bei der Benutzung von krummlinigen Koordinatensystemen ist es unzweckmäßig, eine einheitliche, für den ganzen Raum geltende Basis zu benutzen. Besser ist es, eine ortsabhänige Basis einzuführen, d.h. eine Basis, deren Bezugsrichtungen von den Koordinaten abhängen. Bei Zylinder-Koordinaten ist es z.B. sinnvoll, eine ortsabhängige, orthonormale Basis $\boldsymbol{e}_r$, $\boldsymbol{e}_\varphi$, $\boldsymbol{e}_z$ zu benutzen, bei der an allen Raumpunkten jeweils $\boldsymbol{e}_r$ in radialer Richtung, $\boldsymbol{e}_\varphi$ in azimutaler Richtung (Umfangsrichtung) und $\boldsymbol{e}_z$ in axialer Richtung weist. Die Richtungen der Basisvektoren $\boldsymbol{e}_r$ und $\boldsymbol{e}_\varphi$ hängen somit von der Koordinate φ ab, während die Richtung von $\boldsymbol{e}_z$ ortsunabhängig ist. Für den Ortsvektor gilt bei dieser Festlegung der Basis

$$\begin{aligned} \boldsymbol{r} &= r\,\boldsymbol{e}_r + z\,\boldsymbol{e}_z \quad \text{mit} \quad \boldsymbol{e}_r = \boldsymbol{e}_r(\varphi) \\ |\boldsymbol{r}| &= \sqrt{r^2 + z^2}\,. \end{aligned}$$

Dabei sollte beachtet werden, daß hier r nicht den Betrag von $\boldsymbol{r}$ angibt, sondern nur den Zahlenwert des radialen Abstandes von der Zylinderachse. Man kann dieser Schwierigkeit durch Einführung einer anderen Bezeichnung für den Ortsvektor begegnen. Da aber Mißverständnisse kaum zu befürchten sind, mag es bei der allgemein üblichen Bezeichnung bleiben.

Als Bezugssystem haben wir stets sogenannte *Rechtssysteme* benutzt. Bei diesen Systemen folgen die Richtungen aufeinander im Sinne einer rechtsgängigen Schraube (Rechts-Schraube), d.h.: Erfolgt eine Rechtsdrehung aus der ersten in die zweite Richtung, so weist die dritte Richtung in die axiale Vorschubrichtung einer solchen Schraube. Bei Zylinder-Koordinaten bedeutet das also, daß wir die Basisvektoren in der Reihenfolge $\boldsymbol{e}_r$, $\boldsymbol{e}_\varphi$, $\boldsymbol{e}_z$ (oder $\boldsymbol{e}_z$, $\boldsymbol{e}_r$, $\boldsymbol{e}_\varphi$ bzw. $\boldsymbol{e}_\varphi$, $\boldsymbol{e}_z$, $\boldsymbol{e}_r$) anzugeben haben.

2.3 Allgemeine Eigenschaften von Körpern

In der Einleitung haben wir uns in Abschnitt 1.1 dahingehend festgelegt, daß wir mit unseren Betrachtungen im Rahmen der klassischen Mechanik bleiben, die Körper also als materielle Punkt-Kontinua betrachten wollen. Wir müssen nun aber noch etwas schärfer präzisieren, was wir mit dem Begriff *Körper* im Bereich der klassischen Mechanik meinen, und tun dies in der Weise, daß wir die bisherigen Feststellungen durch einige weitere Aussagen ergänzen. Hinsichtlich der Bedeutung dieses Vorganges sei auf das in Abschnitt 1.2 Gesagte verwiesen.

Wir gehen von unserer alltäglichen Erfahrung aus. Nehmen wir einen Körper, z.B. einen Stein oder ein Zahnrad in die Hand, so erfahren wir etwa:

1. Dieser Körper ist ein *materielles, zusammenhängendes Gebilde*, dem bestimmte physikalische Eigenschaften (z.B. Farbe, Temperatur) anhaften;

2. dieser Körper nimmt einen bestimmten *Raum* ein;

3. dieser Körper ist *schwer*, d.h. er übt eine bestimmte *Kraft* (Gewichtskraft) auf meine Hand aus.

Vergleichen wir die Erfahrungen, die wir mit demselben Körper an verschiedenen Orten und mit verschiedenen Körpern am gleichen Ort machen können, so führt uns das zu der Feststellung, daß Volumen und Schwere, Farbe und Temperatur eines Körpers usw. veränderlich sein können, die Menge seiner Materie hingegen nicht. Wir führen deshalb für die Menge der Materie eines Körpers einen neuen Begriff ein: *Masse* (Größenart [M]). Weitere Beobachtungen an Körpern führen uns zu ergänzenden Feststellungen. Diese fassen wir, um den Begriff *Masse* schärfer zu präzisieren, in einer Reihe von Aussagen zusammen:

1. Jeder Körper hat eine bestimmte *Masse* m [M]. Die Masse ist eine skalare, positive Größe. Als SI-Einheit der Masse dient das Kilogramm (abgekürzt: kg). Es ist definiert als die Masse des in Paris aufbewahrten Internationalen Kilogrammprototyps.

2. Die *Vereinigungsmenge* der Masse zweier Körper ist

$$m_1 \cup m_2 = m_1 + m_2 \,.$$

3. Die Masse eines Körpers erfüllt ein gegen den übrigen Raum abgrenzbares *Volumen* V [L^3].

4. Jedem *Teilvolumen* ΔV eines Körpers ist eine *Teilmasse* Δm zugeordnet.

5. Ist die Masse eines Körpers stetig im Raum verteilt, dann existiert

$$\lim_{\Delta V \to 0} \frac{\Delta m}{\Delta V} = \frac{\mathrm{d}m}{\mathrm{d}V} = \rho(\boldsymbol{r}, t) \ [\mathrm{ML}^{-3}] \,.$$

   ρ ist dabei die *Dichte* des Körpers an dem Punkt mit dem Ortsvektor $\boldsymbol{r}$, gegen den ΔV beim Grenzübergang zur Zeit t strebt. Ist die Dichteverteilung $\rho(\boldsymbol{r}, t)$ bekannt, so ergibt die Integration über das Körpervolumen die Masse m des Körpers

$$\int_V \rho \, \mathrm{d}V = \int_V \mathrm{d}m = m \,.$$

   Diese Aussage über die Gesamtmasse eines Körpers ist auch auf Körper mit diskreter Massenverteilung übertragbar, wenn das Integral entsprechend interpretiert wird.

6. Die zu einem beliebigen Teilvolumen ΔV zu einer beliebigen Zeit t_0 gehörende Teilmasse Δm ist zu jeder Zeit t identifizierbar (*Identitätsprinzip*). Aus der Identifizierbarkeit jeder Teilmasse folgt:

   (a) Die Masse des Körpers sowie jede Teilmasse eines Körpers sind zeitlich konstant;

   (b) die Ortsveränderungen jedes Körperpunktes sind eindeutig zu verfolgen; sie sind stetig in Raum und Zeit;

   (c) Körper können sich nicht gegenseitig durchdringen.

7. Die Masse ist *schwer*, d.h. sie ist Träger der Gewichtskraft.

Mit diesen Aussagen ist der Begriff *Masse* zwar noch nicht erschöpfend definiert. Im Sinne einer impliziten Definition haben wir damit aber präzisiert, was wir hier vorerst unter *Masse* verstehen wollen.

2.4 Allgemeines über Kräfte

Wenn wir einen Körper, z.B. einen Stein vom Erdboden aufheben wollen, so erfordert das von uns eine gewisse *Anstrengung*. Die Erfahrung lehrt uns, daß diese Anstrengung durch die Schwere des Körpers, d.h. durch die auf ihn einwirkende *Gewichtskraft* bedingt ist. Vergleichbare Anstrengungen haben wir etwa zu unternehmen, wenn wir ein Fahrzeug bewegen oder den Verschlußdeckel eines unter Druck stehenden Gefäßes zuhalten wollen. Das läßt uns darauf schließen, daß die von uns zu unternehmenden Anstrengungen auf vergleichbare Ursachen zurückzuführen sind. Diesen Schluß finden wir dadurch bestätigt, daß wir das Bewegen eines Fahrzeuges bzw. das Festhalten des Verschlußdeckels offensichtlich auch durch Gewichtskräfte bewirken können (vgl. Bild 2.12). Es handelt sich also bei den hier zu beobachtenden Wechselwirkungen (Anstrengung beim Heben eines Körpers, Anstrengung beim Bewegen eines Fahrzeuges, Anstrengung beim Zuhalten eines Druckgefäßes) unter Berücksichtigung ihrer gegenseitigen Austauschbarkeit um Größen gleicher Art. Darum bezeichnen wir alle physikalischen Größen, die in ihren Wirkungen mit Gewichtskräften äquivalent sind, zusammenfassend als *Kräfte*.

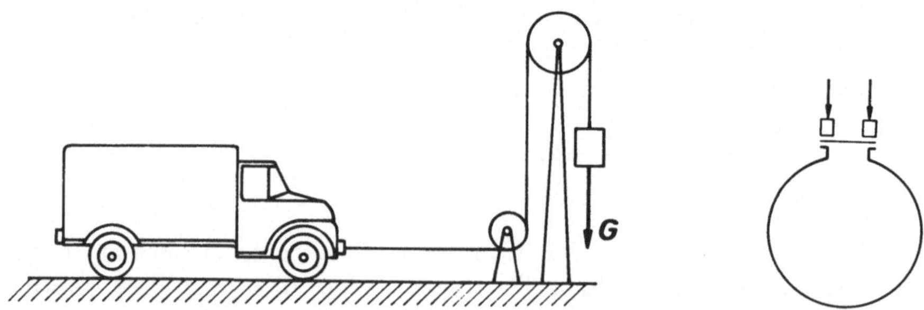

Bild 2.12 Verschiedene Kräfte

Eingehende Beobachtungen der Wirkungen von Kräften führen uns zu folgenden Aussagen:

(1) Wir unterscheiden bei den von außen auf einen Körper einwirkenden Kräften, d.h. bei den sogenannten *äußeren Kräften*

1. *flächenhaft verteilt angreifende Kräfte*, die an der Oberfläche auf den Körper einwirken und durch Berührung mit anderen Körpern zustandekommen, also auf *Nahwirkung* beruhen (vgl. Bild 2.13a), sowie

2. ***räumlich verteilt angreifende Kräfte***, die durch *Fernwirkung* auf die Körperelemente einwirken (vgl. Bild 2.13b).

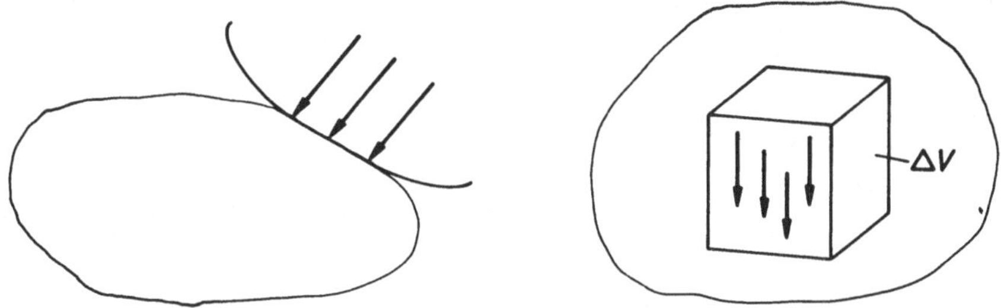

Bild 2.13 Angreifende Kräfte: a) flächenhaft, b) räumlich wirkend

(2) Kräfte, die in einem hinreichend kleinen Bereich angreifen, lassen sich hinsichtlich ihrer Wirkung auf den Körper zu einer ***äquivalenten, resultierenden Kraft*** zusammenfassen.

(3) ***Einzelkräfte*** sind ***vektorielle Größen*** (Größenart [K] = [MLZ^{-2}]), die einem Körperpunkt (*Angriffspunkt*) zugeordnet sind. Als Einheit für den Betrag einer Einzelkraft dient das aus den SI-Basiseinheiten abgeleitete *Newton* (abgekürzt: N). Das Newton ist definiert durch die Beziehung

$$1\,\mathrm{N} = 1\,\mathrm{kg} \cdot 1\,\mathrm{m\,s^{-2}}\,.$$

Zeichnerisch stellen wir Einzelkräfte durch eine gerichtete Strecke dar, deren Richtungssinn wir durch einen Pfeil kennzeichnen. Den Angriffspunkt der Kraft identifizieren wir mit dem Fußpunkt oder Endpunkt (Pfeilspitze) der darstellenden gerichteten Strecke (vgl. Bild 2.14).

(4) Die Verteilung der flächenhaft verteilt angreifenden Kräfte wird beschrieben durch (vgl. Bild 2.14)

$$\lim_{\Delta A \to 0} \frac{\Delta \boldsymbol{F}_A}{\Delta A} = \frac{\mathrm{d}\boldsymbol{F}_A}{\mathrm{d}V} = \boldsymbol{p}(\boldsymbol{r},t) \qquad [\mathrm{MLL^{-2}Z^{-2}}] = [\mathrm{KL^{-2}}]\,.$$

Jedem Punkt der Oberfläche eines Körpers wird damit ein Spannungsvektor $\boldsymbol{p}$ zugeordnet. Als abgeleitete Einheit für den Betrag der Spannung dient im SI-Einheitensystem das *Pascal* (abgekürzt: Pa). Es ist

$$1\,\mathrm{Pa} = 1\,\mathrm{N\ m^{-2}}\,.$$

(5) Die Verteilung der räumlich verteilt angreifenden Kräfte wird beschrieben durch (vgl. Bild 2.14)

$$\lim_{\Delta V \to 0} \frac{\Delta \boldsymbol{F}_V}{\Delta m} = \lim_{\Delta V \to 0} \frac{\Delta \boldsymbol{F}_V}{\rho \Delta V} = \frac{1}{\rho}\frac{\mathrm{d}\boldsymbol{F}_V}{\mathrm{d}V} = \boldsymbol{f}(\boldsymbol{r},t) \qquad [\mathrm{LZ^{-2}}]\,.$$

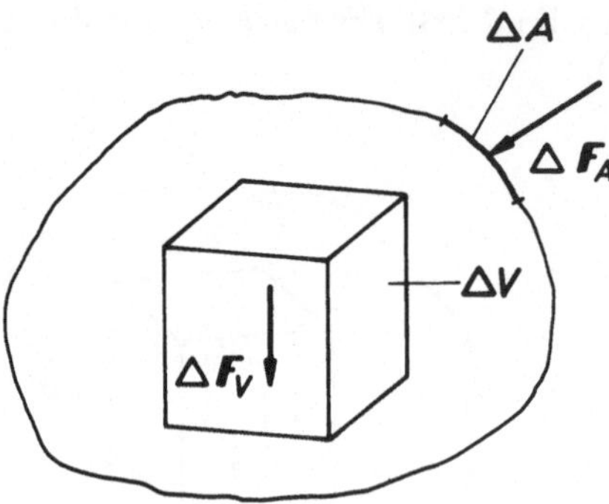

Bild 2.14
Flächenhaft verteilt angreifende Kräfte

Jedem Punkt des Körperinneren wird damit eine – auf die Masseneinheit bezogene – spezifische Massenkraft $\boldsymbol{f}$ zugeordnet.

Wir werden im folgenden zunächst nur mit Einzelkräften rechnen, obwohl es sie so nicht gibt, sondern nur als äquivalente, resultierende Kraft eines hinreichend kleinen Angriffsbereiches. Wir werden diese Einzelkräfte einfach mit $\boldsymbol{F}$ bezeichnen. Kräftesysteme, die sich aus verschiedenen Einzelkräften zusammensetzen, bezeichnen wir mit $\boldsymbol{F}_i$ $(i = 1, 2, \ldots n)$. Wir unterscheiden

1. *Zentrale Kräftesysteme* (vgl. Bild 2.15), bei denen alle Einzelkräfte am gleichen Körperpunkt angreifen,

2. *allgemeine Kräftesysteme* (vgl. Bild 2.16).

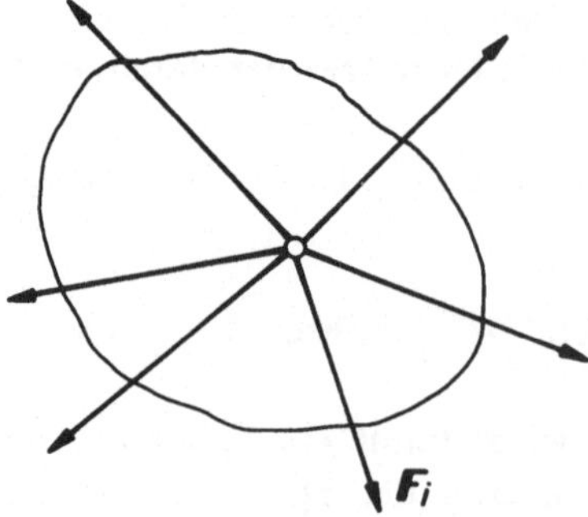

Bild 2.15
Zentrale Kräftesysteme

Bei der Betrachtung von Kräftesystemen werden wir uns ferner auf solche Probleme beschränken, bei denen der Körper unter der Einwirkung der Kräfte in Ruhe oder im Zustand gleichförmiger Bewegung bleibt. Wir nennen solche Kräftesysteme *Gleichgewichtssysteme*. Wir sprechen in solchen Fällen auch davon, daß *Kräfte-Gleichgewicht* (oder kurz: *Gleichgewicht*) bestehe. Die Aussage

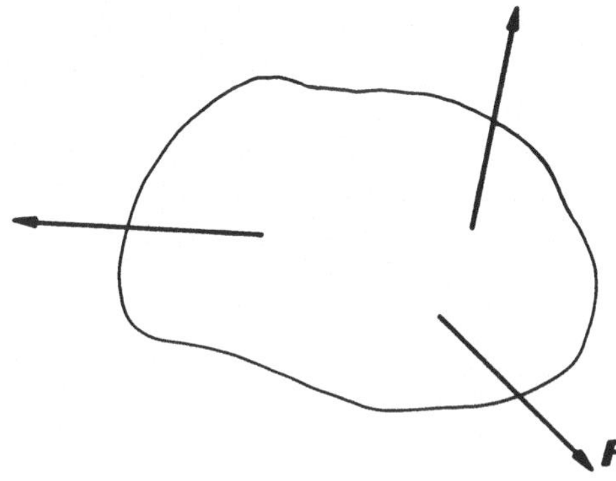

Bild 2.16
Allgemeine Kräftesysteme

Def. 2.1: Bleibt ein Körper unter der Einwirkung eines Kräftesystems in Ruhe oder im Zustand gleichförmiger Bewegung, so bilden die an ihm angreifenden Kräfte ein Gleichgewichtssystem.

---

ist eine Definition des Begriffs *Gleichgewichtssystem*. Welchen Bedingungen die einzelnen Kräfte eines Gleichgewichtssystems zu genügen haben, werden wir später untersuchen.

2.5 Beziehungen zwischen SI-Einheiten und anderen Einheiten-Systemen

Die SI-Einheiten sind mit dem am 5.7.1970 in Kraft getretenen "Gesetz über Einheiten im Meßwesen" verbindlich eingeführt worden. Im technischen Bereich werden daneben gelegentlich auch noch andere Einheiten benutzt, die im geschäftlichen und amtlichen Verkehr allerdings nicht mehr zugelassen sind. Über die Beziehungen zwischen den noch gebräuchlichen Einheiten und den SI-Einheiten gibt die nachstehende Tabelle 2.2 Auskunft.

Größenart	Einheit Name	Zeichen	Beziehung zu SI-Einheiten
Kraft (Betrag)	Kilopond	kp	1 kp= 9.80665 N
Druck (Betrag)	Atmosphäre	at	1 at = 0.980665 bar $= 0.980665 \cdot 10^5 \frac{\mathrm{N}}{\mathrm{m}^2}$
Masse	techn. Masseneinheit	$\frac{\mathrm{kp \cdot s^2}}{\mathrm{m}}$	1 techn. ME $= 1 \frac{\mathrm{kp \cdot s^2}}{\mathrm{m}}$ $= 9.80665$ kg
Wärmemenge	Kalorie	cal	1 cal ≈ 4.19 J
Elektr. Energie	Kilowattstunden	kWh	1 kWh= 3600 kJ
Leistung	Pferdestärke	PS	1 PS= 735.49875 W

Tabelle 2.2 Beziehungen zu anderen Einheiten-Systemen

3 Zentrale Kräftesysteme

3.1 Allgemeines, 1. Äquivalenzsatz für Kräfte, Gleichgewichtsbedingungen

Wir betrachten ein *zentrales System* von Einzelkräften, d.h. ein System, bei dem alle Einzelkräfte am gleichen Körperpunkt 0 angreifen. Dazu merken wir noch einmal an, daß die Zusammenfassung der an sich verteilt angreifenden Kräfte zu Einzelkräften bereits eine Abstraktion darstellt. Von dieser Abstraktion wollen wir in diesem und in dem folgenden Kapitel durchgehend Gebrauch machen. Zur Abkürzung werden wir dabei aber nur noch von Kräften statt von Einzelkräften reden.

Die Erfahrung lehrt, daß wir zwei am gleichen Punkt angreifende Kräfte hinsichtlich ihrer Wirkung ersetzen können durch eine Kraft, die der vektoriellen Summe der beiden Kräfte entspricht. Diese Erfahrung drücken wir aus im

---

Satz 3.1: *1. Äquivalenzsatz für Kräfte (Satz vom Kräfteparallelogramm)*
Zwei am gleichen Punkt angreifende Kräfte sind ihrer vektoriellen Summe äquivalent.

Dieser Sachverhalt wurde bereits 1586 von dem Holländer *Simon Stevin* (1548-1620) erkannt. Die Bezeichnung *Satz vom Kräfteparallelogramm* rührt im übrigen von der zeichnerischen Durchführung der Vektoraddition mit Hilfe einer Parallelogramm-Konstruktion her (vgl. Bild 3.1).

Der Satz besagt, daß hinsichtlich ihrer Wirkung zwei am gleichen Punkt angreifende Kräfte vektoriell zu addieren sind. Das folgt nicht bereits aus der Feststellung, daß es sich bei Kräften um vektorielle Größen handelt. Tatsächlich gibt es auch vektorielle physikalische Größen, bei denen die vektorielle Addition nicht der resultierenden Wirkung entspricht. Dies gilt z.B. für endliche Drehungen starrer Körper.

Aus dem 1. Äquivalenzsatz für Kräfte ist unmittelbar zu folgern:

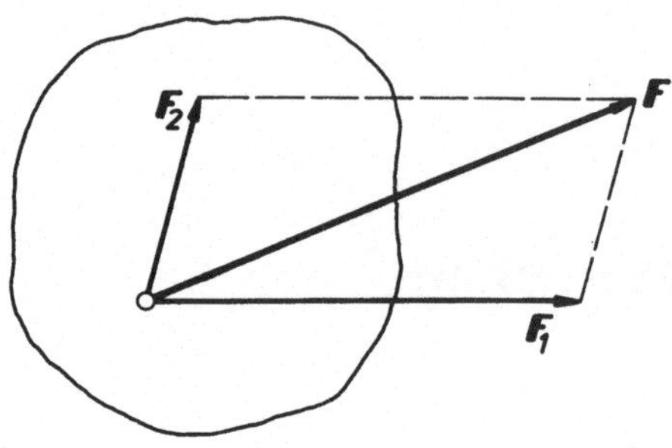

Bild 3.1
Satz vom Kräfteparallelogramm

Satz 3.2: Alle an einem Punkt angreifenden Kräfte können zu einer resultierenden Kraft

$$\boldsymbol{F} = \sum_i \boldsymbol{F}_i$$

zusammengefaßt werden, oder
ein zentrales Kräftesystem kann stets auf eine resultierende Kraft, auf die *Resultierende* des zentralen Kräftesystems reduziert werden.

Satz 3.3: Eine gegebene Kraft kann stets in eine beliebig große Anzahl am gleichen Punkt angreifender Teilkräfte zerlegt werden.

Dem 1. Äquivalenzsatz für Kräfte können wir eine Aussage anfügen, die sich ebenfalls aus Beobachtung gewinnen läßt:

Satz 3.4: *Gleichgewichtsbedingung für zentrale Kräftsysteme*
Ein zentrales Kräftesystem, dessen Resultierende verschwindet

$$\sum_i \boldsymbol{F}_i = 0\,,$$

ist ein Gleichgewichtssystem.

Die Gleichgewichtsbedingung ergibt zusammen mit dem 1. Äquivalenzsatz und mit der Definition für Gleichgewichtssysteme, die wir in 2.4 gegeben haben, ein *Beharrungsgesetz* für Körper, die unter der Einwirkung eines zentralen Kräftesystems stehen:

Satz 3.5: *Beharrungsgesetz*
Ein Körper bleibt unter der Einwirkung eines zentralen Kräftesystems in Ruhe oder im Zustand gleichförmiger Bewegung, wenn die Resultierende dieses Systems verschwindet.

Ein Beharrungsgesetz ähnlicher Art wurde 1638 von *Galilei* (1564-1642) formuliert. Er stellte fest, daß ein Körper in Ruhe oder im Zustand gleichförmiger Bewegung beharrt, wenn *keine* Kräfte auf ihn einwirken. Das vorstehende Beharrungsgesetz enthält jedoch eine weitergehende Aussage. Es bezieht die Einwirkung zentraler Kräftesysteme auf Körper in seine Betrachtungen ein. In den folgenden Kapiteln werden wir noch weiterreichende Verallgemeinerungen des Beharrungsgesetzes bzw. der Gleichgewichtsbedingungen kennenlernen.

3.2 Zentrale, ebene Kräftesysteme

3.2.1 Graphische Methoden

An einem Punkt 0 eines Körpers greifen verschiedene Kräfte $\boldsymbol{F}_i$ $(i = 1, 2 \ldots n)$ an. Die Kräfte sollen alle in einer Ebene liegen. Sie bilden dann ein *zentrales, ebenes Kräftesystem*. Wir zeichnen einen Plan dieses Kräftesystems (vgl. Bild 3.2) und benutzen dazu einen Längen-Maßstab β_L (etwa in $\frac{\text{mm}}{\text{m}}$) und einen Kräfte-Maßstab β_F (etwa in $\frac{\text{mm}}{\text{N}}$). Zur Ermittlung der Resultierenden addieren wir zeichnerisch mit Hilfe des Kräfteparallelogramms zunächst $\boldsymbol{F}_1$ und $\boldsymbol{F}_2$ zu $\boldsymbol{F}_{1,2}$, d.h. wir bilden

$$\boldsymbol{F}_1 + \boldsymbol{F}_2 = \boldsymbol{F}_{1,2} \,.$$

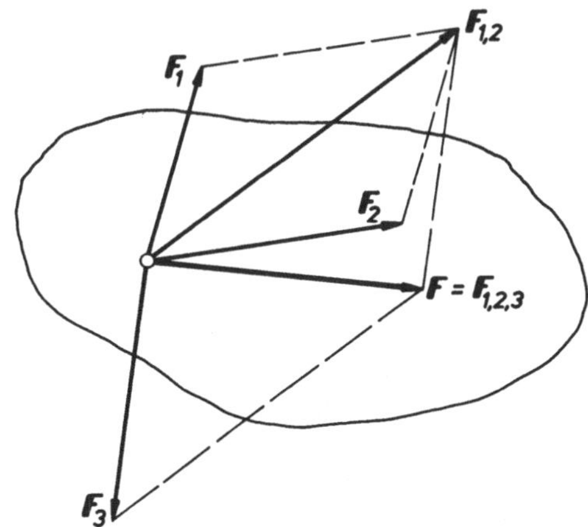

Bild 3.2
Addition von drei Kräften

Dann addieren wir weiter $\boldsymbol{F}_{1,2}$ und $\boldsymbol{F}_3$ zu $\boldsymbol{F}_{1,2,3}$ usf. In unserem Beispiel ist das Verfahren mit $\boldsymbol{F}_{1,2,3}$ bereits beendet. Wir erhalten

$$\boldsymbol{F}_1 + \boldsymbol{F}_2 + \boldsymbol{F}_3 = \boldsymbol{F}_{1,2} + \boldsymbol{F}_3 = \boldsymbol{F}_{1,2,3} = \boldsymbol{F}$$

und überzeugen uns leicht, daß das Ergebnis der Reduktion des Kräftesystems auf eine Resultierende unabhängig davon ist, in welcher Reihenfolge wir die Addition der Kräfte vornehmen. Wir können also beispielsweise auch zuerst

$$\boldsymbol{F}_2 + \boldsymbol{F}_3 = \boldsymbol{F}_{2,3}$$

bilden und dann

$$\boldsymbol{F}_1 + \boldsymbol{F}_2 + \boldsymbol{F}_3 = \boldsymbol{F}_1 + \boldsymbol{F}_{2,3} = \boldsymbol{F}_{1,2,3} = \boldsymbol{F}$$

ermitteln.

Dieses Vorgehen wird bald unübersichtlich, wenn wir ein System mit mehr als drei Kräften zu betrachten haben. Um es übersichtlicher zu gestalten, legen wir neben dem *Lageplan* des Systems einen sogenannten *Kräfteplan* an, in dem wir die Addition der Kräfte durchführen. Dabei machen wir davon Gebrauch, daß wir die vektorielle Addition graphisch auch in der Weise vornehmen können, daß wir anstelle des Kräfteparallelogramms die *Vektorkette* der Kräfte zeichnen, wobei es offensichtlich wiederum nicht auf die Reihenfolge der Addition ankommt (vgl. Bild 3.3).

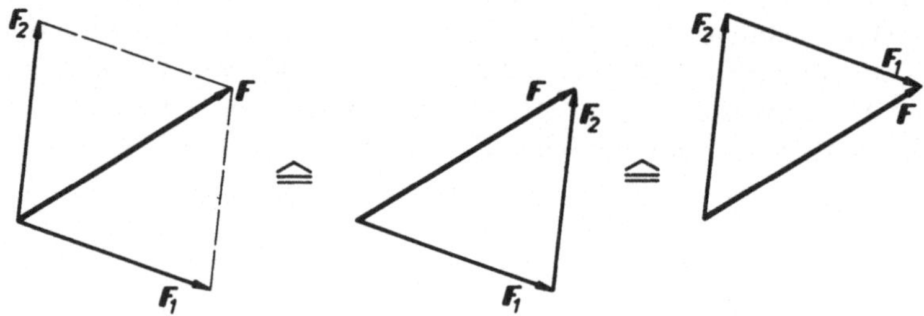

Bild 3.3 Reihenfolge der Addition von zwei Kräften

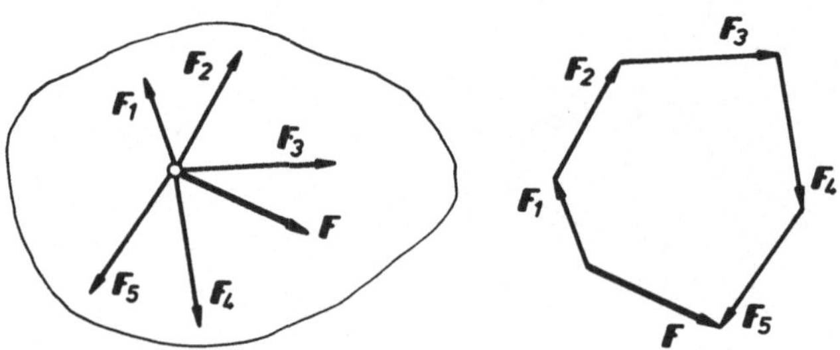

Bild 3.4 Addition der Kräfte eines zentralen, ebenen Kräftesystems, Kräftemaßstab $\beta_F = \dfrac{1\,\text{cm}}{5\,\text{N}}$

Wir gehen also bei zentralen, ebenen Kräftesystemen mit mehr als zwei Kräften im allgemeinen so vor (vgl. Bild 3.4):

1. Zeichnung des Lageplans (Längen-Maßstab β_L, Kräfte-Maßstab β_F);

2. Addition der Kräfte im Kräfteplan (Kräfte-Maßstab β_F) durch Zeichnung der Vektorkette (Krafteck);
3. Übertragung der Resultierenden in den Lageplan.

Fällt im Kräfteplan der Endpunkt der letzten Kraft mit dem Anfangspunkt der ersten Kraft zusammen, schließt sich also das Krafteck, so verschwindet die Resultierende, d.h. es wird $\boldsymbol{F} = \boldsymbol{0}$, und wir haben ein *Gleichgewichtssystem*. Wir können deshalb die Gleichgewichtsbedingung für zentrale, ebene Kräftesysteme bei Anwendung graphischer Methoden so fassen:

Satz 3.6: *Gleichgewichtsbedingung für zentrale, ebene Kräftesysteme (graphische Methode)*

Ein zentrales, ebenes Kräftesystem ist ein Gleichgewichtssystem, wenn sich das Krafteck schließt.

Wir können die Gleichgewichtsbedingung benutzen, um bei zentralen, ebenen Kräftesystemen *eine* unbekannte Kraft dieses Systems nach Richtung und Größe zu bestimmen, sofern wir – etwa aufgrund der Beobachtung, daß der Körper in Ruhe bleibt – wissen, daß es sich um ein Gleichgewichtssystem handeln muß. Die unbekannte Kraft $\boldsymbol{F}_n$ ist dann diejenige, die das Krafteck schließt (vgl. Bild 3.5). Es ist

$$\boldsymbol{F}_n = -(\boldsymbol{F}_1 + \boldsymbol{F}_2 + \cdots + \boldsymbol{F}_{n-1}) = -\boldsymbol{F}_{1,2\ldots n-1}\,.$$

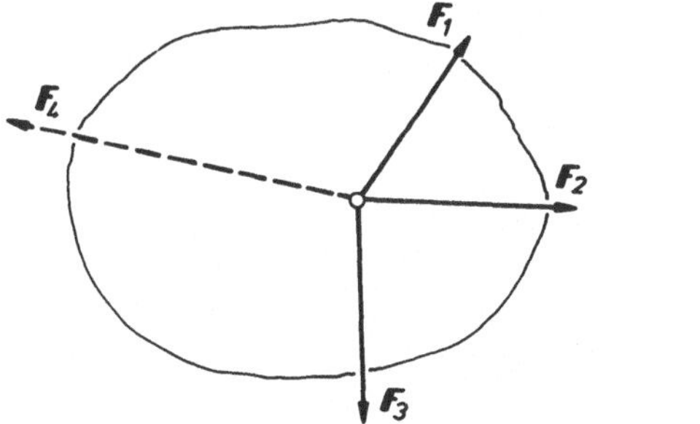

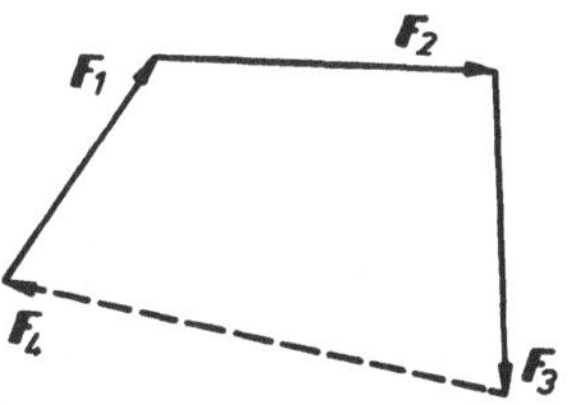

Bild 3.5 Gleichgewicht der Kräfte

Eine Variation dieser Aufgabe besteht darin, *zwei* unbekannte Kräfte eines zentralen, ebenen Gleichgewichtssystems zu ermitteln, deren Richtungen vorgegeben sind. Wir können dabei so vorgehen, daß wir zunächst die Resultierende dieser beiden unbekannten Kräfte bestimmen und diese Resultierende dann in die beiden Komponenten nach den vorgegebenen Richtungen zerlegen.

Diese zweite Teilaufgabe, eine gegebene Kraft in zwei Komponenten mit gleichem Angriffspunkt und vorgegebenen Richtungen zu zerlegen, begegnet uns auch in anderem Zusammenhang häufig. Wir wollen sie deshalb gesondert betrachten.

Gegeben sei eine Kraft $\boldsymbol{F}$ mit ihrem Angriffspunkt 0. Diese Kraft soll zerlegt werden in zwei äquivalente Kräfte $\boldsymbol{F}_1$ und $\boldsymbol{F}_2$, die am gleichen Punkt 0 angreifen und deren Richtungen $\boldsymbol{e}_1$ und $\boldsymbol{e}_2$ vorgegeben sind (Bild 3.6 Lageplan). Die Lösung der Aufgabe führen wir wieder in einem gesonderten Kräfteplan durch. Dort zeichnen wir zunächst die gegebene Kraft $\boldsymbol{F}$ ein. Durch den Fußpunkt von $\boldsymbol{F}$ ziehen wir eine Parallele 1 zu $\boldsymbol{e}_1$, durch den Endpunkt von $\boldsymbol{F}$ eine Parallele 2 zu $\boldsymbol{e}_2$. Der Schnittpunkt dieser beiden Geraden 1 und 2 bestimmt den gesuchten Eckpunkt der aus $\boldsymbol{F}_1$ und $\boldsymbol{F}_2$ zu konstruierenden Vektorkette mit der Eigenschaft

$$\boldsymbol{F} = \boldsymbol{F}_1 + \boldsymbol{F}_2 .$$

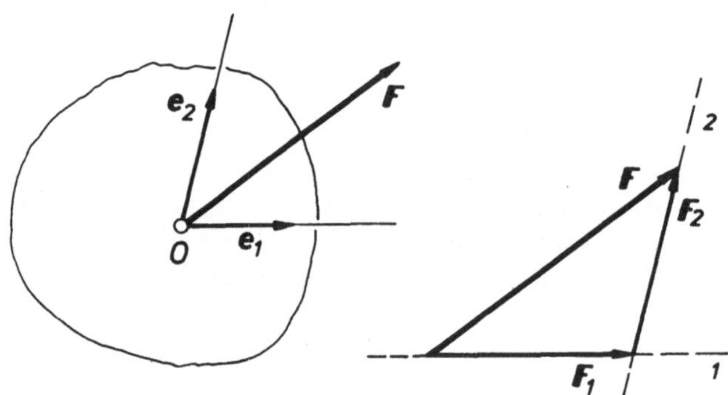

Bild 3.6 Zerlegung einer Kraft nach zwei vorgegebenen Richtungen

Die Rolle der Geraden 1 und 2 kann dabei auch vertauscht werden.

Zu beachten ist, daß $\boldsymbol{F}_1$ und $\boldsymbol{F}_2$ nicht in jedem Falle mit $\boldsymbol{e}_1$ bzw. $\boldsymbol{e}_2$ gleichsinnig gerichtet herauskommen müssen. Die Teilkräfte (eine oder beide) können entgegengesetzt gerichtet sein. Dies ist immer genau dann der Fall, wenn die Richtung von $\boldsymbol{F}$ nicht in den von den Richtungen $\boldsymbol{e}_1$ und $\boldsymbol{e}_2$ gebildeten Winkel fällt. Die skalaren Größen F_1 bzw. F_2 werden dann negativ; sie stellen also in diesem Fall nicht die Beträge von $\boldsymbol{F}_1$ bzw. $\boldsymbol{F}_2$ dar. Um diese Schwierigkeit zu vermeiden, können wir so vorgehen, daß wir die vorgegebenen Richtungen nicht durch Richtungsvektoren $\boldsymbol{e}_1$ bzw. $\boldsymbol{e}_2$ einführen, sondern als ungerichtete *Wirkungslinien* 1 bzw. 2 durch den Angriffspunkt 0. Den positiven Richtungssinn kennzeichnen wir dann erst nachträglich in der Weise, daß er in jedem Falle mit der Wirkungsrichtung der Kraft übereinstimmt. Dieses Vorgehen ist jedoch keineswegs notwendig. Wir können es auch dabei belassen, F_1 und F_2 als skalare Größen ($\gtrless 0$) zu betrachten. In vielen Fällen hat das sogar Vorteile.

Aus der Konstruktion der Zerlegung in Komponenten leiten wir den Satz ab:

Satz 3.7: Jede Kraft $\boldsymbol{F}$ läßt sich eindeutig in zwei äquivalente Kräfte (Komponenten) $\boldsymbol{F}_1$ und $\boldsymbol{F}_2$ mit gleichem Angriffspunkt und vorgegebenen Wirkungslinien zerlegen, sofern diese Wirkungslinien mit $\boldsymbol{F}$ in einer Ebene liegen und nichtparallel sind.

Wir könen auch eine Zerlegung in drei und mehr komplanare, d.h. in der gleichen Ebene liegende Komponenten durchführen. Diese Zerlegung ist aber nicht mehr eindeutig, wie Bild 3.7 zeigt. Nur durch zusätzliche Vorschriften können wir die Zerlegung in besonderen Fällen wieder eindeutig machen. In Bild 3.7 gelingt dies z.B., indem wir für eine der Teilkräfte $\boldsymbol{F}_i$ Betrag und Richtungssinn vorgeben.

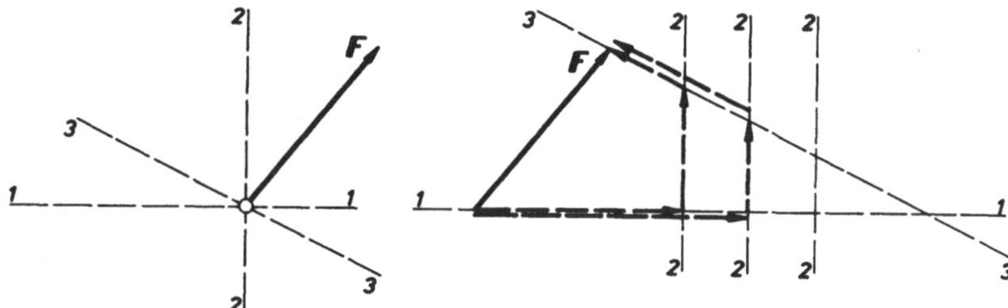

Bild 3.7 Zerlegung einer Kraft nach drei vorgegebenen Richtungen

Die Genauigkeit der graphischen Verfahren läßt sich durch trigonometrische Berechnungen erhöhen, die aus der graphischen Darstellung der Kräfte abzuleiten sind. Die Lage- bzw. Kräftepläne haben dabei mehr die Bedeutung von qualitativen Überlegungsskizzen.

Beispiel (Bild 3.8): Ermittlung der Resultierenden

Gegeben: $\boldsymbol{F}_1$, $\boldsymbol{F}_2$ (und damit auch der Winkel α)
Gesucht: $\boldsymbol{F}$ (d.h. F und γ)

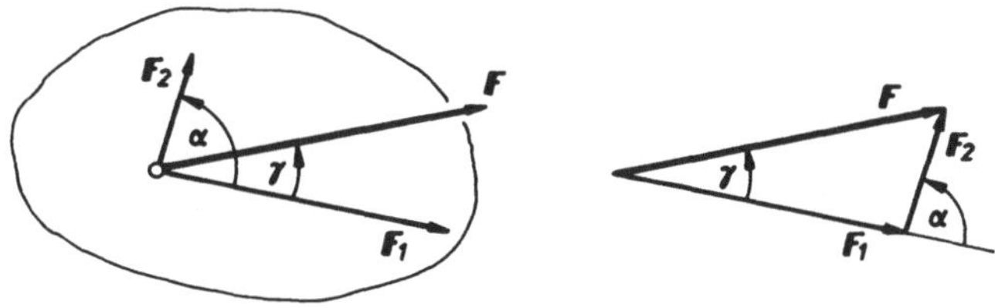

Bild 3.8 Ermittlung der Resultierenden

Cosinussatz:

$$
\begin{aligned}
F &= \sqrt{F_1^2 + F_2^2 - 2F_1F_2\cos(180^{\circ} - \alpha)} \\
&= \sqrt{F_1^2 + F_2^2 + 2F_1F_2\cos\alpha}\,.
\end{aligned}
$$

Sinussatz:

$$\frac{\sin\gamma}{\sin(180^{\circ}-\alpha)}=\frac{F_2}{F}$$

$$\gamma=\arcsin\left(\frac{F_2}{F}\sin\alpha\right).$$

3.2.2 Analytische Methoden

Gegeben sei uns wiederum der Lageplan für ein zentrales, ebenes Kräftesystem $\boldsymbol{F}_i$ $(i=1,2\ldots n)$. Zur zahlenmäßigen Erfassung der Kräfte legen wir ein *ebenes Bezugssystem* fest. Der Bezugspunkt dieses Bezugssystems möge mit dem gemeinsamen Angriffspunkt 0 der Kräfte zusammenfallen. Zur Richtungsfestlegung benötigen wir hier nur zwei, in der Ebene des Kräftesystems liegende Bezugsrichtungen. Wir wählen eine orthonormale Basis $\boldsymbol{e}_x$, $\boldsymbol{e}_y$ (Bild 3.9).

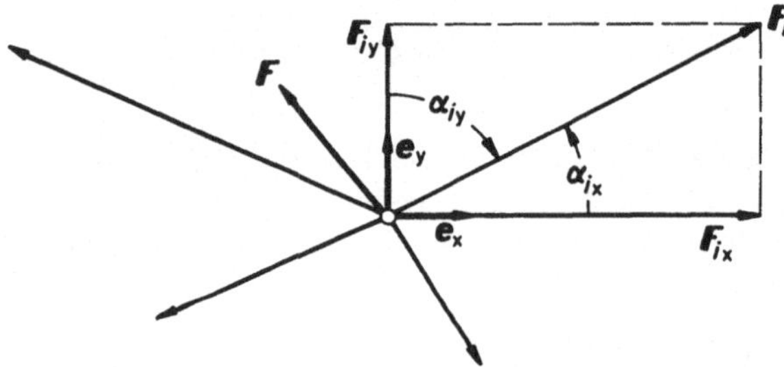

Bild 3.9 Zentrale, ebene Kräftesysteme (orthonormale Basis)

In der Regel werden uns die Kräfte $\boldsymbol{F}_i$ im Lageplan nicht mit ihren Komponenten, sondern in Betrag F_i und Richtung (Winkel α_{ix} bzw. α_{iy}) gegeben sein. Die erste Aufgabe besteht dann also darin, die Zahlenwerte der Komponenten zu ermitteln, die bei der gewählten orthonormalen Basis mit den Zahlenwerten der Projektionen auf die Bezugsrichtungen zusammenfallen. Ausgehend von der allgemeinen Form der Komponentenzerlegung

$$\begin{aligned}\boldsymbol{F}_i&=\boldsymbol{F}_{ix}+\boldsymbol{F}_{iy}\\&=F_{ix}\boldsymbol{e}_x+F_{iy}\boldsymbol{e}_y\end{aligned}$$

finden wir für die skalare Größe (= Zahlenwert mal Einheit) der Komponenten F_{ix}, F_{iy} bzw. der mit ihnen übereinstimmenden Projektionen F_{ix}^{*}, F_{iy}^{*}

$$\begin{aligned}F_{ix}&=F_i\cos\alpha_{ix}=\boldsymbol{F}_i\cdot\boldsymbol{e}_x=F_{ix}^{*}\,,\\F_{iy}&=F_i\cos\alpha_{iy}=\boldsymbol{F}_i\cdot\boldsymbol{e}_y=F_{iy}^{*}\,.\end{aligned}$$

Haben wir für alle Kräfte des Systems die Größe der Komponenten F_{ix}, F_{iy} ermittelt, so können wir die Resultierende bestimmen. Dazu gehen wir folgendermaßen vor.

Aufgrund des 1. Äquivalenzsatzes für Kräfte ist

$$\boldsymbol{F} = \sum_i \boldsymbol{F}_i .$$

Wir zerlegen nun beide Seiten in Komponenten. Das ergibt für die linke Seite

$$\boldsymbol{F} = F_x \boldsymbol{e}_x + F_y \boldsymbol{e}_y$$

und für die rechte Seite

$$\begin{aligned} \sum_i \boldsymbol{F}_i &= \sum_i (F_{ix}\boldsymbol{e}_x + F_{iy}\boldsymbol{e}_y) \\ &= \left(\sum_i F_{ix}\right)\boldsymbol{e}_x + \left(\sum_i F_{ix}\right)\boldsymbol{e}_y . \end{aligned}$$

Vergleichen wir die Koeffizienten von $\boldsymbol{e}_x$ und $\boldsymbol{e}_y$ auf beiden Seiten, so erhalten wir für die Komponenten F_x, F_y der Resultierenden.

Satz 3.8: Die Komponenten der Resultierenden $\boldsymbol{F}$ eines zentralen, ebenen Kräftesystems $\boldsymbol{F}_i$ in einem kartesischen Bezugssystem sind

$$\begin{aligned} F_x &= \sum_i F_{ix} \\ F_y &= \sum_i F_{iy} . \end{aligned}$$

Aus den Komponenten können wir dann auch den Betrag der Resultierenden und ihre Richtung gegen die x- bzw. y-Achse ermitteln. Wir finden

$$\begin{aligned} |\boldsymbol{F}| = F &= \sqrt{F_x^2 + F_y^2} \\ \alpha_x &= \arctan \frac{F_y}{F_x} \end{aligned}$$

bzw.

$$\alpha_y = \arctan \frac{F_x}{F_y} .$$

Damit α_x bzw. α_y eindeutig werden, müssen wir sowohl auf das Vorzeichen von F_x wie auf das von F_y achten und nicht nur auf das Vorzeichen der Quotienten.

Die folgende Tabelle 3.1 mag als Hilfe für die eindeutige Ermittlung von α_x dienen. Der Fall, daß F_x *und* F_y gleichzeitig verschwinden (Gleichgewichtssystem), ist dabei auszuschließen.

Mit den vorstehenden Betrachtungen haben wir die Aufgabe gelöst, die Resultierende eines zentralen, ebenen Kräftesystems zahlenmäßig unter Verwendung einer orthonormalen Basis festzulegen. Dabei haben wir davon Gebrauch gemacht, daß

F_x	F_y	α_x
$\geqslant 0$	$\geqslant 0$	$0 \leqslant \alpha_x \leqslant \frac{\pi}{2}$
	$\leqslant 0$	$0 \geqslant \alpha_x \geqslant -\frac{\pi}{2}$
$\leqslant 0$	$\geqslant 0$	$\frac{\pi}{2} \leqslant \alpha_x \leqslant \pi$
	$\leqslant 0$	$-\frac{\pi}{2} \geqslant \alpha_x \geqslant \pi$

Tabelle 3.1 Festlegung von α_x

wir jede Kraft eindeutig in Komponenten entsprechend den gewählten Bezugsrichtungen e_x, e_y zerlegen können. Dieser Sonderfall der Zerlegung einer gegebenen Kraft in zwei Komponenten mit vorgegebenen orthonormalen Richtungen ist also in den vorstehenden Betrachtungen bereits enthalten.

Unsere Überlegungen lassen sich in den Grundgedanken unmittelbar auf die Benutzung einer schiefwinkligen Basis e_1, e_2 übertragen. Ausgehend von der dafür formal gleichlautenden Komponentenzerlegung (Bild 3.10)

$$\begin{aligned} \boldsymbol{F}_i &= \boldsymbol{F}_{i1} + \boldsymbol{F}_{i2} \\ &= F_{i1}\boldsymbol{e}_1 + F_{i2}\boldsymbol{e}_2 \end{aligned}$$

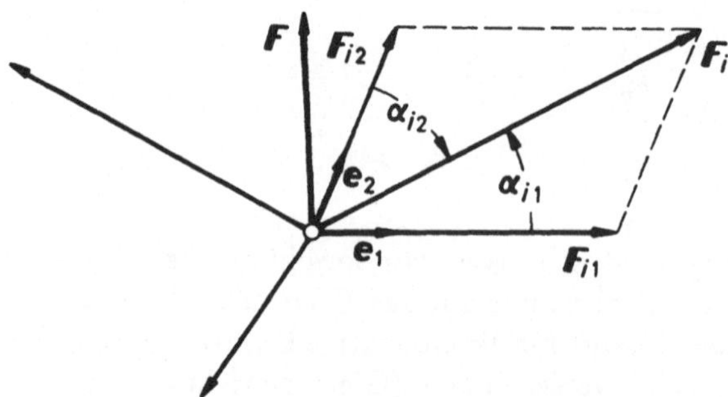

Bild 3.10 Zentrale, ebene Kräftesysteme (schiefwinklige Basis)

finden wir analog für die Komponenten der Resultierenden

Satz 3.9: Die Komponenten der Resultierenden $\boldsymbol{F}$ eines zentralen, ebenen Kräftesystems $\boldsymbol{F}_i$ in einem schiefwinkligen Bezugssystem sind

$$F_1 = \sum_i F_{i1}$$

$$F_2 = \sum_i F_{i2}\,.$$

Die Berechnung der Größe der Komponenten für die in Betrag und Richtung gegebenen Teilkräfte $\boldsymbol{F}_i$ sowie die Errechnung von Betrag und Richtung der Resultierenden aus ihren Komponenten bereiten allerdings bei einer schiefwinkligen Basis etwas mehr Umstand als bei einer orthonormalen Basis. Wir wollen diese Schritte hier übergehen. Sie lassen sich im Rahmen der Betrachtungen von zentralen, räumlichen Kräftesystemen (Abschnitt 3.3) einfacher und systematischer als Sonderfall erörtern.

Bei manchen Aufgaben benötigt man die Projektion der Resultierenden auf eine beliebig gegebene Richtung $\boldsymbol{e}_1$. Wir weisen leicht den Satz nach:

Satz 3.10: Die Projektion der Resultierenden eines zentralen, ebenen Kräftesystems auf eine gegebene Richtung $\boldsymbol{e}_1$ ist gleich der Summe der Projektionen der einzelnen Kräfte auf diese Richtung.

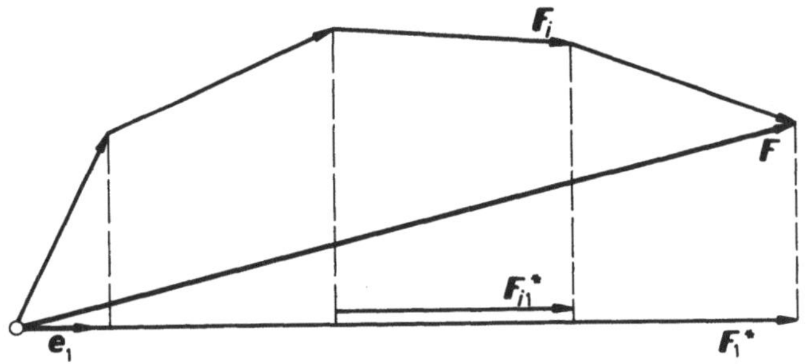

Bild 3.11 Projektionen auf eine gegebene Richtung

Den Beweis können wir analytisch führen. Aus

$$\boldsymbol{F} = \sum_i \boldsymbol{F}_i$$

folgt

$$\underbrace{\boldsymbol{F}\cdot\boldsymbol{e}_1}_{F_1^*} = \left(\sum_i \boldsymbol{F}_i\right)\cdot\boldsymbol{e}_1 = \sum_i \underbrace{(\boldsymbol{F}_i\cdot\boldsymbol{e}_1)}_{F_{i1}^*}$$

also

$$F_1^* = \sum_i F_{i1}^* \qquad \text{bzw.} \qquad \boldsymbol{F}_1^* = \sum_i \boldsymbol{F}_{i1}^* .$$

Wir können den Beweis aber auch anschaulich aus der graphischen Darstellung der Addition der Teilkräfte zur Resultierenden gewinnen. Aus Bild 3.11, das die Ermittlung der Resultierenden durch Bildung der Vektorkette im Kräfteplan zeigt, lesen wir unmittelbar die Gültigkeit des obigen Satzes ab.

Als Gleichgewichtsbedingung haben wir für zentrale Kräftesysteme allgemein formuliert (vgl. Satz 3.4, Abschnitt 3.1): Ein zentrales Kräftesystem, dessen Resultierende verschwindet, ist ein Gleichgewichtssystem. Daraus leiten wir für ebene, zentrale Kräftesysteme bei rechnerischer Behandlung ab:

Satz 3.11: *Gleichgewichtsbedingung für zentrale, ebene Kräftsysteme (analytische Methode)*
Form A (für Komponenten)

$\sum_i F_{ix} = 0$	$\sum_i F_{i1} = 0$
$\sum_i F_{iy} = 0$	$\sum_i F_{i2} = 0$
für orthonormale Basis	allgemein für schiefwinklige Basis

Wir können der Gleichgewichtsbedingung aber auch noch eine andere Fassung geben. Es läßt sich nämlich zeigen, daß das Verschwinden der Resultierenden auch gesichert ist, wenn für zwei voneinander unabhängige, d.h. nicht-parallele Richtungen $\boldsymbol{e}_1$, $\boldsymbol{e}_2$ jeweils die Projektionen der Resultierenden verschwindet. Das führt auf

---

Satz 3.12: *Gleichgewichtsbedingung für zentrale, ebene Kräftsysteme (analytische Methode)*
Form B (für Projektionen)

$$\sum_i F_{i1}^* = 0$$
$$\sum_i F_{i2}^* = 0 .$$

Die Gleichgewichtsbedingungen können – wie bei der graphischen Methode – dazu dienen, um in einem Gleichgewichtssystem eine unbekannte Teilkraft zu ermitteln. Dabei sind wiederum verschiedene Modifikationen dieser Aufgabe möglich. Die Frage der Eindeutigkeit einer Lösung ist aus der Untersuchung der eindeutigen Lösbarkeit des entsprechenden linearen Gleichungssystems zu beantworten.

3.3 Zentrale, räumliche Kräftesysteme

Wir betrachten jetzt *zentrale, räumliche Kräftesysteme*, also solche zentralen Kräftesysteme, bei denen nicht mehr alle Teilkräfte $\boldsymbol{F}_i$ in einer Ebene wirken. Die graphische Behandlung solcher Kräftesysteme ist meist recht umständlich, weil wir zur eindeutigen zeichnerischen Darstellung des Kräftesystems im allgemeinen drei Darstellungsebenen benötigen. Deshalb beschränken wir uns hier auf die *analytische* Behandlungsweise.

Zur zahlenmäßigen Festlegung der Kräfte wollen wir zunächst wiederum eine orthonormale Basis $\boldsymbol{e}_x$, $\boldsymbol{e}_y$, $\boldsymbol{e}_z$ benutzen, die den Vorzug bietet, daß die diesen orthogonalen Bezugsrichtungen entsprechenden Komponenten der Kräfte mit ihren Projektionen auf diese Richtungen übereinstimmen (vgl. Bild 3.12). Ausgehend von der Zerlegung

$$\boldsymbol{F}_i = F_{ix}\boldsymbol{e}_x + F_{iy}\boldsymbol{e}_y + F_{iz}\boldsymbol{e}_z$$

finden wir darum für die skalare Größe der Komponenten einer Kraft

$$\begin{aligned} F_{ix} &= F_i \cos\alpha_{ix} = \boldsymbol{F}_i \cdot \boldsymbol{e}_x = F^*_{i\,x} \\ F_{iy} &= F_i \cos\alpha_{iy} = \boldsymbol{F}_i \cdot \boldsymbol{e}_y = F^*_{i\,y} \\ F_{iz} &= F_i \cos\alpha_{iz} = \boldsymbol{F}_i \cdot \boldsymbol{e}_z = F^*_{i\,z}\,. \end{aligned}$$

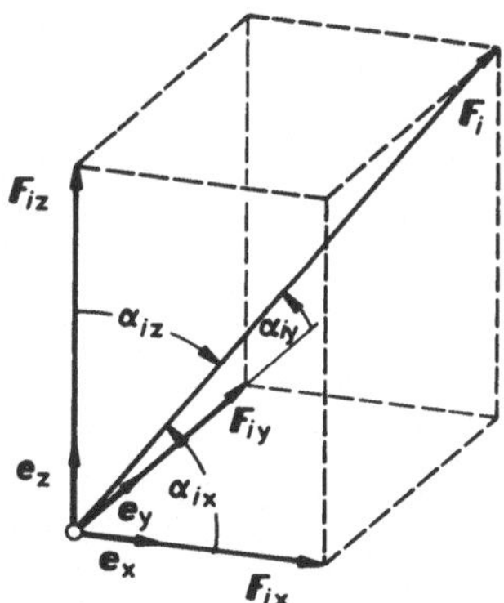

Bild 3.12
Zentrale, räumliche Kräftesysteme (kartesische Basis)

Nach dem 1. Äquivalenzsatz für Kräfte gilt für die Resultierende des zentralen, räumlichen Kräftesystems ebenso wie für zentrale, ebene Systeme

$$\boldsymbol{F} = \sum_i \boldsymbol{F}_i\,.$$

Eine Zerlegung in Komponenten auf beiden Seiten führt auf

$$\begin{aligned} F_x\boldsymbol{e}_x + F_y\boldsymbol{e}_y + F_z\boldsymbol{e}_z &= \sum_i (F_{ix}\boldsymbol{e}_x + F_{iy}\boldsymbol{e}_y + F_{iz}\boldsymbol{e}_z) \\ &= \left(\sum_i F_{ix}\right)\boldsymbol{e}_x + \left(\sum_i F_{iy}\right)\boldsymbol{e}_y + \left(\sum_i F_{iz}\right)\boldsymbol{e}_z\,. \end{aligned}$$

Daraus gewinnen wir durch Koeffizienten-Vergleich

Satz 3.13: Die Komponenten der Resultierenden eines zentralen Kräftesystems $\boldsymbol{F}_i$ sind in einem kartesischen Bezugssystem

$$F_x = \sum_i F_{ix}$$

$$F_y = \sum_i F_{iy}$$

$$F_z = \sum_i F_{iz} .$$

Aus diesem Ergebnis können wir in einfacher Weise wiederum Betrag und Richtung der Resultierenden ermitteln. Wir finden zunächst

$$|\boldsymbol{F}| = F = \sqrt{F_x^2 + F_y^2 + F_z^2} .$$

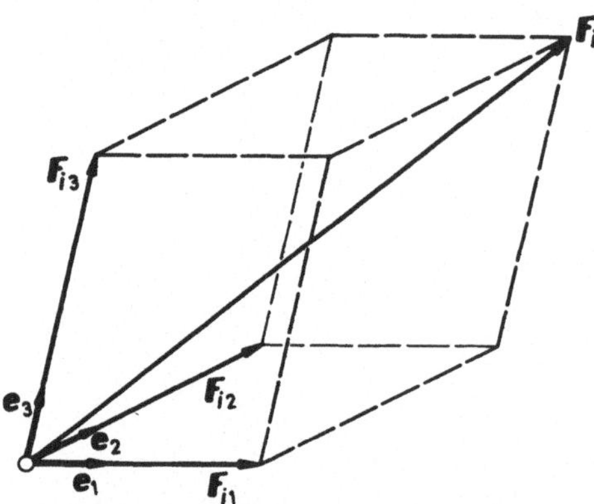

Bild 3.13 Zentrale, räumliche Kräftesysteme (schiefwinklige Basis)

Benutzen wir zur Festlegung der Richtung die Winkel φ und ϑ aus Bild 2.5, so gilt dafür

$$\varphi = \arctan \frac{F_x}{F_y}$$

$$\vartheta = \arctan \frac{\sqrt{F_x^2 + F_y^2}}{F_z} .$$

Dabei ist zur eindeutigen Festlegung bei φ wiederum auf das Vorzeichen von F_x und F_y, bei ϑ auf das Vorzeichen von F_z zu achten (vgl. Tabelle 3.1).

Führen wir die Komponentenzerlegung in bezug auf eine schiefwinklige Basis e_1, e_2, e_3 aus, so gilt auch hierbei (vgl. Bild 3.13) analog zu den Beziehungen für eine orthonormale Basis

$$\boldsymbol{F}_i = F_{i1}e_1 + F_{i2}e_2 + F_{i3}e_3$$

und daraus folgt

Satz 3.14: Die Komponenten der Resultierenden eines zentralen Kräftesystems $\boldsymbol{F}_i$ in einem schiefwinkligen Bezugssystem sind

$$\begin{aligned} F_1 &= \sum_i F_{i1} \\ F_2 &= \sum_i F_{i2} \\ F_3 &= \sum_i F_{i3}\,. \end{aligned}$$

Die Zerlegung der gegebenen Kräfte $\boldsymbol{F}_i$ in ihre Komponenten wird jedoch, wie in Abschnitt 3.2.2 bereits angesprochen, etwas komplizierter. Wir finden die Größe der Komponenten am einfachsten mit Hilfe der Methoden der Vektoralgebra. Multiplizieren wir dazu die obige Gleichung, die die Komponentenzerlegung von $\boldsymbol{F}_i$ beschreibt, der Reihe nach skalar mit $e_2 \times e_3$, $e_3 \times e_1$, $e_1 \times e_2$, so erhalten wir

$$\begin{aligned} F_{i1} &= \frac{\boldsymbol{F}_i \cdot (e_2 \times e_3)}{[e_1, e_2, e_3]} \\ F_{i2} &= \frac{\boldsymbol{F}_i \cdot (e_3 \times e_1)}{[e_1, e_2, e_3]} \\ F_{i3} &= \frac{\boldsymbol{F}_i \cdot (e_1 \times e_2)}{[e_1, e_2, e_3]} \end{aligned}$$

mit

$$[e_1, e_2, e_3] = e_1 \cdot (e_2 \times e_3)\,.$$

Wir wollen nun noch kurz angeben, wie man aus der Größe der Komponenten einer Kraft, also etwa aus den Komponenten F_1e_1, F_2e_2, F_3e_3 der Resultierenden, den Betrag dieser Kraft ermittelt. Aus der Beziehung

$$|\boldsymbol{F}| = F = \sqrt{\boldsymbol{F} \cdot \boldsymbol{F}} = \sqrt{(F_1e_1 + F_2e_2 + F_3e_3) \cdot (F_1e_1 + F_2e_2 + F_3e_3)}$$

folgt durch Ausmultiplizieren (unter Beachtung, daß $e_1 \cdot e_1 = 1$ ist usw.)

$$|\boldsymbol{F}| = F = \sqrt{F_1^2 + F_2^2 + F_3^2 + 2(F_1F_2e_1 \cdot e_2 + F_2F_3e_2 \cdot e_3 + F_3F_1e_3 \cdot e_1)}\,.$$

Den Sonderfall eines zentralen, ebenen Kräftesystems erhalten wir aus diesen Formeln, wenn wir voraussetzen, daß alle Kräfte $\boldsymbol{F}_i$ in die von e_1 und e_2 aufgespannte

Ebene fallen und daß e_3 senkrecht auf dieser Ebene steht. Dann gilt $F_{i3} = 0$ und wir erhalten für den Betrag der Resultierenden bei zentralen, ebenen Systemen

$$|\boldsymbol{F}| = F = \sqrt{F_1^2 + F_2^2 + 2F_1F_2\boldsymbol{e}_1 \cdot \boldsymbol{e}_2}\,.$$

Für die Projektion der Resultierenden eines zentralen, räumlichen Kräftesystems auf eine beliebige Richtung $\boldsymbol{e}_1$ gilt der gleiche Satz wie der in Abschnitt 3.2.2 angegebene Satz 3.10 für zentrale, ebene Kräftesysteme. Wir können deshalb jetzt allgemein formulieren:

Satz 3.15: Die Projektion der Resultierenden eines zentralen Kräftesystems auf eine gegebene Richtung ist gleich der Summe der Projektionen der einzelnen Kräfte auf diese Richtung.

Den formalen Beweis führen wir in gleicher Weise wie bei zentralen, ebenen Kräftesystemen. Es ändert sich lediglich, daß die Teilkräfte $\boldsymbol{F}_i$ jetzt nicht mehr alle in einer Ebene liegen. Damit entfällt auch der einfache Beweis aus der Darstellung in einer Zeichenebene.

Aus $\boldsymbol{F} = \sum_i \boldsymbol{F}_i$

folgt $\underbrace{\boldsymbol{F} \cdot \boldsymbol{e}_1}_{F_1^*} = \left(\sum_i \boldsymbol{F}_i\right) \cdot \boldsymbol{e}_1 = \sum_i \underbrace{\boldsymbol{F}_i \cdot \boldsymbol{e}_1}_{F_{i1}^*}$

also $F_i^* = \sum_i F_{i1}^*$

bzw. $\boldsymbol{F}_i^* = \sum_i \boldsymbol{F}_{i1}^*$.

Aus der allgemein für zentrale Kräftesysteme geltenden Gleichgewichtsbedingung $\sum_i \boldsymbol{F}_i = \boldsymbol{0}$ leiten wir ab

---

Satz 3.16: *Gleichgewichtsbedingung für zentrale, räumliche Kräftesysteme (analytische Methode)*
Form A (für Komponenten)

$\sum_i F_{ix}^* = 0$	$\sum_i F_{i1} = 0$
$\sum_i F_{iy}^* = 0$	$\sum_i F_{i2} = 0$
$\sum_i F_{iz}^* = 0$	$\sum_i F_{i3} = 0$
für orthonormale Basis	allgemein für schiefwinklige Basis

Wir können diese Gleichgewichtsbedingungen wiederum ersetzen durch die Forderung, daß die Projektion der Resultierenden für drei voneinander unabhängige Richtungen verschwinden muß, d.h. für drei Richtungen, die nicht alle in einer Ebene liegen dürfen und von denen keine einer anderen parallel sein darf (nicht-entartete Basis). Es lautet also

---

Satz 3.17: *Gleichgewichtsbedingung für zentrale, räumliche Kräftesysteme (analytische Methode)*
Form B (für Projektionen)

$$\sum_i F_{i1} = 0$$

$$\sum_i F_{i2} = 0$$

$$\sum_i F_{i3} = 0$$

Bei schiefwinkligen Bezugsrichtungen ist die Verwendung der Form B oft rechnerisch vorteilhafter als die Benutzung der Form A, da die Projektionen einfacher zu berechnen sind als die Komponenten.

Liegt ein Gleichgewichtssystem von Kräften vor, so können wir mit Hilfe der Gleichgewichtsbedingung eine unbekannte Kraft ermitteln. Häufig liegen aber Modifikationen dieser Aufgabe vor. So können z.B. für drei Teilkräfte, deren Richtungen gegeben sind, die Größen der Kräfte unbekannt sein. Auch diese Aufgabe ist – sofern nicht ein entartetes Problem vorliegt – eindeutig lösbar. Dazu bedarf es allerdings einer entsprechenden Umformung des Gleichungssystems, die davon Gebrauch macht, daß bei gegebener Richtung einer Kraft $\boldsymbol{F}_i$ das Verhältnis der Komponenten $F_{ix} : F_{iy} : F_{iz}$ festliegt.

4 Allgemeine Kräftesysteme

4.1 2. Äquivalenzsatz für Kräfte

Wir betrachten einen *starren Körper*, an dem in einem Punkt zwei entgegengesetzt gerichtete, dem Betrage nach gleich große Kräfte angreifen, die also ein Gleichgewichtssystem bilden. Die Erfahrung lehrt, daß dieser Körper im Gleichgewicht bleibt, wenn man den Angriffspunkt einer Kraft (oder beider Kräfte) in Richtung der Kraft, d.h. längs ihrer *Wirkungslinie* verschiebt. Diese Feststellung führt uns zum

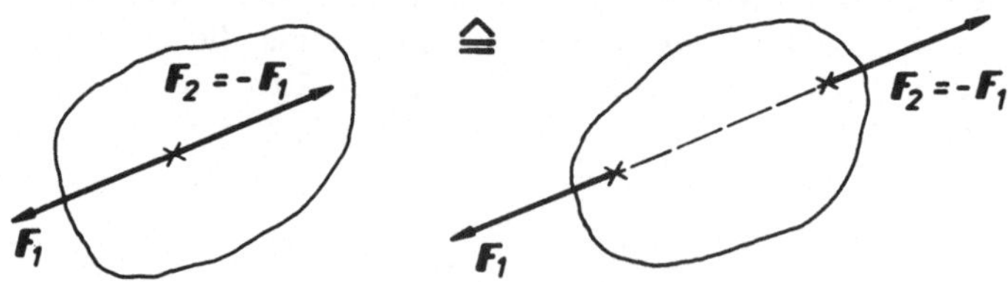

Bild 4.1 Verschiebungssatz für Kräfte

Satz 4.1: *2. Äquivalenzsatz für Kräfte (Verschiebungssatz für Kräfte)*
Gleich gerichtete, gleich große Kräfte mit gleicher Wirkungslinie sind statisch äquivalent.

Diese Aussage finden wir zuerst bei *Varignon* (1654-1722) in einer posthumen Veröffentlichung (1725). Sie gilt zunächst nur für starre Körper im Gleichgewicht, läßt sich jedoch auch auf bewegte, starre Körper übertragen, bei denen die angreifenden Kräfte kein Gleichgewichtssystem bilden. Es ist dann aber darauf zu achten, daß sich die Lage der Wirkungslinie einer Kraft während des Bewegungsablaufes verändern kann. Die Verschiebung einer Kraft darf deshalb jeweils nur längs ihrer *momentanen* Wirkungslinie vorgenommen werden, wenn die Wirkung äquivalent bleiben soll. Wir drücken diesen Sachverhalt aus in dem

---

Satz 4.2: *Zusatz zum 2. Äquivalenzsatz für die Kinetik*
Der 2. Äquivalenzsatz für Kräfte gilt auch für die Kinetik starrer Körper bei der Betrachtung des momentanen Bewegungszustandes.

Es ist unmittelbar einzusehen, daß sich bei einem deformierbaren, beispielsweise elastischen Körper die Deformation und die innere Beanspruchung ändern, wenn man eine Kraft längs ihrer Wirkungslinie verschiebt (s. Bild 4.2). Der 2. Äquivalenzsatz ist deshalb so nicht auf deformierbare Körper zu übertragen.

Bild 4.2 Beanspruchung eines deformierbaren Körpers

Für manche Gleichgewichtsbetrachtungen an deformierbaren Körpern kann das auf *Stevin* zurückgehende *Erstarrungsprinzip* nützlich sein. Es besagt:

Erstarrungsprinzip von Stevin
Bei einem im Gleichgewicht befindlichen, deformierbaren Körper können wir uns nachträglich Teile dieses Körpers oder den ganzen Körper erstarrt denken, ohne daß sich am Gleichgewichtszustand etwas ändert.

Dieses Erstarrungsprinzip erlaubt es uns, gewisse Überlegungen von starren Körpern auf deformierbare Körper im Gleichgewicht zu übertragen. Denken wir uns beispielsweise den in Bild 4.2 dargestellten *verformten* Körper nachträglich erstarrt, so können wir mit den Methoden der Statik feststellen, daß die von außen angreifenden Kräfte ein Gleichgewichtssystem bilden.

4.2 Das Moment einer Kraft

4.2.1 Das Moment einer Kraft in bezug auf eine Achse

Wir betrachten einen starren Körper, der um eine Achse 1 drehbar gelagert sei. Auf diesen Körper wirkt eine Kraft $\boldsymbol{F}$ senkrecht zur Drehachse (s. Bild 4.3). Die Erfahrung lehrt uns, daß die drehende Wirkung der Kraft $\boldsymbol{F}$, die wir etwa an dem zeitlichen Ablauf der Drehbewegung oder aus der zur Verhinderung der Drehbewegung notwendigen Anstrengung messen können, proportional dem Betrage F der Kraft und dem Hebelarm a (Abstand der Wirkungslinie der Kraft $\boldsymbol{F}$ von der Drehachse 1) ist. Wir nennen diese Wirkung: *Moment der Kraft* $\boldsymbol{F}$ *in bezug auf die Achse* 1. Das Moment ist gekennzeichnet durch Betrag und Drehrichtung (unter Angabe der zugehörigen Achse).

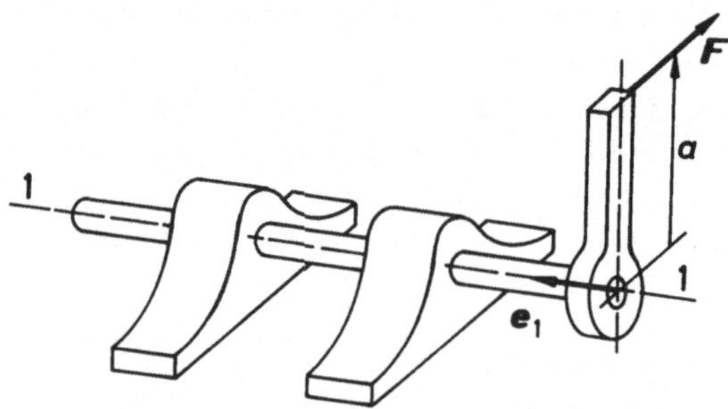

Bild 4.3 Moment einer Kraft in bezug auf eine Achse

Bei den noch folgenden Betrachtungen allgemeiner Kräftesysteme wird es sich zeigen, daß wir nicht nur Drehwirkungen von Kräften um reale Achsen, sondern auch in bezug auf gedachte Achsen zur sinnvollen Kennzeichnung von Kräftesystemen verwenden können. Darum führen wir die folgende Definition ein:

Def. 4.1: Das Moment einer Kraft $\boldsymbol{F}$ in bezug auf eine zu $\boldsymbol{F}$ senkrechte Achse 1 ist dem Betrage nach

$M_{(1)} = aF$ (Größenart: $[\mathrm{ML^2Z^{-2}}] = [\mathrm{LK}]$),

wobei a der Abstand der Wirkungslinie der Kraft $\boldsymbol{F}$ von der Achse 1 ist. Die Drehrichtung des Momentes kennzeichnen wir – entsprechend der Richtung der Drehwirkung der Kraft $\boldsymbol{F}$ – durch einen der Achse zugeordneten Richtungsvektor $\boldsymbol{e}_1$ im Sinne einer Rechtsschraube. Fassen wir Betrag und Richtungsvektor zu einer vektoriellen Größe zusammen, so gilt für das Moment $\boldsymbol{M}_{(1)}$ einer Kraft $\boldsymbol{F}$ in bezug auf eine zu ihr senkrechte Achse 1:

$$\boldsymbol{M}_{(1)} = M_{(1)}\boldsymbol{e}_1 = aF\boldsymbol{e}_1 .$$

Wir können diese Definition auch auf solche Fälle erweitern, in denen Wirkungslinie der Kraft $\boldsymbol{F}$ und Achse 1 nicht mehr senkrecht zueinander stehen, und zwar durch folgende

---

Def. 4.2: Ist die Wirkungslinie der Kraft $\boldsymbol{F}$ nicht senkrecht zur Achse 1, so ist bei der Ermittlung des Momentes $\boldsymbol{M}_{(1)}$ nur die Komponente $\boldsymbol{F}_n = \boldsymbol{F}_1^{**}$

der Kraft $\boldsymbol{F}$ zu berücksichtigen, die senkrecht zur Achse 1 wirkt:

$$\boldsymbol{M}_{(1)} = a\,F_n\,\boldsymbol{e}_1$$

mit

$$\boldsymbol{F}_n = \boldsymbol{F} - \underbrace{(\boldsymbol{F}\cdot\boldsymbol{e}_1)\,\boldsymbol{e}_1}_{\boldsymbol{F}_1^*}\,.$$

Aus der Definition des Momentes einer Kraft in bezug auf eine Achse ergibt sich, daß sich dieses Moment im allgemeinen ändert, wenn wir – bei gleich bleibender Kraft – eine andere Achse als Bezugsachse wählen. Deswegen haben wir den Richtungsvektor $\boldsymbol{e}_1$, der die Drehrichtung dieses Momentes kennzeichnet, der Achse zugeordnet. Man sagt deshalb auch: Die vektorielle Größe, die das Moment einer Kraft in bezug auf eine Achse beschreibt, ist an diese Achse gebunden. Das Moment ändert sich hingegen offenbar nicht, wenn der Angriffspunkt der Kraft längs ihrer Wirkungslinie verschoben wird. Es gilt also der

---

Satz 4.3: Kräfte, die aufgrund des 2. Äquivalenzsatzes statisch äquivalent sind, sind auch hinsichtlich ihres Momentes in bezug auf eine beliebige Achse äquivalent.

Den formalen Beweis dieses Satzes holen wir in Abschnitt 4.2.2 nach.

Greifen an einem Körper mehrere Kräfte an, so lassen sich die einzelnen Drehwirkungen um eine gegebene Achse addieren. Dabei ist freilich die jeweilige Drehrichtung zu berücksichtigen. Es ist deshalb sinnvoll, von einem resultierenden Moment eines Kräftesystems zu sprechen, das wir wie folgt definieren:

Def. 4.3: Das resultierende Moment $\boldsymbol{M}_{(1)}$ eines Kräftesystems in bezug auf eine Achse 1 ist gleich der vektoriellen Summe der Momente der einzelnen Kräfte $\boldsymbol{F}_i$ in bezug auf diese Achse, d.h.

$$\boldsymbol{M}_{(1)} = \sum_i \boldsymbol{M}_{i(1)}\,.$$

Bei der Ausführung der vektoriellen Addition ist es zweckmäßig, eine für alle Momente geltende positive Drehrichtung vorab zu definieren. Im positiven Sinne drehende Momente erhalten dann positive Zahlenwerte, im Gegensinn drehende dagegen negative Zahlenwerte.

Zerlegt man eine gegebene Kraft in (beliebig viele) Komponenten mit gleichem Angriffspunkt, so findet man bei Betrachtung der Momente in bezug auf eine Achse den

---

Satz 4.4: Das resultierende Moment eines zentralen Kräftesystems in bezug auf eine Achse 1 ist gleich dem Moment der resultierenden Kraft dieses Systems in bezug auf diese Achse.

Das bedeutet also, daß Kräftesysteme, die nach dem 1. Äquivalenzsatz äquivalent sind, dies auch hinsichtlich ihres resultierenden Momentes in bezug auf eine beliebige Achse sind. Man beweist diesen Satz leicht mit Hilfe geometrischer Betrachtungen der zentralen Kräftesysteme oder mit den formalen Mitteln der Vektoralgebra, wie im folgenden gezeigt wird.

4.2.2 Das Moment einer Kraft in bezug auf einen Punkt

Wir betrachten eine beliebige Kraft $\boldsymbol{F}$, deren Betrag, Richtung und Angriffspunkt gegeben seien. Wir führen zur zahlenmäßigen Festlegung der Kraft und ihres Angriffspunktes ein kartesisches Koordinatensystem mit dem Bezugspunkt 0 ein und erhalten

$$\begin{aligned} \boldsymbol{F} &= F_x \boldsymbol{e}_x + F_y \boldsymbol{e}_y + F_z \boldsymbol{e}_z \,, \\ \boldsymbol{r} &= x\,\boldsymbol{e}_x + y\,\boldsymbol{e}_y + z\,\boldsymbol{e}_z \,. \end{aligned}$$

Den Ortsvektor $\boldsymbol{r}$ wollen wir von jetzt ab als gerichtete Länge (Größenart [L]) einführen und dementsprechend die Koordinaten x, y, z als Längen (Größenart [L]) betrachten. Wir denken uns also die Längeneinheit jeweils zum Zahlenwert hinzugefügt, ohne daß wir dies ausdrücklich angeben, und ersparen uns damit Schreibarbeit.

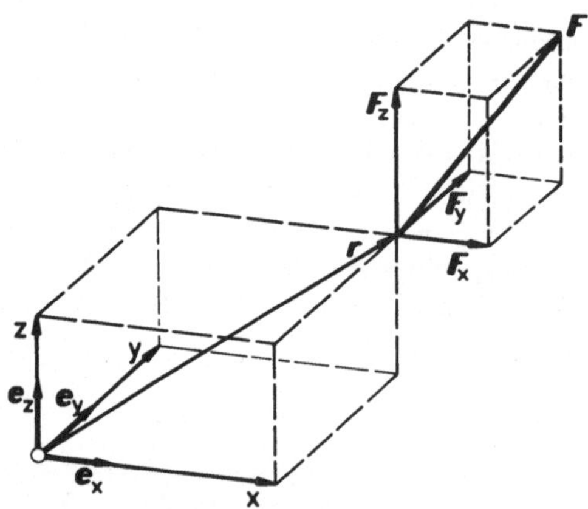

Bild 4.4
Moment einer Kraft in bezug auf einen Punkt

Wir ermitteln nun die Momente der Kraft $\boldsymbol{F}$ in bezug auf die drei Koordinatenachsen. Sie lassen sich am einfachsten aus der Komponentenzerlegung der Kraft errechnen. Unter Umkehr des Satzes 4.4 über das resultierende Moment zentraler Kräftessteme finden wir

$$\begin{aligned} \boldsymbol{M}_{(x)} &= (y\,F_z - z\,F_y)\,\boldsymbol{e}_x \\ \boldsymbol{M}_{(y)} &= (z\,F_x - x\,F_z)\,\boldsymbol{e}_y \\ \boldsymbol{M}_{(z)} &= (x\,F_y - y\,F_x)\,\boldsymbol{e}_z \,. \end{aligned}$$

Diese drei Ergebnisse können wir in der Weise zusammenfassen, daß wir $\boldsymbol{M}_{(x)}$, $\boldsymbol{M}_{(y)}$ und $\boldsymbol{M}_{(z)}$ als Komponenten eines Vektors $\boldsymbol{M}$ betrachten. Wir setzen also

$$M_{(x)} = M_x, \quad M_{(y)} = M_y, \quad M_{(z)} = M_z$$

und bilden

$$\begin{aligned} M &= M_x + M_y + M_z \\ &= M_x e_x + M_y e_y + M_z e_z . \end{aligned}$$

M nennen wir: *Moment der Kraft* F *in bezug auf den Punkt* 0. Es zeigt sich nun, daß wir diese Größe M auch durch das vektorielle Produkt von r und F (in dieser Reihenfolge) ausdrücken können, d.h.

$$M = r \times F .$$

Wir können deshalb auch definieren:

Def. 4.4: Das Moment einer Kraft F in bezug auf einen Punkt 0 ist

$$M = r \times F \qquad \text{(Größenart: } [\mathbf{L} \times \mathrm{MLZ}^{-2}] = [\mathbf{L} \times \mathbf{K}]),$$

wobei r der Ortsvektor vom Punkt 0 zum Angriffspunkt der Kraft F ist.

Kennen wir das Moment einer Kraft in bezug auf einen Punkt 0, so können wir daraus auch leicht das Moment dieser Kraft in bezug auf eine beliebige Achse durch diesen Punkt ermitteln. Es gilt dafür der

---

Satz 4.5: Das Moment $M_{(1)}$ einer Kraft F in bezug auf eine beliebige Achse mit der Richtung e_1 durch den Punkt 0 erhalten wir, indem wir das Moment M dieser Kraft bezüglich des Punktes 0 auf diese Achse projizieren, d.h. es ist

$$M_{(1)} = (M \cdot e_1)\, e_1 = M_1^* = [e_1 \cdot (r \times F)]\, e_1 .$$

Beweis: Es ist

$$e_1 \cdot (r \times F) = (e_1 \times r) \cdot F .$$

Nun ist $e_1 \times r$ eine vektorielle Größe, deren Richtung senkrecht zu e_1 und zu r und deren Betrag gleich dem Abstand a des Angriffspunktes von der Achse 1 ist. Deshalb ist

$$e_1 \cdot (r \times F) = a \cdot F = M_{(1)} .$$

Die Definition des resultierenden Momentes eines Kräftesystems, die wir für Momente in bezug auf eine Achse eingeführt haben, können wir auf Momente in bezug auf einen Punkt übertragen:

Def. 4.5: Das resultierende Moment M eines Kräftesystems in bezug auf einen Punkt 0 ist gleich der vektoriellen Summe der Momente M_i der einzelnen Kräfte F_i in bezug auf diesen Punkt 0, d.h.

$$M = \sum_i M_i = \sum_i (r_i \times M_i) .$$

Aufgrund dieser Definitionen und Sätze können wir nun auch den folgenden Satz beweisen:

Satz 4.6: Kräftesysteme, die nach dem 1. und 2. Äquivalenzsatz statisch äquivalent sind, sind auch hinsichtlich ihres resultierenden Momentes in bezug auf einen beliebigen Punkt 0 äquivalent.

Beweis: Nach dem 1. Äquivalenzsatz sind zentrale Kräftesysteme mit gleichem Angriffspunkt äquivalent, wenn ihre resultierende Kraft gleich ist, also

$$\sum_i \boldsymbol{F}_i = \sum_k \boldsymbol{F}_k = \boldsymbol{F}.$$

Da alle Kräfte den gleichen durch $\boldsymbol{r}$ festgelegten Angriffspunkt haben, gilt für die zu vergleichenden resultierenden Momente

$$\begin{aligned}\sum_i \boldsymbol{M}_i &= \sum_i (\boldsymbol{r} \times \boldsymbol{F}_i) &= \boldsymbol{r} \times \left(\sum_i \boldsymbol{F}_i\right) &= \boldsymbol{r} \times \boldsymbol{F}\\ \sum_k \boldsymbol{M}_k &= \sum_k (\boldsymbol{r} \times \boldsymbol{F}_k) &= \boldsymbol{r} \times \left(\sum_k \boldsymbol{F}_k\right) &= \boldsymbol{r} \times \boldsymbol{F}.\end{aligned}$$

Wir erhalten also für Kräftesysteme, die nach dem 1. Äquivalenzsatz statisch äquivalent sind

$$\sum_i \boldsymbol{M}_i = \sum_k \boldsymbol{M}_k.$$

Damit ist der erste Teil des Satzes 4.6 bewiesen. Für den Beweis, daß dieser Satz auch für solche Systeme gilt, die dem 2. Äquivalenzsatz genügen, reicht es aus, dies für eine einzelne beliebige Kraft $\boldsymbol{F}_i$ nachzuweisen. Ihr Angriffspunkt sei durch den Ortsvektor $\boldsymbol{r}_i$ gekennzeichnet. Eine Verschiebung des Angriffspunktes ändert $\boldsymbol{F}_i$ selbst nicht. $\boldsymbol{r}_i$ geht jedoch über in

$$\hat{\boldsymbol{r}}_i = \boldsymbol{r}_i + \lambda \frac{\boldsymbol{F}_i}{|\boldsymbol{F}_i|} = \boldsymbol{r}_i + \lambda \boldsymbol{e}_i.$$

Hierin ist $\boldsymbol{e}_1$ ein Richtungsvektor in der Richtung von $\boldsymbol{F}_i$; λ ist eine beliebige (positive oder negative) Größe von der Dimension einer Länge. Für das Moment $\boldsymbol{M}_i$ der verschobenen Kraft erhalten wir somit

$$\begin{aligned}\hat{\boldsymbol{M}}_i &= \hat{\boldsymbol{r}}_i \times \boldsymbol{F}_i = \boldsymbol{r}_i \times \boldsymbol{F}_i + \frac{\lambda}{|\boldsymbol{F}_i|} \underbrace{\boldsymbol{F}_i \times \boldsymbol{F}_i}_{0}\\ &= \boldsymbol{r}_i \times \boldsymbol{F}_i = \boldsymbol{M}_i.\end{aligned}$$

Damit ist auch die zweite Hälfte des Satzes 4.6 bewiesen. Der Beweis läßt sich im übrigen leicht auf Momente in bezug auf eine beliebige Achse ausdehnen. Wir brauchen dazu lediglich noch die Momente, die auf den Punkt 0 bezogen sind, auf die Richtung der Achse zu projizeren. Damit ist auch der formale Beweis für die Sätze 4.3 und 4.4 nachgeholt.

4.3 Allgemeiner Äquivalenzsatz für Kräftesysteme

Überführen wir ein gegebenes Kräftesystem $\boldsymbol{F}_i$ unter Anwendung der beiden Äquivalenzsätze für Kräfte in ein *äquivalentes* Kräftesystem $\boldsymbol{F}_k$, so stellen wir folgendes fest:

1. Bei der Anwendung des 1. wie des 2. Äquivalenzsatzes für Kräfte wird die vektorielle Summe der Kräfte nicht verändert. Es gilt also für die beiden Kräftesysteme

$$\sum_i \boldsymbol{F}_i = \sum_k \boldsymbol{F}_k = \boldsymbol{F}\,.$$

2. Ebenso wird auch das resultierende Moment nicht verändert, wie wir in Satz 4.6 festgestellt und anschließend auch bewiesen haben

$$\sum_i (\boldsymbol{r}_i \times \boldsymbol{F}_i) = \sum_k (\boldsymbol{r}_k \times \boldsymbol{F}_k) = \boldsymbol{M}\,.$$

Fassen wir diese beiden Feststellungen zusammen und kehren die Aussage um, so erhalten wir:

Satz 4.7: *Allgemeiner Äquivalenzsatz für Kräftesysteme*
Zwei Kräftesysteme $\boldsymbol{F}_i$ und $\boldsymbol{F}_k$ sind statisch äquivalent, wenn sie in der vektoriellen Summe der Kräfte und im resultierenden Moment der Kräfte in bezug auf einen beliebigen Punkt 0 übereinstimmen, d.h. wenn

$$\sum_i \boldsymbol{F}_i = \boldsymbol{F} = \sum_k \boldsymbol{F}_k$$

und

$$\sum_i (\boldsymbol{r} \times \boldsymbol{F}_i) = \boldsymbol{M} = \sum_k (\boldsymbol{r}_k \times \boldsymbol{F}_k)$$

sind.

Der allgemeine Äquivalenzsatz faßt die beiden bisher benutzten Äquivalenzsätze (Satz vom Kräfteparallelogramm und Verschiebungssatz) zusammen. Er bildet in dieser Fassung insbesondere die Grundlage zur analytischen Betrachtung allgemeiner Kräftesysteme.

4.4 Das Kräftepaar

Bei der Betrachtung allgemeiner Kräftesysteme stoßen wir häufiger auf sogenannte *Kräftepaare*. Sie werden gebildet aus zwei gleich großen, entgegengesetzt gerichteten Kräften

$$\boldsymbol{F}_1 \quad \text{und} \quad \boldsymbol{F}_2 = -\boldsymbol{F}_1 ,$$

deren Wirkungslinien nicht zusammenfallen, sondern den Abstand a voneinander haben (s. Bild 4.5).

Wir stellen zunächst einmal fest, daß die formal zu bildende vektorielle Summe der beiden Kräfte eines solchen Kräftepaares stets verschwindet

$$\sum_i \boldsymbol{F}_i = \boldsymbol{F}_1 + \boldsymbol{F}_2 = \boldsymbol{0} .$$

Ermitteln wir das resultierende Moment eines Kräftepaares in bezug auf einen beliebigen Punkt 0, so erhalten wir

$$\begin{aligned} \boldsymbol{M} &= \boldsymbol{r}_1 \times \boldsymbol{F}_1 + \boldsymbol{r}_2 \times \boldsymbol{F}_2 \\ &= (\boldsymbol{r}_1 - \boldsymbol{r}_2) \times \boldsymbol{F}_1 . \end{aligned}$$

Wir lesen daraus ab:

Satz 4.8: Das resultierende Moment $\boldsymbol{M}$ eines Kräftepaares ist unabhängig vom Bezugspunkt. Sein Betrag ist

$$|\boldsymbol{M}| = M = aF ,$$

wobei $F = |\boldsymbol{F}_1| = |\boldsymbol{F}_2|$ den Betrag der Kräfte und a den Abstand der Wirkungslinien des Kräftepaares bezeichnet. Die Richtung von $\boldsymbol{M}$ steht senkrecht auf der Ebene des Kräftepaares und kennzeichnet die Drehrichtung im Sinne einer Rechtsschraube.

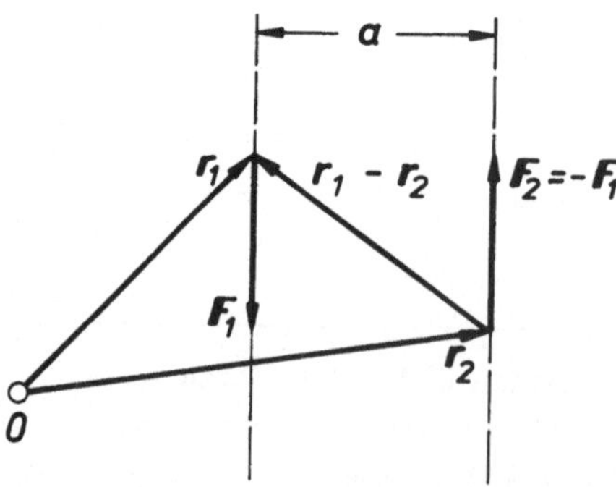

Bild 4.5
Kräftepaar

Dasselbe Ergebnis erhalten wir für das resultierende Moment des Kräftepaares in bezug auf Achsen, die senkrecht zur Ebene des Kräftepaares stehen.

Im Gegensatz zum Moment einer einzelnen Kraft ist also das resultierende Moment eines Kräftepaares unabhängig von der Wahl des Bezugspunktes bzw. von der Lage der Bezugsachse. Man bezeichnet deshalb auch manchmal dieses Moment als *freie* vektorielle Größe.

Aus diesen Feststellungen ergibt sich: Kräftepaare sind statisch äquivalent, sofern sie

1. in zueinander parallelen Ebenen liegen,
2. die gleiche Drehrichtung haben und
3. im Produkt aF übereinstimmen.

Kürzer können wir sagen:

Satz 4.9: *Äquivalenzsatz für Kräftepaare*
Kräftepaare mit gleichem (vom Bezugspunkt unabhängigen) resultierenden Moment $\boldsymbol{M}$ sind statisch äquivalent.

Wir betrachten nun eine Folge von äquivalenten Kräftepaaren, bei denen der Hebelarm a jeweils verkleinert, der Betrag der Kraft F entsprechend vergrößert wird. Da M für alle Kräftepaare gleich bleibt, wächst dann F über alle Grenzen, während gleichzeitig $a \to 0$ geht. Auf diese Weise erhalten wir im Grenzübergang ein sogenanntes singuläres Kräftepaar mit dem resultierenden Moment $\boldsymbol{M}$, bei dem die Angriffspunkte der beiden Kräfte zusammenfallen, so daß wir einem solchen Kräftepaar einen Angriffspunkt zuordnen können.

Ein solches singuläres Kräftepaar bezeichnet man häufig auch einfach als *Moment*. Singuläre Kräftepaare sind – wie Einzelkräfte auch – Abstraktionen. Für ihre graphische Darstellung wählen wir die in Bild 4.6 angegebenen Symbole für ein senkrecht zur Zeichenebene bzw. in der Zeichenebene wirkendes Moment $\boldsymbol{M}$ mit dem jeweiligen Angriffspunkt P.

Bild 4.6
Symbole zur Darstellung von Momenten

4.5 Allgemeine ebene Kräftesysteme, graphische Methoden

Bei der Betrachtung allgemeiner Kräftesysteme haben wir es, wie schon bei zentralen Kräftesystemen, im wesentlichen mit drei Aufgabenkreisen zu tun:

1. *Reduktion* des gegebenen Kräftesystems auf ein möglichst einfaches, äquivalentes Kräftesystem,
2. Aufstellung von Kriterien, unter denen allgemeine Kräftesysteme ein Gleichgewichtssystem bilden, d.h. Aufstellung von *Gleichgewichtsbedingungen*,
3. *Zerlegung* einer gegebenen Kraft in *Komponenten* mit vorgegebenen Wirkungslinien bzw. Angriffspunkten.

Alle drei beschriebenen Aufgaben hängen dabei eng zusammen. So stellt die Zerlegung einer Kraft in Komponenten mit vorgegebenen Richtungen natürlich eine Umkehrung der Reduktion eines Kräftesystems dar, und von Gleichgewichtssystemen sprechen wir dann, wenn diese Reduktion auf verschwindende Resultierende führt.

Wie schon bei der Behandlung zentraler Kräftesysteme werden wir deshalb im folgenden zunächst auf das Problem der Reduktion des gegebenen Kräftesystems eingehen und die Aussagen zu den beiden anderen Aufgaben dann aus den dabei gefundenen Resultaten ableiten. Desgleichen wollen wir hier neben den analytischen auch noch graphische Lösungsmethoden ansprechen; letztere allerdings auf die Beschreibung einiger weniger elementarer Methoden beschränken.

4.5.1 Elemente graphischer Methoden

Gegeben sei ein System von unterschiedlichen an einem Körper angreifenden Kräften $\boldsymbol{F}_i$ ($i = 1, 2 \ldots n$) mit ihren jeweiligen Angriffspunkten (s. z.B. für $n = 4$ die im Lageplan von Bild 4.10 angegebenen Kräfte). Beginnen wir zunächst mit zwei *nichtparallelen* Kräften, z.B. $\boldsymbol{F}_1$ und $\boldsymbol{F}_2$ (s. Bild 4.7), so lassen sich diese zu einer resultierenden Kraft reduzieren. Dazu verschieben wir – den 2. Äquivalenzsatz benutzend – die Angriffspunkte der beiden Kräfte längs der Wirkungslinien bis in deren Schnittpunkt und bilden dann gemäß 1. Äquivalenzsatz die Resultierende. Zur besseren Übersichtlichkeit teilen wir die Darstellung auf in *Lageplan* und *Kräfteplan* (s. Bild 4.8). Im Lageplan entfällt dann die Verschiebung der Kräfte längs ihrer Wirkungslinie (gestrichelte Darstellung von $\boldsymbol{F}_1$ und $\boldsymbol{F}_2$ in Bild 4.7). Der Angriffspunkt der Resultierenden $\boldsymbol{F}$ kann beliebig auf der Wirkungslinie von $\boldsymbol{F}$ angenommen werden.

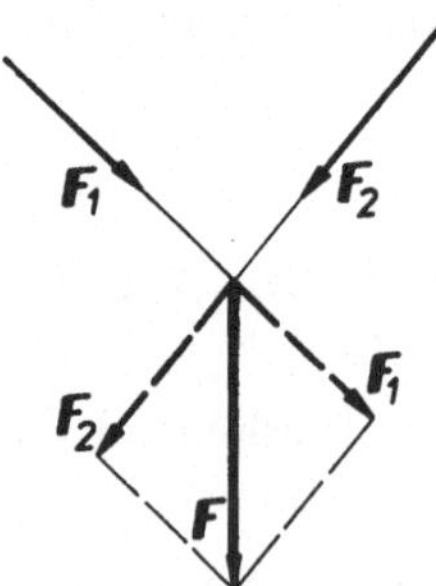

Bild 4.7
Addition zweier Kräfte

Wir erhalten so die folgenden Arbeitsschritte:

1. Kräfte $\boldsymbol{F}_1$ und $\boldsymbol{F}_2$ im Kräfteplan zu $\boldsymbol{F}$ addieren,
2. Schnittpunkt der Wirkungslinien von $\boldsymbol{F}_1$ und $\boldsymbol{F}_2$ im Lageplan ermitteln,
3. $\boldsymbol{F}$ in den Lageplan übertragen mit Wirkungslinie durch den unter 2. ermittelten Schnittpunkt.

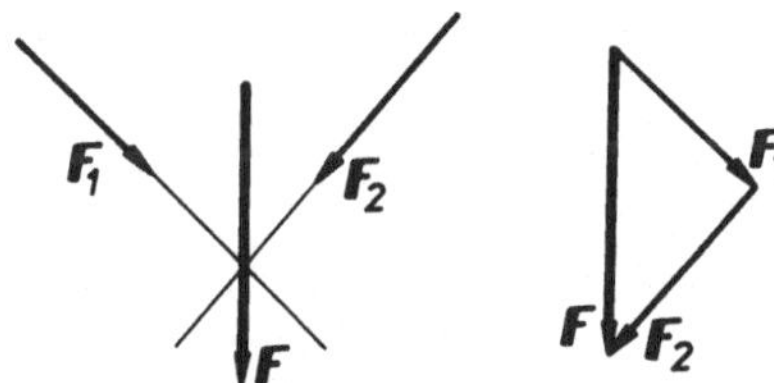

Bild 4.8
Lageplan und Kräfteplan

Dieses Vorgehen läßt sich nun schrittweise fortsetzen. So kann die eben ermittelte Teilresultierende $\boldsymbol{F}_{1,2}$ mit der dritten Kraft $\boldsymbol{F}_3$ zur neuen Teilresultierenden $\boldsymbol{F}_{1,2,3}$ zusammengefaßt werden (s. Bild 4.9), und so fort. Die resultierende Kraft $\boldsymbol{F}$ des gesamten Systems erhalten wir schließlich als Ergebnis des letzten der so beschriebenen Reduktionsschritte (s. Bild 4.10).

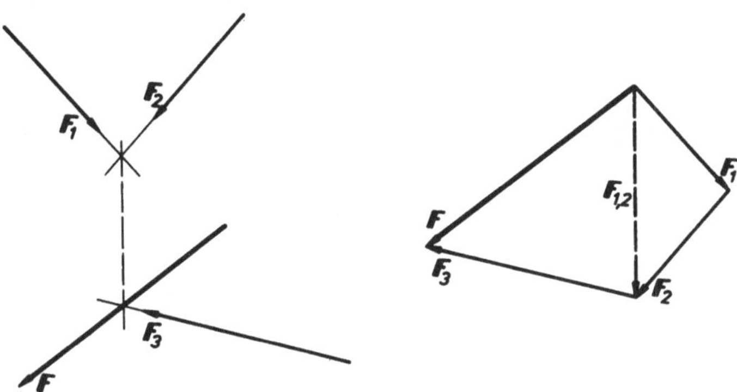

Bild 4.9 Addition von drei Kräften

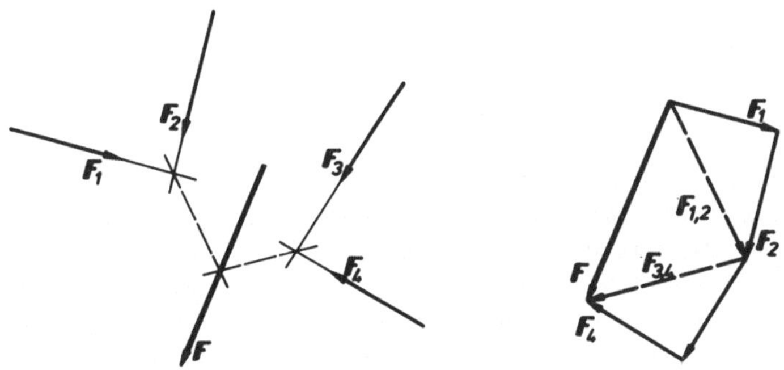

Bild 4.10 Addition von vier Kräften

Häufig ist es von Vorteil, das gegebene System in Teilsysteme von je zwei Kräften zu unterteilen, diese dann in der oben beschriebenen Weise zusammenzufassen und dann entsprechend fortzufahren.

Von den jeweiligen Teilresultierenden braucht dabei im übrigen nur die Wirkungslinie in den Lageplan übertragen zu werden. Wie wir ferner bereits bei der Behandlung der zentralen Kräftesysteme gesehen hatten, kommt es theoretisch nicht auf die Reihenfolge der Zusammenfassung an; für die praktische Durchführbarkeit des Verfahrens kann sie gelegentlich jedoch von Bedeutung sein.

Bei den bisher betrachteten Systemen *nichtparalleler* Kräfte kann es vorkommen, daß die Reduktion zu einer resultierenden Kraft des Systems nicht gelingt, weil wir nach Bildung einer der Teilresultierenden ein *Kräftepaar* erhalten. An diesem Ergebnis ändert sich auch nichts, wenn wir in den vorhergehenden Schritten die Reihenfolge der Zusammenfassung ändern.

Zur Lösung dieser Frage wollen wir uns deshalb jetzt den Systemen mit *parallelen* Kräften zuwenden. Für solche Systeme ist das bisherige Vorgehen nicht unmittelbar anwendbar, weil der Schnittpunkt der Wirkungslinien ins Unendliche rückt. Praktisch scheitert das Verfahren bereits, wenn der Schnittpunkt bei nahezu parallelen Wirkungslinien aus dem durch das Zeichenformat begrenzten Lageplan herausfällt. Wir können uns jedoch helfen, indem wir das gegebene System zuvor in ein äquivalentes umwandeln, auf das dann unser bisheriges Verfahren wieder anwendbar ist. Das Grundsätzliche dieser Verfahrensweise läßt sich bereits an der Reduktion eines Systems von *zwei parallelen* Kräften studieren (s. Bild 4.11).

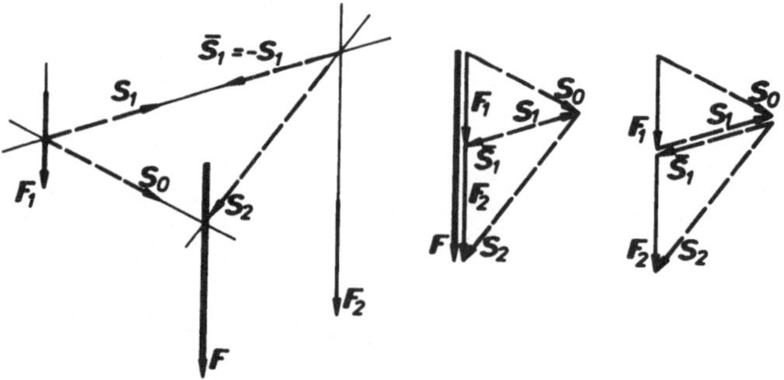

Bild 4.11 Addition zweier paralleler Kräfte

Wir fügen dem gegebenen Kräftesystem $\boldsymbol{F}_1$, $\boldsymbol{F}_2$ ein Gleichgewichtssystem bestehend aus den Kräften $\boldsymbol{S}_1$ und $\bar{\boldsymbol{S}}_1 = -\boldsymbol{S}_1$ hinzu, fassen $\boldsymbol{F}_1$ und $\boldsymbol{S}_1$ zu $\boldsymbol{S}_0$ sowie $\boldsymbol{F}_2$ und $\bar{\boldsymbol{S}}_1$ zu $\boldsymbol{S}_2$ zusammen und ermitteln aus $\boldsymbol{S}_0$ und $\boldsymbol{S}_2$ die Resultierende $\boldsymbol{F}$ des Systems. Dieses Vorgehen kennzeichnet das *Seileck-Verfahren*, dessen Name unmittelbar mit der praktischen Anwendung des Problems in der Seil-Statik zusammenhängt.

Bevor wir im folgenden Abschnitt etwas ausführlicher auf dieses Verfahren eingehen wollen, sei schließlich noch der Sonderfall eines Systems aus zwei parallelen Kräften angesprochen, bei dem $\boldsymbol{F}_1$ und $\boldsymbol{F}_2 = -\boldsymbol{F}_1$ ein Kräftepaar bilden. In diesem

Fall erhalten wir keine resultierende Kraft, sondern lediglich ein äquivalentes aus den Kräften $\boldsymbol{S}_0$ und $\boldsymbol{S}_2$ bestehendes Kräftepaar. Wir halten dieses Ergebnis fest als

Satz 4.10: Ebene Kräftesysteme lassen sich stets entweder auf eine einzelne Kraft oder auf ein Kräftepaar reduzieren.

4.5.2 Das Seileck-Verfahren

Das Seileck-Verfahren ist in seiner Anwendung nicht auf zwei parallele Kräfte beschränkt. Darüber hinaus ist es auch auf allgemeine Kräftesysteme mit nichtparallelen Kräften anwendbar. Insbesondere für größere Kräftesysteme, bei denen das zuerst angesprochene Vorgehen der schrittweisen Reduktion mühsam werden kann, bietet es sich als ein allgemeines graphisches Verfahren zur Reduktion ebener Kräftesysteme an. Das folgende *Konstruktionsschema* mag uns als Anhalt dienen (s. Bild 4.12).

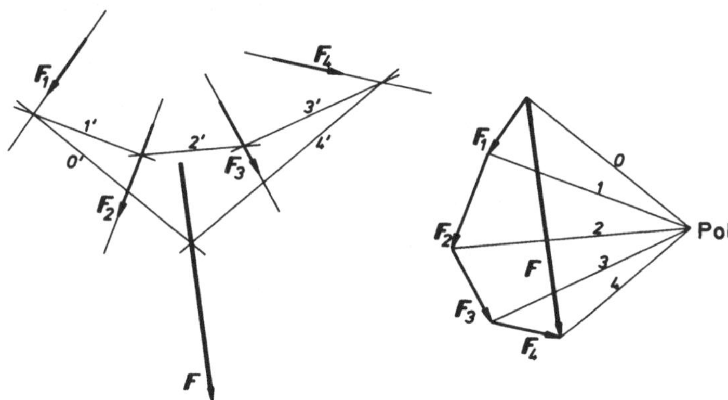

Bild 4.12 Seileck-Konstruktion

Gegeben seien im Lageplan die Kräfte $\boldsymbol{F}_i$ ($i = 1, 2 \ldots n$) (Längenmaßstab β_L, Kräftemaßstab β_F)

Konstruktionsschritte:

1. *Krafteck* zeichnen, d.h. Vektorkette der Kräfte $\boldsymbol{F}_i$ bilden: sie ergibt die Resultierende $\boldsymbol{F}$.

2. *Pol P* wählen, und zwar üblicherweise rechts vom Krafteck, zweckmäßig in einer solchen Lage zur Vektorkette, daß die Länge der Vektorkette und der mittlere Abstand des Poles von der Vektorkette etwa gleich groß sind.

3. *Polstrahlen* ziehen, d.h. Linien vom Pol zu den Anfangs- bzw. Endpunkten der Kräfte in der Vektorkette und fortlaufend numerieren von 0 (Polstrahl

zum Anfangspunkt der Vektorkette) bis n (Polstrahl zum Endpunkt der Vektorkette).

4. Polstrahlen als *Seilgeraden* $0'$ bis n' in den Lageplan parallel übertragen nach folgender Regel: Polstrahlen, die im Kräfteplan eine Kraft einschließen, erscheinen im Lageplan als Seilgeraden, die sich auf der Wirkungslinie dieser Kraft schneiden.
   Die Konstruktion des *Seilecks* beginnt zweckmäßig mit $0'$ (oder n'). Die Lage der Anfangsgeraden ist beliebig.

5. Resultierende $\boldsymbol{F}$ in den Lageplan übertragen. Ihre Wirkungslinie geht durch den Schnittpunkt der Seilgeraden $0'$ und n' (die dazu gehörenden Polstrahlen schließen im Kräfteplan $\boldsymbol{F}$ ein).

6. *Kontrolle:* Einer Seilgeraden, die im Lageplan zwischen den Wirkungslinien der Kräfte $\boldsymbol{F}_i$ und $\boldsymbol{F}_{i+1}$ verläuft, muß im Kräfteplan ein Polstrahl entsprechen, der in der Vektorkette zwischen den Kräften $\boldsymbol{F}_i$ und $\boldsymbol{F}_{i+1}$ mündet.

Läßt sich das gegebene Kräftesystem nicht auf eine einzelne Kraft, sondern nur auf ein Kräftepaar reduzieren, so wird im Kräfteplan die resultierende Kraft $\boldsymbol{F} = \boldsymbol{0}$, und die Polstrahlen 0 und n fallen zusammen. Im Lageplan erscheinen die entsprechenden Seilgeraden $0'$ und n' als Parallelen. Sie stellen die Wirkungslinien des resultierenden Kräftepaares dar. Die Kräfte selbst entsprechen den Polstrahlen 0 bzw. n.

Da die Lage des Poles P und die Lage der Anfangsgeraden frei gewählt werden können, ist es im übrigen auch möglich, das Seileck so zu konstruieren, daß es durch drei vorgegebene Punkte geht.

Bei Systemen, die nur auf ein Kräftepaar zu reduzieren sind, erhält man je nach Wahl des Poles und der Lage der Anfangsgeraden unterschiedliche, äquivalente Kräftepaare.

4.5.3 Gleichgewichtsbedingungen

Soll ein gegebenes Kräftesystem ein *Gleichgewichtssystem* sein, so darf sich bei der Reduktion des Kräftesystems weder eine resultierende Kraft noch ein resultierendes Kräftepaar ergeben. Für Systeme mit bis zu vier Kräften lassen sich daraus die folgenden (notwendigen und hinreichenden) Gleichgewichtsbedingungen ableiten:

Satz 4.11: *Gleichgewichtsbedingung für zwei Kräfte*

Zwei Kräfte bilden nur dann ein Gleichgewichtssystem, wenn ihre Wirkungslinien zusammenfallen und die Kräfte entgegengesetzt gleich groß sind.

Satz 4.12: *Gleichgewichtsbedingung für drei komplanare Kräfte*

Drei in einer Ebene liegende Kräfte bilden nur dann ein Gleichgewichtssystem, wenn sich ihre Wirkungslinien in einem Punkt schneiden und ihre vektorielle Summe verschwindet.

Satz 4.13: *Gleichgewichtsbedingung für vier komplanare Kräfte*

Vier in einer Ebene liegende Kräfte bilden nur dann ein Gleichgewichtssystem, wenn die Wirkungslinien der aus je zwei Kräften ermittelten beiden Teilresultierenden zusammenfallen und diese Teilresultierenden entgegengesetzt gleich groß sind.

Von diesen Gleichgewichtsbedingungen können wir Gebrauch machen, um unbekannte Kräfte eines Kräftesystems zu ermitteln, von dem wir wissen, daß es ein Gleichgewichtssystem ist.

Bei Anwendung des Seileck-Verfahrens zur Reduktion des Kräftesystems gilt entsprechend, daß sich im Krafteck die aus den gegebenen Kräften gebildete Vektorkette schließen muß, damit $\boldsymbol{F} = 0$ wird, und zusätzlich müssen im Lageplan die Seilgeraden $0'$ und n' zusammenfallen, damit auch kein Kräftepaar entsteht. Wir erhalten also als

---

Satz 4.14: *Gleichgewichtsbedingung für ebene Kräftesysteme (Seileck-Verfahren)*

Ein ebenes Kräftesystem bildet nur dann ein Gleichgewichtssystem, wenn sich bei Anwendung des Seileck-Verfahrens das Krafteck und das Seileck schließen.

Beispiel für die Anwendung von Satz 4.12

Gegeben sei für ein Gleichgewichtssystem von drei Kräften die Kraft $\boldsymbol{F}_1$, die Wirkungslinie der Kraft $\boldsymbol{F}_2$ und der Angriffspunkt der Kraft $\boldsymbol{F}_3$. Gesucht werden $\boldsymbol{F}_2$ und $\boldsymbol{F}_3$. Wir finden diese Kräfte in folgender Weise (vgl. Bild 4.13):

1. Im Lageplan ermitteln wir die Wirkungslinie von $\boldsymbol{F}_3$, die durch den gegebenen Angriffspunkt und durch den Schnittpunkt der Wirkungslinien von $\boldsymbol{F}_1$ und $\boldsymbol{F}_2$ gehen muß.

2. Im Kräfteplan ermitteln wir $\boldsymbol{F}_2$ und $\boldsymbol{F}_3$ aus der Bedingung, daß das aus $\boldsymbol{F}_1$, $\boldsymbol{F}_2$ und $\boldsymbol{F}_3$ gebildete Krafteck sich schließen muß. Die gegebenen bzw. ermittelten Richtungen der Kräfte entnehmen wir dabei dem Lageplan.

Beispiel für die Anwendung von Satz 4.13

Gegeben seien für ein Gleichgewichtssystem von vier Kräften die Kraft $\boldsymbol{F}_1$ sowie die Wirkungslinien der drei übrigen Kräfte $\boldsymbol{F}_2$, $\boldsymbol{F}_3$ bzw. $\boldsymbol{F}_4$, die sich nicht alle in einem Punkt schneiden sollen. Wir finden diese Kräfte aufgrund der folgenden Überlegungen (vgl. Bild 4.14):

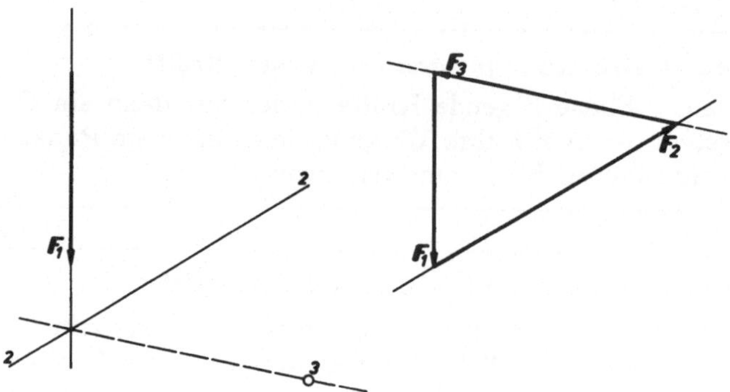

Bild 4.13 Anwendung von Satz 4.12

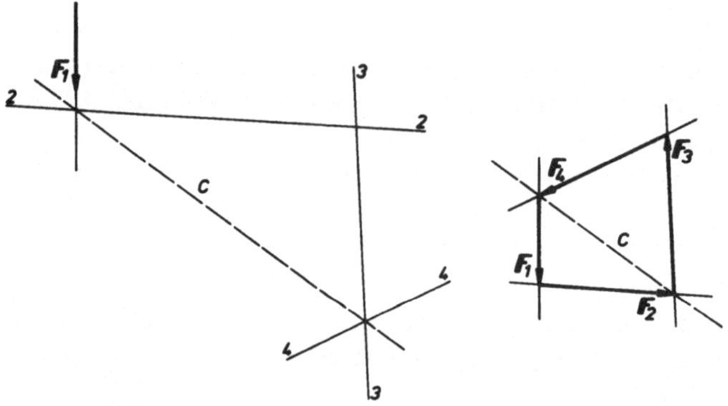

Bild 4.14 Anwendung von Satz 4.13

1. Die Wirkungslinie der Teilresultierenden $\boldsymbol{F}_{1,2}$ von $\boldsymbol{F}_1$ und $\boldsymbol{F}_2$ muß mit der Wirkungslinie der Teilresultierenden $\boldsymbol{F}_{3,4}$ von $\boldsymbol{F}_3$ und $\boldsymbol{F}_4$ zusammenfallen. Das ist nur möglich, wenn diese gemeiname Wirkungslinie C sowohl durch den Schnittpunkt der Wirkungslinien 1 und 2 als auch durch den Schnittpunkt der Wirkungslinien 3 und 4 geht.

2. Mit Kenntnis der Richtung der Wirkungslinie C von $\boldsymbol{F}_{1,2}$ können wir im Kräfteplan $\boldsymbol{F}_2$ und $\boldsymbol{F}_{1,2}$ ermitteln. Damit ist auch $\boldsymbol{F}_{3,4} = -\boldsymbol{F}_{1,2}$ bekannt. $\boldsymbol{F}_{3,4}$ ist in $\boldsymbol{F}_3$ und $\boldsymbol{F}_4$ zu zerlegen.

Die gemeinsame Wirkungslinie C der beiden Teilresultierenden $\boldsymbol{F}_{1,2}$ und $\boldsymbol{F}_{3,4}$ wird die *Culmann*sche Hilfsgerade genannt, da die Lösungsmethode der vorstehenden Aufgabe auf *Culmann* (1821-1881) zurückgeht, der sie 1865 veröffentlichte.

4.6 Allgemeine ebene Kräftesysteme, analytische Methoden

4.6.1 Verschiedene Fassungen des Äquivalenzsatzes für ebene Systeme

Der in Abschnitt 4.3 formulierte allgemeine Äquivalenzsatz (Satz 4.7) stellt fest, daß zwei Kräftesysteme $\boldsymbol{F}_i$, $\boldsymbol{F}_k$ (Kraftangriffspunkte $\boldsymbol{r}_i$ bzw. $\boldsymbol{r}_k$) äquivalent sind, wenn

$$\sum_i \boldsymbol{F}_i = \sum_k \boldsymbol{F}_k$$

und

$$\sum_i (\boldsymbol{r}_i \times \boldsymbol{F}_i) = \sum_k (\boldsymbol{r}_k \times \boldsymbol{F}_k)$$

sind. Führen wir nun ein kartesisches Koordinatensystem so ein, daß alle Kräfte $\boldsymbol{F}_i$ und $\boldsymbol{F}_k$ in der x-y-Ebene liegen, so gilt für die einzelnen Kräfte und ihre Angriffspunkte

$$\boldsymbol{F}_i = F_{ix}\boldsymbol{e}_x + F_{iy}\boldsymbol{e}_y; \qquad F_{iz} = 0$$

$$\boldsymbol{r}_i = x_i\boldsymbol{e}_x + y_i\boldsymbol{e}_y; \qquad z_i = 0$$

Analoges gilt für $\boldsymbol{F}_k$ und $\boldsymbol{r}_k$. Damit reduziert sich der allgemeine Äquivalenzsatz, der sonst sechs skalare Gleichungen enthält, für ebene Kräftesysteme auf drei skalare Gleichungen

$$\boxed{\begin{aligned} \sum_i F_{ix} &= \sum_k F_{kx} \\ \sum_i F_{iy} &= \sum_k F_{ky} \\ \sum_i \underbrace{(x_iF_{iy} - y_iF_{ix})}_{M_{iz}} &= \sum_k \underbrace{(x_kF_{ky} - y_kF_{kx})}_{M_{kz}} . \end{aligned}}$$

Dieses Gleichungssystem läßt sich nun in verschiedener Weise modifizieren. So können wir z.B. ein schiefwinkliges Koordinatensystem einführen, bei dem die Basisvektoren $\boldsymbol{e}_1, \boldsymbol{e}_2$ in der Kräfteebene und $\boldsymbol{e}_3$ senkrecht dazu liegen. Dabei haben wir zusätzlich noch die Möglichkeit, entweder mit den Projektionen der Kräfte auf die Bezugsrichtungen, d.h. mit den Größen $\boldsymbol{F}^*_{i1}, \boldsymbol{F}^*_{i2}$ zu arbeiten oder mit den Komponenten $\boldsymbol{F}_{i1}, \boldsymbol{F}_{i2}$ usw. (vgl. Abschnitte 3.2.2 und 3.3). Unser Gleichungssystem nimmt dann die folgende Form an:

$$\boxed{\begin{array}{ccc} \sum_i F^*_{i1} = \sum_k F^*_{k1} & \text{oder} & \sum_i F_{i1} = \sum_k F_{k1} \\ \sum_i F^*_{i2} = \sum_k F^*_{k2} & & \sum_i F_{i2} = \sum_k F_{k2} \\ & \sum_i M_{i3} = \sum_k M_{k3} . & \end{array}}$$

Eine weitere Möglichkeit der Modifikation ergibt sich aufgrund folgender Überlegungen. Der Äquivalenzsatz stellt mathematisch ein System von linearen Gleichungen dar. Dieses System können wir dadurch umformen, daß wir an Stelle der Ausgangsgleichungen Linear-Kombinationen dieser Gleichungen benutzen. Implizit tun wir das im übrigen bereits, wenn wir von einem kartesischen Koordinatensystem auf ein schiefwinkliges übergehen.

Wir multiplizieren dazu die Bedingung für die Kräftesumme vektoriell (von links) mit einem (zu einem beliebigen Punkt A der Kräfteebene gehörenden) Ortsvektor $\boldsymbol{r}_A$ und erhalten

$$\boldsymbol{r}_A \times \left(\sum_i \boldsymbol{F}_i\right) = \boldsymbol{r}_A \times \left(\sum_k \boldsymbol{F}_k\right)$$

bzw.

$$\sum_i (\boldsymbol{r}_A \times \boldsymbol{F}_i) = \sum_k (\boldsymbol{r}_A \times \boldsymbol{F}_k)\,.$$

Diese Gleichung – sie enthält nur eine skalare Gleichung, weil alle Produkte $\boldsymbol{r}_A \times \boldsymbol{F}_i$ bzw. $\boldsymbol{r}_A \times \boldsymbol{F}_k$ senkrecht zur Ebene der $\boldsymbol{F}_i$ bzw. $\boldsymbol{F}_k$ stehen – subtrahieren wir gliedweise von der Momentenbedingung

$$\sum_i (\boldsymbol{r}_i \times \boldsymbol{F}_i) = \sum_k (\boldsymbol{r}_k \times \boldsymbol{F}_k)\,.$$

Das ergibt

$$\sum_i \{(\boldsymbol{r}_i - \boldsymbol{r}_A) \times \boldsymbol{F}_i)\} = \sum_k \{(\boldsymbol{r}_k - \boldsymbol{r}_A) \times \boldsymbol{F}_k)\}\,.$$

Nun ist (vgl. Bild 4.15)

$$(\boldsymbol{r}_i - \boldsymbol{r}_A) \times \boldsymbol{F}_i = \boldsymbol{M}_{i(A)}$$

das Moment der Kraft $\boldsymbol{F}_i$ in bezug auf den Punkt A bzw. auf eine Achse senkrecht zur Kräfteebene durch den Punkt A. Entsprechendes gilt für alle übrigen Ausdrücke der obigen Gleichung. Wir erhalten somit als Linear-Kombination der Ausgangsgleichungen die Bedingung

$$\sum_i \boldsymbol{M}_{i(A)} = \sum_k \boldsymbol{M}_{k(A)}\,.$$

Das Ergebnis ist im Grunde nicht neu. Im Äquivalenzsatz haben wir bei der Momentenbedingung ja den Bezugspunkt (bzw. die Bezugsachse) offen gelassen. Neu ist jedoch die Folgerung, die wir jetzt aus unserem formalen Vorgehen ziehen können, daß nämlich die Kräftebedingungen im Äquivalenzsatz (eine oder beide) durch Momentenbedingungen ersetzt werden können.

Bei der Wahl der Bezugspunkte (bzw. Bezugsachsen) haben wir allerdings gewisse Bedingungen einzuhalten, damit die Gleichungen linear unabhängig bleiben. So dürfen z.B. bei der Verwendung von drei Momentenbedingungen die drei in der

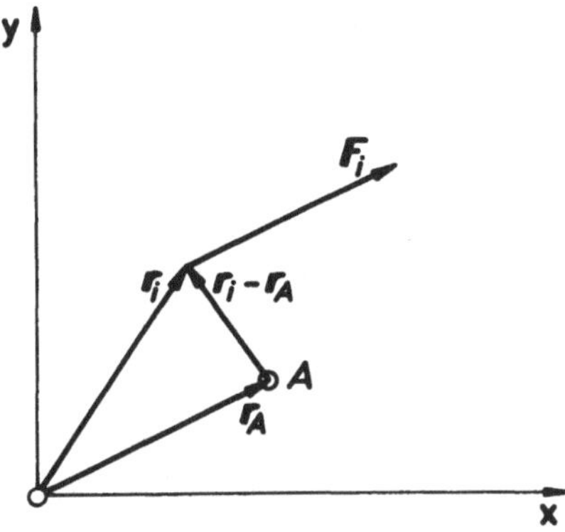

Bild 4.15
Moment einer Kraft in bezug auf den Punkt A

Kräfteebene liegenden Bezugspunkte nicht auf einer Geraden liegen. Der Grund für diese Einschränkung ist anschaulich leicht zu erfassen: Eine Kraft, deren Wirkungslinie mit solch einer Geraden zusammenfallen würde, ergäbe für keinen der drei Bezugspunkte ein Moment. Das ist in diesem Falle aber schon aus zwei Momentenbedingungen zu folgern. Die dritte wäre also überzählig, d.h. linear abhängig von den beiden anderen. Ähnliche Überlegungen gelten für Formulierungen des Äquivalenzsatzes mit zwei Momentenbedingungen und einer Kräftebedingung.

Das Ergebnis unserer Überlegungen können wir zusammenfassen im

---

Satz 4.15: *Äquivalenzsatz für ebene Kräftesysteme*

Ebene Kräftesysteme sind statisch äquivalent, wenn folgende Größen jeweils paarweise übereinstimmen:

1. die Vektorsumme der Kräfte (bzw. die Summe der Projektionen auf zwei voneinander unabhängige Richtungen $\boldsymbol{e}_1$ und $\boldsymbol{e}_2$ und das resultierende Moment in bezug auf einen beliebigen Punkt 0 der Kräfteebene oder
2. die Summe der Projektionen der Kräfte auf eine Richtung $\boldsymbol{e}_1$ und die resultierenden Momente in bezug auf zwei Punkte A und B der Kräfteebene, deren Verbindungsgerade AB nicht senkrecht auf $\boldsymbol{e}_1$ stehen darf, oder
3. die resultierenden Momente in bezug auf drei Punkte A, B und C der Kräfteebene, die nicht auf einer Geraden liegen dürfen.

Der Äquivalenzsatz liefert für ebene Kräftesysteme in allen drei Fassungen jeweils *drei skalare Gleichungen*. Sie erlauben uns, drei unbekannte, skalare Größen eines ebenen Kräftesystems zu ermitteln, wenn das Äquivalent bekannt ist. Davon machen wir im folgenden bei der Reduktion von Kräftesystemen, bei Gleichgewichtsbetrachtungen und bei der Zerlegung einer gegebenen Kraft in Komponenten Gebrauch.

4.6.2 Reduktion des Kräftesystems

Wir beschränken uns hier auf eine Behandlung des Problems in einem kartesischen Koordinatensystem und gehen davon aus, daß wir die vektorielle Summe $\boldsymbol{F}$ der gegebenen Kräfte $\boldsymbol{F}_i$ und ihr resultierendes Moment $\boldsymbol{M} = \sum_i \boldsymbol{M}_i$ bereits ermittelt haben

$$F_x = \sum_i F_{ix}$$

$$F_y = \sum_i F_{iy}$$

$$M_z = \sum_i M_{iz} = \sum_i \left(x_i F_{iy} - y_i F_{ix}\right).$$

Vielfach begnügt man sich damit, diese Größen als Reduktionsergebnis zu betrachten, d.h. wir nehmen an, daß in diesem Falle das gegebene Kräftesystem reduziert sei auf (vgl. Bild 4.16)

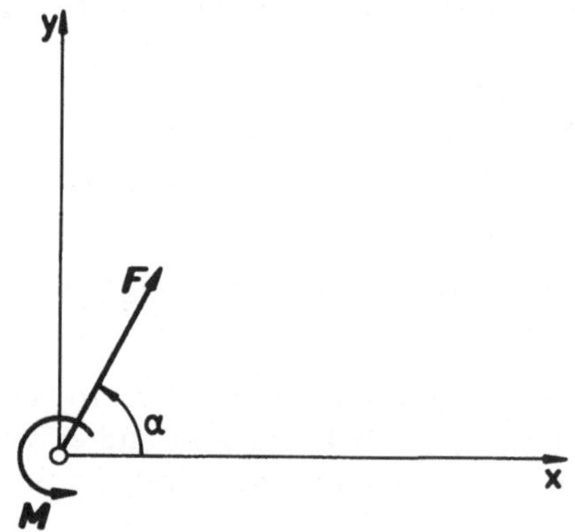

Bild 4.16
Gegebenes Kräftesystem

eine *resultierende Kraft* $\boldsymbol{F} = F_x\boldsymbol{e}_x + F_y\boldsymbol{e}_y$, deren Wirkungslinie durch den Koordinatenursprung 0 geht, und ein *resultierendes Moment* $\boldsymbol{M} = M_z\boldsymbol{e}_z$.

Ist $|\boldsymbol{F}| \neq 0$, so können wir das System weiter reduzieren (s. Bild 4.17). Dabei nutzen wir die Tatsache aus, daß das resultierende Moment $\boldsymbol{M}$ gemäß Satz 4.9 durch ein beliebiges in der Kräfteebene liegendes Kräftepaar ersetzt werden kann, z.B. also auch durch ein solches Kräftepaar, für das bei $\boldsymbol{F}_1 = -\boldsymbol{F}_2 = -\boldsymbol{F}$ die Wirkungslinie der einen Kraft ($\boldsymbol{F}_1$) ebenfalls durch den Ursprung geht. Wir sehen unmittelbar, daß die Reduktion eine Kraft $\hat{\boldsymbol{F}} = \boldsymbol{F}$ ergibt, deren Wirkungslinie um die gerichtete Strecke $\boldsymbol{a}$ parallel verschoben ist. Wir können dieses Ergebnis in dem folgenden Satz zusammenfassen:

Satz 4.16: Ein Kräftesystem bestehend aus einer Kraft $\boldsymbol{F}$ und einem senkrecht auf $\boldsymbol{F}$ stehenden Moment $\boldsymbol{M}$ ist auf eine Kraft

$$\hat{\boldsymbol{F}} = \boldsymbol{F}$$

zu reduzieren, deren Wirkungslinie gegenüber der von $\boldsymbol{F}$ um

$$\boldsymbol{a} = \frac{\boldsymbol{F} \times \boldsymbol{M}}{\boldsymbol{F} \cdot \boldsymbol{F}} \quad \text{mit} \quad |\boldsymbol{a}| = a = \frac{M}{F}$$

parallel verschoben ist.

Wir können dieses Vorgehen natürlich auch umkehren, d.h. von einer gegebenen Kraft $\boldsymbol{F}$ ausgehen und nach einem äquivalenten Kräftesystem mit einer parallel verschobenen Kraft $\hat{\boldsymbol{F}} = \boldsymbol{F}$ fragen. Das führt dann auf den

---

Satz 4.17: Eine gegebene Kraft $\boldsymbol{F}$ ist statisch äquivalent einem Kräftesystem, das aus einer Kraft

$$\hat{\boldsymbol{F}} = \boldsymbol{F}$$

mit einer gegen $\boldsymbol{F}$ um $\boldsymbol{a}$ parallel verschobenen Wirkungslinie und aus einem resultierenden Moment

$$\boldsymbol{M} = -\boldsymbol{a} \times \boldsymbol{F}$$

besteht.

Das dabei der parallel verschobenen Kraft $\hat{\boldsymbol{F}}$ hinzuzufügende resultierende Moment $\boldsymbol{M}$ wird vielfach auch *Versetzungsmoment* genannt.

Für die resultierende Kraft $\boldsymbol{F}$ gilt

$$|\boldsymbol{F}| = F = \sqrt{F_x{}^2 + F_y{}^2} \geqslant 0$$

$$\tan \alpha = \frac{F_y}{F_x} \,.$$

Wegen $\hat{\boldsymbol{F}} = \boldsymbol{F}$ gelten diese Zahlenwerte auch für $\hat{\boldsymbol{F}}$.

Die Gleichung der Wirkungslinie von $\hat{\boldsymbol{F}}$ finden wir aus der Bedingung, daß

$$M_z = x_{\hat{F}} F_y - y_{\hat{F}} F_x$$

sein muß. Das ergibt

$$\text{bei } F_x \neq 0: \quad y_{\hat{F}} = -\frac{M_z}{F_x} + \frac{F_y}{F_x} x_{\hat{F}}$$

$$\text{bei } F_x = 0: \quad x_{\hat{F}} = -\frac{M_z}{F_y} = \text{konst.}$$

Unter Bezug auf Satz 4.17 können wir aus den Größen F_x, F_y und M_z noch zahlreiche weitere äquivalente Kräftesysteme ableiten, die gegenüber dem Ausgangssystem reduziert sind, wie z.B. Systeme, die aus der Kraft $\hat{\boldsymbol{F}} = \boldsymbol{F}$ bestehen, deren Wirkungslinie durch einen vorgegebenen Punkt geht, und einem resultierenden Moment $\hat{\boldsymbol{M}}$, das sich aus M_z und dem entsprechenden Versetzungsmoment zusammensetzt.

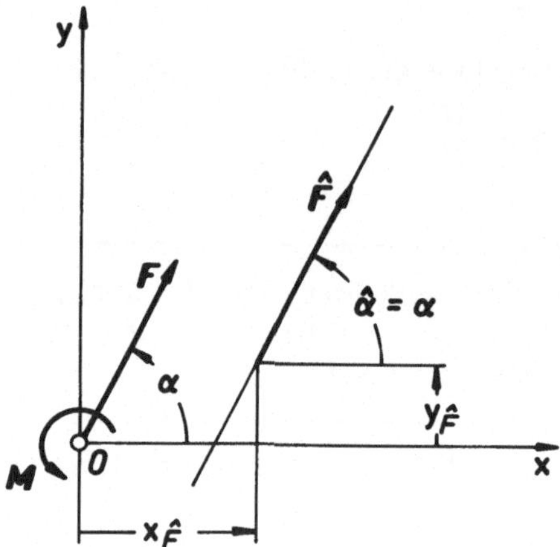

Bild 4.17
Reduktion des Kräftesystems

4.6.3 Gleichgewichtsbedingungen

Ein ebenes Kräftesystem ist nur dann ein Gleichgewichtssystem, wenn sich bei seiner Reduktion weder eine resultierende Kraft noch ein resultierendes Moment ergibt. Diese Bedingung können wir, den drei verschiedenen Fassungen des Äquivalenzgesetzes entsprechend, in verschiedener Form aussprechen. Wir kommen so zu

---

Satz 4.18: *Gleichgewichtsbedingung für ebene Kräftesysteme*
Ein ebenes Kräftesystem ist nur dann ein Gleichgewichtssystem, wenn die folgenden Größen verschwinden:

1. die vektorielle Summe der Kräfte (bzw. die Summe der Projektionen der Kräfte auf zwei voneinander unabhängige Richtungen $\boldsymbol{e}_1$ und $\boldsymbol{e}_2$) und das resultierende Moment in bezug auf einen beliebigen Punkt 0 der Kräfteebene oder
2. die Summe der Projektionen der Kräfte auf eine Richtung $\boldsymbol{e}_1$ und die resultierenden Momente in bezug auf zwei Punkte A und B der Kräfteebene, wobei die Verbindungsgerade AB nicht senkrecht auf $\boldsymbol{e}_1$ stehen darf, oder
3. die resultierenden Momente in bezug auf drei Punkte A, B und C der Kräfteebene, die nicht auf einer Geraden liegen dürfen.

In Gleichungsform lauten die verschiedenen Fassungen dieser Gleichgewichtsbedingungen:

Fassung (a)	$\sum_i F_{ix} = 0$ $\sum_i F_{iy} = 0$ $\sum_i M_{iz} = 0$	oder	$\sum_i F_{i1} = 0$ $\sum_i F_{i2} = 0$ $\sum_i M_{i(3)} = 0$	bzw. $\sum_i F^*_{i1} = 0$, $\sum_i F^*_{i2} = 0$

Fassung (b)	$\sum_i F^*_{i1} = 0$ $\sum_i M_{i(A)} = 0$ $\sum_i M_{i(B)} = 0$	e_1 nicht senkrecht zur Geraden AB

Fassung (c)	$\sum_i M_{i(A)} = 0$ $\sum_i M_{i(B)} = 0$ $\sum_i M_{i(C)} = 0$	A, B, C nicht auf einer Geraden

Die Gleichgewichtsbedingungen dienen hauptsächlich dazu, unbekannte Kräfte eines Gleichgewichtssystems zu ermitteln. Die Fassungen (b) und (c) eignen sich hierfür oft besonders gut. Bei ebenen Kräftesystemen lassen sich nämlich häufig Punkte finden, in denen sich die Wirkungslinien mehrerer Kräfte schneiden. Wählen wir diese Punkte zu Bezugspunkten der Momentenbedingungen, so ergeben die entsprechenden Kräfte keinen Beitrag zum resultierenden Moment. Damit verkürzt sich die Rechnung. Ebenso können wir häufig durch geeignete Wahl der Projektionsrichtung für die Kräfte eine Vereinfachung der Rechnung erzielen.

Vielfach verzichtet man überhaupt auf die Einführung eines systematisch definierten Bezugssystems. Man entnimmt unmittelbar dem Lageplan Richtung und Hebelarm der Kräfte usw. und legt von Fall zu Fall fest, welche Wirkungsrichtung der Kräfte bzw. welchen Drehsinn der Momente man als positiv bezeichnen will. Dies möge das folgende Beispiel veranschaulichen, bei dem drei unbekannte Kräfte $\boldsymbol{F}_i$ $(i = 1, 2, 3)$ mit vorgegebenen Wirkungslinien zu ermitteln sind, die mit einer vierten, bekannten Kraft $\boldsymbol{F}_4$ ein Gleichgewichtssystem bilden sollen (s. Bild 4.18). Wir legen im Lageplan fest, welche Wirkungsrichtung wir für die unbekannten Kräfte $\boldsymbol{F}_i$ als positiv annehmen. Als Bezugspunkte für die Momente wählen wir die drei Punkte A, B und C, in denen sich jeweils die Wirkungslinien zweier unbekannter Kräfte schneiden. Die Hebelarme a_1, a_2 usw. greifen wir aus dem Lageplan ab. Dann stellen wir für jeden Bezugspunkt die Momenten-Gleichgewichtsbedingung auf, wobei wir den positiven Drehsinn jeweils gesondert festsetzen (und die getroffene Wahl zur besseren Kontrollierbarkeit in der Rechnung durch die Bezeichnung $\curvearrowleft$ oder $\curvearrowright$ anmerken). Das ergibt dann folgenden einfachen Rechnungsgang:

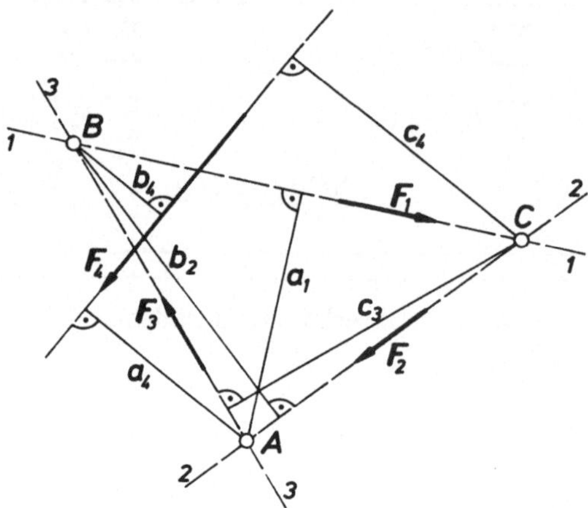

Bild 4.18 Bestimmung unbekannter Kräfte mit Hilfe der Momenten-Gleichgewichtsbedingungen

$$\curvearrowleft \sum_i M_{i(A)} = 0 = a_4 F_4 - a_1 F_1 \quad \rightarrow \quad F_1 = F_4 \frac{a_4}{a_1}$$

$$\curvearrowright \sum_i M_{i(B)} = 0 = b_4 F_4 + b_2 F_2 \quad \rightarrow \quad F_2 = -F_4 \frac{b_4}{b_2}$$

(F_2 wirkt also entgegengesetzt zu der als positiv angenommenen Richtung).

Werden die Kräftesysteme größer und unübersichtlicher, so empfiehlt es sich, bei einer systematischen Vorgehensweise zu bleiben, insbesondere dann, wenn die Rechnungen auf einer Rechenanlage durchgeführt werden sollen. Die Dateneingabe läßt sich dann besser schematisieren.

4.7 Allgemeine räumliche Kräftesyssteme

4.7.1 Verschiedene Fassungen des allgemeinen Äquivalenzsatzes

Im Abschnitt 4.3 haben wir den allgemeinen Äquivalenzsatz (Satz 4.7) so formuliert, daß zwei Kräftesysteme äquivalent sind, wenn sie in der vektoriellen Summe der Kräfte und im resultierenden Moment in bezug auf einen beliebigen Punkt übereinstimmen.

Die Gleichheit der vektoriellen Summe der Kräfte können wir analytisch unter Zerlegung der Kräfte in Komponenten (in bezug auf eine orthonormale oder schiefwinklige Basis) bzw. durch Projektionen der Kräfte auf drei voneinander unabhängige Richtungen nachprüfen. Die Gleichheit des resultierenden Momentes in bezug auf einen Punkt können wir auch in der Weise feststellen, daß wir das resultierende Moment in bezug auf drei voneinander unabhängige Achsen vergleichen, die sich in diesem Punkt schneiden (vgl. Abschnitt 4.2.2). Insgesamt liefert uns also der Äquivalenzsatz für räumliche Kräftesysteme ***sechs skalare Gleichungen***.

Dieses Gleichungssystem können wir wiederum formal umwandeln, indem wir an Stelle der Ausgangsgleichungen Linear-Kombinationen dieser Gleichungen benutzen. Es zeigt sich dann (vgl. Abschnitt 4.6.1), daß wir jede der drei Kräftebedingungen auch durch eine Momentenbedingung ersetzen und die auf einen Punkt (bzw. auf drei sich dort schneidende Achsen) bezogene Momentenbedingung in drei Momentenbedingungen für beliebige Achsen auflösen können. Dabei müssen freilich gewisse Ausnahmefälle vermieden werden, damit das Gleichungssystem des Äquivalenzsatzes linear unabhängig bleibt. Wir halten diesen Sachverhalt fest in dem

---

Satz 4.19: *Zusatz zum allgemeinen Äquivalenzsatz für Kräftesysteme (Satz 4.7)*
Im allgemeinen Äquivalenzsatz für Kräftesysteme können wir jede der drei skalaren Kräftebedingungen durch eine Momentenbedingung in bezug auf eine Achse ersetzen und die Bedingung für das auf einen Punkt bezogene Moment in drei Bedingungen für Momente auflösen, die auf drei voneinander unabhängige Achsen bezogen sind. Das System der Bedingungen ist so zu formulieren, daß nicht einer der Ausnahmefälle eintritt, in dem das Gleichungssystem seine lineare Unabhängigkeit verliert.

Im allgemeinsten Falle können wir also den Äquivalenzsatz in der Form von *sechs Momentenbedingungen* schreiben. Bei der Wahl der Bezugsachsen sind sogenannte Ausnahmefälle zu vermeiden. Ausnahmen liegen z.B. vor, wenn:

1. es eine Gerade gibt, die alle Achsen (im Endlichen oder Unendlichen) schneidet;
2. drei in einer Ebene liegende Achsen sich in einem Punkt (im Endlichen oder Unendlichen) schneiden;
3. mehr als drei Achsen in einer Ebene liegen;
4. sich mehr als drei Achsen in einem Punkt (im Endlichen oder Unendlichen) schneiden;
5. drei Achsen in einer Ebene und drei in einer anderen Ebene liegen.

Dies ist keine vollständige Aufzählung. Manche Ausnahmefälle können sich auch überschneiden. Der 1. Ausnahmefall zeigt uns im übrigen, daß wir den allgemeinen Äquivalenzsatz nicht auf eine solche Form bringen können, daß er nur zwei Momentenbedingungen in bezug auf zwei verschiedene Punkte enthält. Eine Kraft, deren Wirkungslinie mit der Geraden durch diese zwei Punkte zusammenfällt, ergäbe zu keinem der beiden Momente einen Beitrag. Im Einzelfall erkennt man meist sehr bald, wenn eine Bedingung falsch angesetzt ist. Algebraisch laufen alle Sonderfälle darauf hinaus, daß bei ihnen die lineare Unabhängigkeit des Gleichungssystems verloren geht. Man merkt es also spätestens bei dem Versuch der numerischen Auflösung des Gleichungssystems, daß ein solcher Ausnahmefall vorliegt.

4.7.2 Reduktion des Kräftesystems

Wir gehen davon aus, daß wir die vektorielle Summe $\boldsymbol{F}$ der gegebenen Kräfte $\boldsymbol{F}_i$ und das resultierende Moment $\boldsymbol{M}$ des Kräftesystems in bezug auf einen Punkt 0 bereits ermittelt haben und fragen nun nach möglichst einfachen Kräftesystemen, die dem gegebenen System äquivalent sind. Dabei zeigt es sich, daß es verschiedene Möglichkeiten der Reduktion gibt.

1. Wir können ein Kräftesystem angeben, das aus einer Kraft $\boldsymbol{F}$ durch den Punkt 0 und aus dem resultierenden Moment $\boldsymbol{M}$ besteht (Bild 4.19).

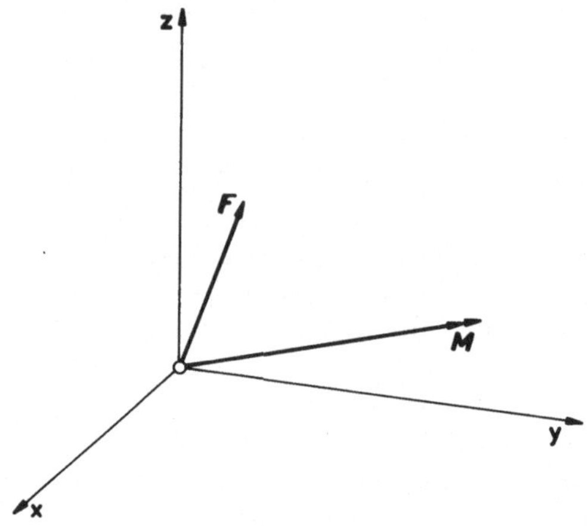

Bild 4.19
Gegebenes Kräftesystem

Verschieben wir die Wirkungslinie der Kraft $\boldsymbol{F}$ parallel so, daß sie durch einen vorgegebenen Punkt A mit dem Ortsvektor $\boldsymbol{a}$ geht, so erhalten wir ein Kräftesystem, das aus einer Kraft $\hat{\boldsymbol{F}} = \boldsymbol{F}$ (mit Wirkungslinie durch A) und aus einem resultierenden Moment

$$\hat{\boldsymbol{M}} = \boldsymbol{M} - \boldsymbol{a} \times \boldsymbol{F} = \boldsymbol{M} + \boldsymbol{M}_V$$

besteht (s. Bild 4.20), wobei $\boldsymbol{M}_V = -\boldsymbol{a} \times \boldsymbol{F}$ das sogenannte Versetzungsmoment ist (vgl. Abschnitt 4.6.2).

2. Wir zerlegen das resultierende Moment $\boldsymbol{M}$ in eine Komponente $\boldsymbol{M}_D$ in Richtung von $\boldsymbol{F}$ und in eine Komponente senkrecht dazu $(\boldsymbol{M} - \boldsymbol{M}_D)$. Für $\boldsymbol{M}_D$, das gleich der Projektion von $\boldsymbol{M}$ auf die Richtung von $\boldsymbol{F}$ ist, gilt

$$\boldsymbol{M}_D = \boldsymbol{M}_F^* = \left(\boldsymbol{M} \cdot \frac{\boldsymbol{F}}{|\boldsymbol{F}|}\right) \frac{\boldsymbol{F}}{|\boldsymbol{F}|} = \frac{\boldsymbol{M} \cdot \boldsymbol{F}}{\boldsymbol{F} \cdot \boldsymbol{F}} \boldsymbol{F} .$$

Den Anteil von $\boldsymbol{M}$ senkrecht zu $\boldsymbol{F}$ können wir mit $\boldsymbol{F}$ zu einer Kraft $\hat{\boldsymbol{F}} = \boldsymbol{F}$ zusammensetzen, deren Wirkungslinie gegenüber dem Punkt 0 um

$$\boldsymbol{a} = \frac{\boldsymbol{F} \times \boldsymbol{M}}{\boldsymbol{F} \cdot \boldsymbol{F}}$$

parallel verschoben ist (s. Abschnitt 4.6.2).

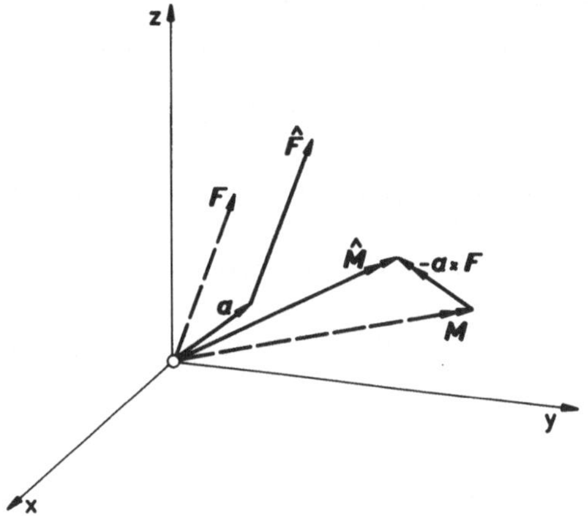

Bild 4.20
Konstruktion der Kraftschraube

Der zu $\boldsymbol{F}$ parallele Anteil von $\boldsymbol{M}$ fällt bei der Multiplikation heraus. Deshalb können wir in die in Abschnitt 4.6.2 angegebene Formel für $\boldsymbol{a}$ hier $\boldsymbol{M}$ (statt $\boldsymbol{M} - \boldsymbol{M}_F^*$) einsetzen.

Als Ergebnis erhalten wir also ein Kräftesystem, das aus einer Kraft $\hat{\boldsymbol{F}} = \boldsymbol{F}$, deren Wirkungslinie gegen den Punkt 0 um $\boldsymbol{a}$ parallel verschoben ist, und aus einem Moment $\boldsymbol{M}_D$ (parallel zu $\boldsymbol{F}$) besteht. Wir nennen ein solches System eine *Kraftschraube* oder *Dyname* (s. Bild 4.21). Die Wirkungslinie, die der Kraft $\hat{\boldsymbol{F}} = \boldsymbol{F}$ bei der Reduktion auf eine Kraftschraube zugeordnet ist, nennen wir auch *Zentralachse* des Kräftesystems.

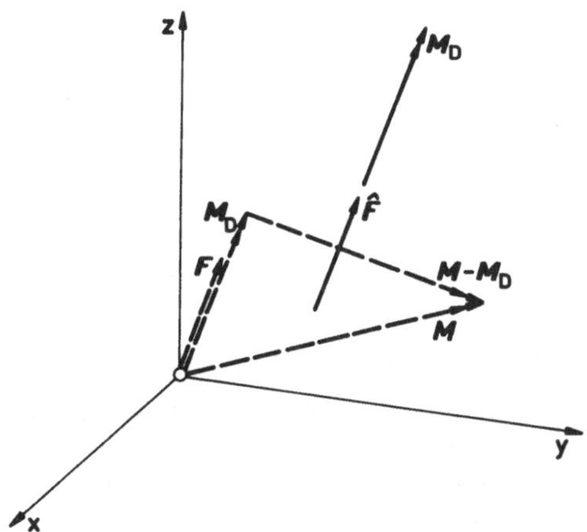

Bild 4.21
Kraftschraube oder Dyname

Wir erhalten $\boldsymbol{a}$ auch aus der Forderung, daß bei der unter 1. beschriebenen Reduktionsmöglichkeit $\hat{\boldsymbol{M}}$ parallel zu $\boldsymbol{F}$ werden soll.

3. Wir gehen wieder davon aus, daß wir das Kräftesystem reduziert haben auf eine Kraft $\boldsymbol{F}$ durch den Punkt 0 und ein Kräftepaar mit dem resultierenden Moment

$\boldsymbol{M}$. Da das Kräftepaar ungebunden ist, können wir es stets so einrichten, daß die Wirkungslinie einer der beiden Kräfte, die das Moment $\boldsymbol{M}$ repräsentieren, ebenfalls durch den Punkt 0 geht. Diese Kraft kann dann mit $\boldsymbol{F}$ zu einer durch 0 gehenden resultierenden Kraft zusammengesetzt werden. Es bleibt dann noch die zweite Kraft des Kräftepaares, deren Wirkungslinie nicht durch 0 geht. Wir erhalten so ein System von *zwei windschiefen* Kräften , d.h. ein System von zwei Kräften, deren Wirkungslinien windschiefe Geraden sind. Da $\boldsymbol{M}$ durch eine unendliche Mannigfaltigkeit verschiedener Kräftepaare (alle mit demselben resultierenden Moment $\boldsymbol{M}$) repräsentiert werden kann, ergibt sich in diesem Fall keine eindeutige Lösung der Reduktionsaufgabe. Das Ergebnis unserer Betrachtungen fassen wir zusammen in dem

---

Satz 4.20: Allgemeine räumliche Kräftesysteme lassen sich stets wahlweise reduzieren auf

1. eine Kraft durch einen vorgegebenen Punkt und ein Moment oder
2. eine Kraftschraube (Dyname) oder
3. zwei windschiefe Kräfte.

Die Reduktionsmöglichkeit (3) ist dabei nicht eindeutig.

Sonderfälle der Reduktionsmöglichkeit ergeben sich

1. wenn $\boldsymbol{F} \neq 0$, aber $\boldsymbol{F} \cdot \boldsymbol{M} = 0$; dann ist eine Reduktion auf eine einzelne Kraft möglich;
2. wenn $\boldsymbol{F} = 0$, aber $\boldsymbol{M} \neq 0$; dann ist eine Reduktion auf ein Kräftepaar möglich.

Der dritte Sonderfall ist der Fall des Gleichgewichts, den wir im folgenden Abschnitt betrachten wollen.

4.7.3 Gleichgewichtsbedingungen

Aus den Überlegungen über die Reduktion allgemeiner Kräftesysteme leiten wir ab

---

Satz 4.21: *Gleichgewichtsbedingungen für allgemeine Kräftesysteme*

Ein allgemeines Kräftesystem $\boldsymbol{F}_i$ ist nur dann ein Gleichgewichtssystem, wenn die vektorielle Summe der Kräfte (bzw. die Summe der Projektionen der Kräfte auf drei voneinander unabhängige Richtungen $\boldsymbol{e}_1, \boldsymbol{e}_2, \boldsymbol{e}_3$) und das resultierende Moment in bezug auf einen beliebigen Punkt 0 verschwinden.

Dieser Gleichgewichtsbedingung können wir noch verschiedene andere Fassungen geben. In Analogie zu unserem Vorgehen beim allgemeinen Äquivalenzsatz (Satz 4.7) kann dies beispielsweise mit Hilfe eines entsprechenden Zusatzes geschehen, wenn wir im Satz 4.19 das Wort *Äquivalenzsatz* durch *Gleichgewichtsbedingung* ersetzen. Auch die zu vermeidenden Ausnahmefälle bei der Wahl der Momenten-Bezugsachsen decken sich vollständig mit denen, die für die verschiedenen Fassungen des allgemeinen Äquivalenzsatzes gelten.

Im Hinblick auf die verschiedenen Möglichkeiten der Fassung der Gleichgewichtsbedinungen beschränken wir uns hier darauf, nur zwei Fassungen (gewissermaßen die Eckfälle) des entsprechenden skalaren Gleichungssystems anzugeben.

Für ein kartesisches Koordinatensystem lautet das Gleichungssystem der Gleichgewichtsbedingungen:

$$\begin{array}{ll} \sum_i F_{ix} = 0 & \sum_i M_{ix} = 0 \\ \sum_i F_{iy} = 0 & \sum_i M_{iy} = 0 \\ \sum_i F_{iz} = 0 & \sum_i M_{iz} = 0 \end{array}$$

Bei Verwendung von *sechs Momentenbedingungen* erhalten wir das folgende Gleichungssystem:

$$\begin{array}{ll} \sum_i M_{i(A)} = 0 & \sum_i M_{i(D)} = 0 \\ \sum_i M_{i(B)} = 0 & \sum_i M_{i(E)} = 0 \\ \sum_i M_{i(C)} = 0 & \sum_i M_{i(F)} = 0 \end{array}$$

Dabei dürfen die gewählten Lagen für die Achsen A bis F keinen der in Abschnitt 4.7.1 erwähnten Ausnahmefälle darstellen.

Die vielen verschiedenen Möglichkeiten, die wir für die Formulierung der Gleichgewichtsbedingungen haben, erschweren die Übersicht, sofern man sich nicht auf abstrakte, mathematische Kriterien zurückzieht. Deshalb sind wir hier auch nicht weiter auf die anderen Formulierungsmöglichkeiten (und die dabei zu beachtenden Ausnahmefälle) eingegangen. Andererseits erlauben uns die zahlreichen Wahlmöglichkeiten, die wir in der Formulierung der Gleichgewichtsbedingungen haben, eine weitgehende Anpassung der Formulierung an das jeweils vorliegende Problem. Der Aufwand an Rechenarbeit läßt sich dadurch oft erheblich vermindern.

4.8 Verteilte Kräfte, das Prinzip von de St. Venant

Unsere Überlegungen haben sich bisher nur auf Systeme von Einzelkräften bezogen. Wir können sie jetzt ohne Schwierigkeit – wenigstens für den Bereich der Statik – auf flächenhaft und volumenhaft verteilt angreifende Kräfte ausdehen. Zu diesem Zweck haben wir lediglich die Summation über eine endliche Anzahl von Einzelkräften (bzw. deren Momente) durch eine Integration der Kräfte (bzw. ihrer Momente) über dem Angriffsbereich zu ersetzen. Wir erhalten dann für die vektorielle Summe $\boldsymbol{F}$ der Kräfte bzw. für das resultierende Moment $\boldsymbol{M}$ folgende Ausdrücke (zur Definition von $\boldsymbol{p}$ und $\boldsymbol{f}$ sei dazu auf Seite 23 verwiesen):

Flächenhaft verteilt angreifende Kräfte	$\boldsymbol{F} = \int_A \boldsymbol{p}\, \mathrm{d}A$ $\boldsymbol{M} = \int_A \boldsymbol{r} \times \boldsymbol{p}\, \mathrm{d}A;$
Volumenhaft verteilt angreifende Kräfte	$\boldsymbol{F} = \int_V \boldsymbol{f}\rho\, \mathrm{d}V$ $\boldsymbol{M} = \int_V \boldsymbol{r} \times \boldsymbol{f}\rho\, \mathrm{d}V.$

Mit Hilfe dieser Beziehungen können wir die verteilt angreifenden Kräfte in ein äquivalentes System von Einzelkräften überführen. Nachträglich erhalten wir somit die Bestätigung, daß unser Vorgehen, Kräfte eines hinreichend kleinen Bereiches hinsichtlich ihrer resultierenden Wirkung durch Einzelkräfte zu ersetzen (s. Abschnitt 2.4), hier erlaubt ist. Wir wissen jetzt auch, wie wir dabei im einzelnen vorzugehen haben.

Unser Vorgehen läßt sich – unter Beachtung der notwendigen Einschränkungen – ferner auf die Kinetik und auch auf gewisse integrale Aussagen für deformierbare Körper übertragen, wie wir in Abschnitt 4.1 festgestellt haben.

Betrachten wir die Wirkung von Kräften auf einen deformierbaren Körper, so zeigt sich, daß wir einen *Nahbereich* und einen *Fernbereich* der Wirkungen unterscheiden können, die freilich nicht völlig scharf gegeneinander abzugrenzen sind. Zur Ermittlung der Wirkungen im *Nahbereich* müssen wir von der wirklichen Verteilung der Kräfte ausgehen. Die Wirkung im *Fernbereich* (etwa die dort auftretenden Beanspruchungen und Formänderungen) ändert sich dagegen im allgemeinen wenig, wenn wir die wirkliche Kräfteverteilung durch eine statisch äquivalente Verteilung ersetzen. Überlegungen dieser Art hat zuerst *de St. Venant* (1797-1886) für elastische Körper angestellt. Etwas verallgemeinernd können wir etwa so formulieren:

Prinzip von de St. Venant:

Statisch äquivalente Kräftesysteme sind in hinreichender Entfernung von ihrem Angriffsbereich im allgemeinen auch in ihren Wirkungen auf (feste) deformierbare Körper äquivalent.

Man spricht hier von einem Prinzip statt von einem Satz, weil sich diese Aussage allgemein nicht beweisen läßt. Dennoch kann man in vielen Fällen Gebrauch davon machen. So werden wir auch bei deformierbaren Körpern bei Betrachtungen des *Fernbereiches* oft mit (äquivalenten) Einzelkräften rechnen.

5 Grundbegriffe der Kinematik

Die Aufgabe der *Kinematik* ist es, die Bewegung von Körpern oder einzelner Körperpunkte gegenüber einem Bezugsraum zu beschreiben. Auf den Zusammenhang mit den auf den Körper einwirkenden Kräften wird im Rahmen der Kinematik nicht eingegangen.

5.1 Punkt-Kinematik

In der *Punkt-Kinematik* geht es darum, die *Bewegung eines materiellen Punktes* (bzw. eines Punktes, dessen Zuordnung zu einem Körper eindeutig definiert ist) zu beschreiben.

Die Lage eines Punktes können wir durch die Angabe des zugehörigen Ortsvektors $\boldsymbol{r}$ beschreiben. Sie ist im allgemeinen zeitabhängig, d.h. es ist

$$\boldsymbol{r} = \boldsymbol{r}(t) .$$

In kartesischen Koordinaten, auf die wir uns hier beschränken wollen, ist

$$\boldsymbol{r}(t) = x(t)\,\boldsymbol{e}_x + y(t)\,\boldsymbol{e}_y + z(t)\,\boldsymbol{e}_z .$$

Die Lageänderung, die ein Punkt in dem Zeitintervall von t bis $t + \Delta t$ erfährt, bezeichnen wir als *Verschiebung*. Für sie gilt folgende (s. Bild 5.1)

Def. 5.1: *Verschiebung im Zeitintervall von t bis $t + \Delta t$*

$$\begin{aligned} \Delta\boldsymbol{u}(t,\Delta t) &= \boldsymbol{r}(t+\Delta t) - \boldsymbol{r}(t) \\ &= \Delta\boldsymbol{r}(t,\Delta t) \qquad [\mathrm{L}] . \end{aligned}$$

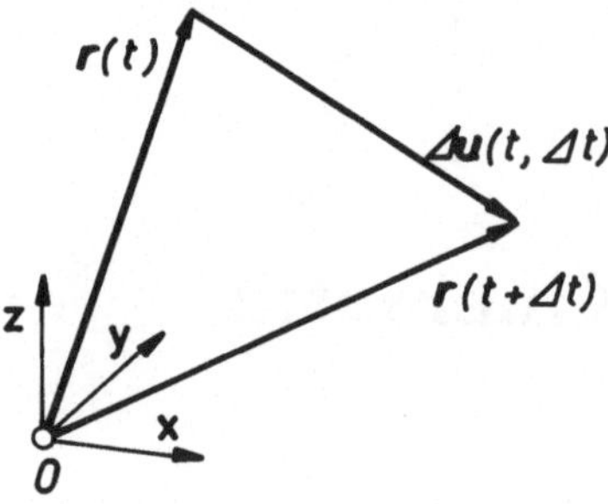

Bild 5.1
Verschiebung im Zeitintervall Δt

Wir können sowohl t als auch Δt als Variable betrachten. In manchen Fällen können wir aber auch t und Δt feste Werte zuordnen, also ein bestimmtes Zeitintervall (etwa von t_1 bis t_2) ins Auge fassen.

Aus der Struktur von Raum und Zeit, die wir im Rahmen der klassischen Mechanik annehmen, ergibt sich (s. Bild 5.2):

Satz 5.1: Die in einem beliebigen Zeitintervall auftretende Verschiebung $\Delta \boldsymbol{u}(t, \Delta t) = \Delta \boldsymbol{r}(t, \Delta t)$ eines Punktes ist in vektoriell addierbare Komponenten zerlegbar.

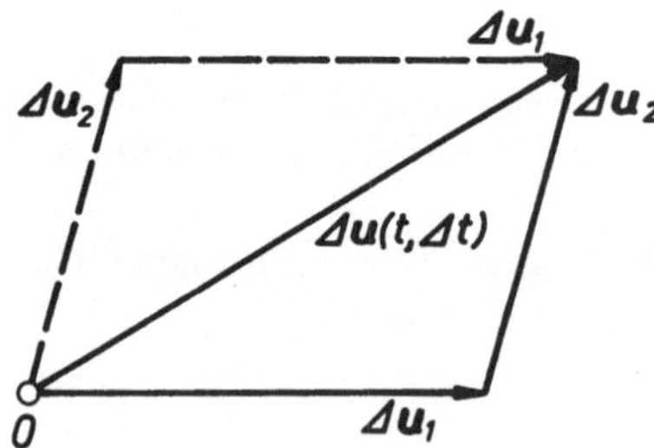

Bild 5.2
Zerlegung der Verschiebung in Komponenten

In kartesischen Koordinaten ist

$$\begin{aligned}
\Delta \boldsymbol{u}(t, \Delta t) &= \Delta \boldsymbol{r}(t, \Delta t) \\
&= x(t+\Delta t)\,\boldsymbol{e}_x + y(t+\Delta t)\,\boldsymbol{e}_y + z(t+\Delta t)\,\boldsymbol{e}_z \\
&\quad -[x(t)\,\boldsymbol{e}_x + y(t)\,\boldsymbol{e}_y + z(t)\,\boldsymbol{e}_z] \\
&= \underbrace{[x(t+\Delta t) - x(t)]}_{\Delta u_x(t, \Delta t)}\,\boldsymbol{e}_x + \underbrace{[y(t+\Delta t) - y(t)]}_{\Delta u_y(t, \Delta t)}\,\boldsymbol{e}_y \\
&\quad + \underbrace{[z(t+\Delta t) - z(t)]}_{\Delta u_z(t, \Delta t)}\,\boldsymbol{e}_z\,.
\end{aligned}$$

Beziehen wir die Verschiebung auf das entsprechende Zeitintervall, so erhalten wir

---

Def. 5.2: *Mittlere Geschwindigkeit im Zeitintervall von t bis $t + \Delta t$*

$$\begin{aligned} \boldsymbol{v}_m(t, \Delta t) &= \frac{\boldsymbol{r}(t + \Delta t) - \boldsymbol{r}(t)}{\Delta t} \\ &= \frac{\Delta \boldsymbol{r}(t, \Delta t)}{\Delta t} \qquad [\mathrm{LZ}^{-1}]\,. \end{aligned}$$

Die *momentane* Geschwindigkeit (im allgemeinen kurz als ***Geschwindigkeit*** bezeichnet) erhalten wir aus der mittleren Geschwindigkeit $\boldsymbol{v}_m$ durch einen Grenzübergang, indem wir das Zeitintervall Δt gegen Null gehen lassen:

Def. 5.3: *Geschwindigkeit*

$$\begin{aligned} \boldsymbol{v}(t) &= \lim_{\Delta t \to 0} \frac{\Delta \boldsymbol{r}}{\Delta t} = \frac{\mathrm{D}\boldsymbol{r}}{\mathrm{d}t} = \dot{\boldsymbol{r}}(t) \\ &= \frac{\mathrm{D}\boldsymbol{u}}{\mathrm{d}t} = \dot{\boldsymbol{u}}(t) \qquad [\mathrm{LZ}^{-1}]\,. \end{aligned}$$

Die Geschwindigkeit ist definitionsgemäß gleich dem ***substantiellen*** Differentialquotienten nach der Zeit. Der Name rührt daher, daß diese Differentiation nach der Zeit für einen bewegten, aber unveränderlichen materiellen Punkt auszuführen ist, denn die Verschiebung ist ja für einen solchen Punkt definiert. Zur Unterscheidung von anderen Differentiationen nach der Zeit bezeichnen wir diese mit $\frac{\mathrm{D}}{\mathrm{d}t}$ bzw. mit einem übergesetzten Punkt.

Aus der Definition der Geschwindigkeit und aus dem, was für Verschiebungen gilt, folgt der

---

Satz 5.2: Die Geschwindigkeit eines Punktes ist in Komponenten zerlegbar, die sich vektoriell addieren.

Die vektorielle Addition ist eine lineare Operation. Das bedeutet, daß wir die Komponenten einer Geschwindigkeit unabhängig voneinander betrachten können. Die resultierende Geschwindigkeit erhalten wir dann als lineare Superposition (Überlagerung) der Komponenten.

Für ein kartesisches Koordinatensystem erhalten wir einerseits aus der Komponentenzerlegung

$$\boldsymbol{v}(t) = v_x(t)\,\boldsymbol{e}_x + v_y(t)\,\boldsymbol{e}_y + v_z(t)\,\boldsymbol{e}_z\,,$$

andererseits aus ihrer Definition als substantielle zeitliche Ableitung der Verschiebung

$$\boldsymbol{v}(t) = \dot{x}(t)\,\boldsymbol{e}_x + \dot{y}(t)\,\boldsymbol{e}_y + \dot{z}(t)\,\boldsymbol{e}_z\,.$$

Die Gegenüberstellung ergibt

$$v_x = \dot{x}(t) = \frac{\mathrm{D}x}{\mathrm{d}t}$$
$$v_y = \dot{y}(t) = \frac{\mathrm{D}y}{\mathrm{d}t}$$
$$v_z = \dot{z}(t) = \frac{\mathrm{D}z}{\mathrm{d}t}.$$

Die auf die Zeit bezogene Geschwindigkeitsänderung bezeichnen wir als *Beschleunigung*. Wir definieren (vgl. Bild 5.3):

Def. 5.4: *Mittlere Beschleunigung im Zeitintervall von t bis $t + \Delta t$*

$$a_m(t, \Delta t) = \frac{v(t + \Delta t) - v(t)}{\Delta t} = \frac{\Delta v(t, \Delta t)}{\Delta t} \quad [\mathrm{LZ}^{-2}].$$

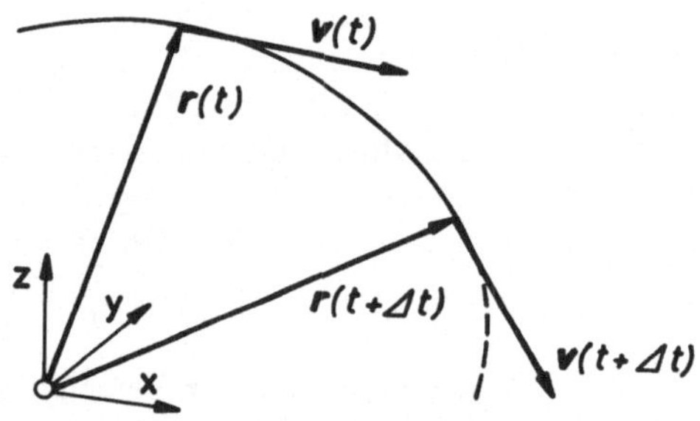

Bild 5.3
Änderung der Geschwindigkeit

Daraus erhalten wir wiederum durch einen Grenzübergang $\Delta t \to 0$ die *momentane* Beschleunigung oder (kürzer) die *Beschleunigung*.

Def. 5.5: *Beschleunigung*

$$a(t) = \lim_{\Delta t \to 0} \frac{\Delta v}{\Delta t} = \frac{\mathrm{D}v}{\mathrm{d}t} = \dot{v}(t)$$
$$= \frac{\mathrm{D}^2 r}{\mathrm{d}t^2} = \ddot{r}(t)$$
$$= \frac{\mathrm{D}^2 u}{\mathrm{d}t^2} = \ddot{u}(t) \quad [\mathrm{LZ}^{-2}].$$

Auch für die Beschleunigung gilt aufgrund ihrer Definition und des damit gegebenen Zusammenhanges mit Verschiebung und Geschwindigkeit ein lineares Superpositionsgesetz:

Satz 5.3: Die Beschleunigung eines Punktes ist in Komponenten zerlegbar, die sich vektoriell addieren.

Für ein kartesisches Koordinatensystem ergibt die Komponentenzerlegung

$$a(t) = a_x(t)\, e_x + a_y(t)\, e_y + a_z(t)\, e_z\,.$$

Nach der Definition ist andererseits

$$a(t) = \dot{v}(t) = \ddot{r}(t)\,.$$

Mithin erhalten wir durch Gegenüberstellung

$$\begin{aligned} a_x(t) &= \dot{v}_x(t) = \ddot{x}(t) \\ a_y(t) &= \dot{v}_y(t) = \ddot{y}(t) \\ a_z(t) &= \dot{v}_z(t) = \ddot{z}(t)\,. \end{aligned}$$

Die Raumkurve, die der materielle Punkt während der Bewegung durchläuft, nennen wir seine *Bahn*. Eine Parameterdarstellung der Bahn ist uns bereits gegeben, wenn wir

$$r = r(t)$$

kennen. In dieser Form dient uns die Zeit t als Parameter. In manchen Fällen interessiert uns jedoch die von dem Punkt durchlaufene Bahn unabhängig von der zeitlichen Zuordnung. Dann kann an die Stelle der Zeit t ein anderer Parameter treten. In vielen Fällen eignet sich dazu besonders der längs der Bahn zurückgelegte Weg s. Wir werden dann auf die Parameterdarstellung

$$\begin{aligned} r &= r(s) \\ &= x(s)\, e_x + y(s)\, e_y + z(s)\, e_z \end{aligned}$$

geführt (vgl. Bild 5.4). Zur Darstellung $r = r(t)$ gelangen wir zurück, wenn wir $s = s(t)$ in die obige Parameterdarstellung einführen.

Die Darstellung der Bahn in der Form $r = r(s)$ erlaubt es uns, eine dem Bahnverlauf angepaßte, *natürliche Basis* , auch *begleitendes Dreibein* genannt, einzuführen, indem wir definieren:

Def. 5.6: *natürliche Basis*

Tangentenvektor: $e_t = \dfrac{\mathrm{d}r}{\mathrm{d}s}$

Normalenvektor: $e_n = R\,\dfrac{\mathrm{d}e_t}{\mathrm{d}s}$ (wobei R der Krümmungsradius der Bahn ist)

Bi-Normalenvektor: $e_b = e_t \times e_n$

Es wird sich später (z.B. in Abschnitt 9.2) zeigen, daß wir diese Basis, die bei gekrümmter Bahn ortsabhängig ist, bei manchen Problemen mit Vorteil verwenden können.

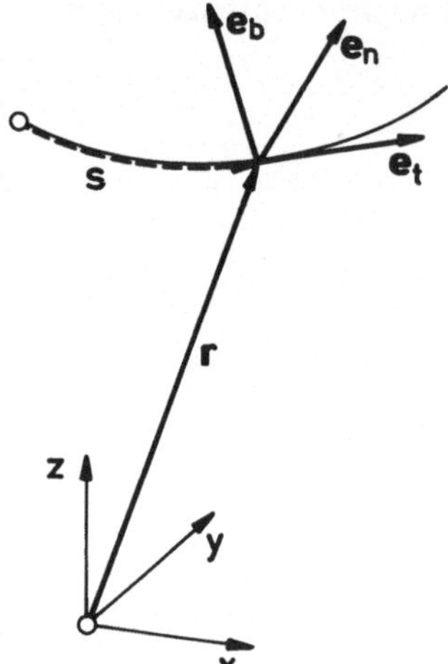

Bild 5.4
Natürliche Basis

An die Stelle von s kann zur Bahnbeschreibung (jedoch nicht zur Definition der natürlichen Basis) auch jeder andere Parameter treten, der sich – zumindest abschnittsweise – monoton mit der Zeit t ändert.

Manchmal ist es vorteilhafter, bei der Bahnbeschreibung den Parameter (s oder t) zu eliminieren. So liegt es z.B. nahe, für eine ebene Bewegung die Bahn etwa in folgender Weise anzugeben (vgl. Bild 5.5)

$$y = y(x), \quad z = 0\,.$$

Zur Beschreibung der Bewegung eines Punktes benötigen wir, wie wir gesehen haben, drei skalare Angaben als Funktionen der Zeit, etwa $x(t)$, $y(t)$, $z(t)$. Ist der Punkt in seiner Bewegungsmöglichkeit nicht eingeschränkt, so sind diese drei Funktionen unabhängig voneinander. Wir sagen, der Punkt hat den *Freiheitsgrad* $\lambda = 3$. Die Bewegungsmöglichkeit kann aber durch *kinematische Bindungen* eingeschränkt sein. Dann verringert sich der Freiheitsgrad. Wir erhalten bei

Bindung an eine Fläche: $\lambda = 2$
Bindung an eine Bahn: $\lambda = 1$
Bindung an einen Punkt: $\lambda = 0$.

Erwähnt sei noch, daß die Art der Bindung unterschiedlich sein kann. Sie kann zeitabhängig (*rheonom* = fließend) oder zeitunabhängig (*skleronom* = fest) sein; sie kann in integraler Form (*holonom* = ganzgesetzlich) definiert oder nur in differentieller Form (*nichtholonom*) gegeben sein.

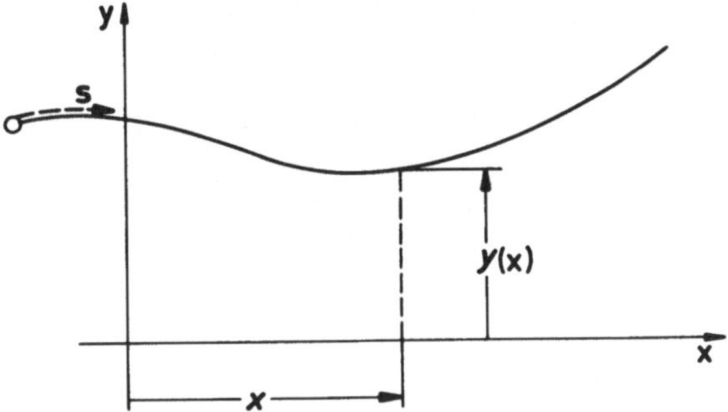

Bild 5.5 Bahnbeschreibung

5.2 Kinematik starrer Körper

Zur Beschreibung der *Lage* eines starren Körpers gegenüber dem Bezugsraum benötigen wir *sechs* Zahlenangaben, wie wir sogleich sehen werden. Zu ihrer Festlegung stehen uns verschiedene Wege offen:

1. Wir können die Koordinaten von *drei körperfesten Punkten* angeben, d.h. von drei Punkten, die auf dem Körper fest markiert sind (real oder durch Beschreibung). Das sind zunächst neun Zahlenangaben, von denen jedoch drei überzählig sind, da die gegenseitigen Abstände der Punkte ($|\boldsymbol{r}_3 - \boldsymbol{r}_2|$), ($|\boldsymbol{r}_2 - \boldsymbol{r}_1|$), ($|\boldsymbol{r}_1 - \boldsymbol{r}_3|$) mit der Wahl der Punkte festliegen (s. Bild 5.6).

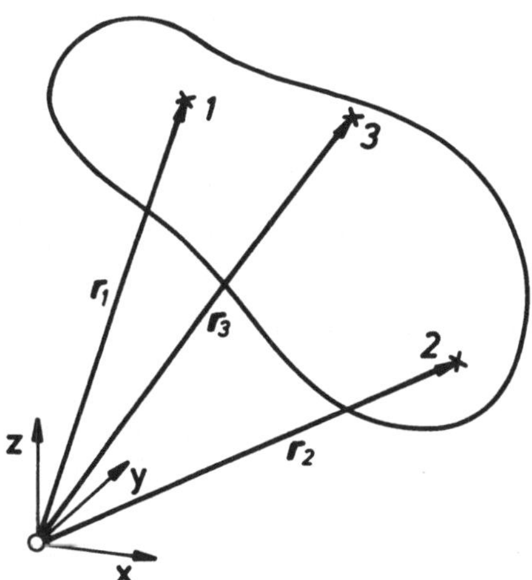

Bild 5.6
Lagebeschreibung durch Angabe der Koordinaten von drei Punkten

2. Wir können die *Lage eines Körperpunktes* (wir bezeichnen ihn mit $\bar{0}$ und den zugehörigen Ortsvektor mit $\boldsymbol{r}_{\bar{0}}$) angeben und die *Orientierung des Körpers*

im Raum beschreiben. Um die Orientierung des Körpers festzulegen, haben wir wiederum verschiedene Möglichkeiten.

(a) Wir markieren auf dem Körper ein orthonormales System von Bezugsrichtungen $\boldsymbol{e}_{\bar{x}}$, $\boldsymbol{e}_{\bar{y}}$, $\boldsymbol{e}_{\bar{z}}$ und geben die *Euler*'schen Winkel ψ, ϑ und φ an, die die Verdrehung dieses körperfesten Systems gegenüber einer raumfesten Basis $\boldsymbol{e}_x$, $\boldsymbol{e}_y$, $\boldsymbol{e}_z$ beschreiben (s. Bild 5.7). Dabei bezeichnet

   ψ den *Präzessionswinkel*, der die Drehung um die raumfeste Richtung $\boldsymbol{e}_z$ angibt,

   ϑ den *Nutationswinkel*, der die Drehung um die *Knotenline* (Winkel zwischen $\boldsymbol{e}_z$ und $\boldsymbol{e}_{\bar{z}}$) festlegt, und

   φ den *Eigenrotationswinkel*, der die Drehung um die körperfeste Richtung $\boldsymbol{e}_{\bar{z}}$, d.h. um die sogenannte *Figurenachse* des Körpers beschreibt.

   Die Reihenfolge der Drehungen ist dabei beliebig.

(b) Wir geben die *resultierende Drehung* $\boldsymbol{\varphi}$ an, die erforderlich ist, um das körperfeste System der Bezugsrichtungen $\boldsymbol{e}_{\bar{x}}$, $\boldsymbol{e}_{\bar{y}}$, $\boldsymbol{e}_{\bar{z}}$ aus einer zu den raumfesten Bezugsrichtungen $\boldsymbol{e}_x$, $\boldsymbol{e}_y$, $\boldsymbol{e}_z$ parallelen Orientierung in die gegebene Lage zu überführen (s. Bild 5.8). $\boldsymbol{\varphi}$ kennzeichnet dabei die Richtung der Drehachse der resultierenden Drehung und den Drehwinkel nach Betrag und Drehrichtung.

Die *Euler*'schen Winkel haben den Vorzug, daß die drei Zahlenangaben ψ, ϑ, φ als reale Drehungen gedeutet werden können, wobei es, wie gesagt, auf die Reihenfolge der Drehungen nicht ankommt. Man benutzt die Euler'schen Winkel häufig in der Kreiseltheorie zur Beschreibung der Orientierung. Von daher erklären sich auch die Namen der Winkel.

Die Zahlenwerte (Komponenten) φ_x, φ_y, φ_z der resultierenden Drehung $\boldsymbol{\varphi}$ können dagegen bei endlichen Orientierungsänderungen nicht als reale Drehungen interpretiert werden. Wir überzeugen uns beispielsweise leicht, daß eine Drehung mit den Zahlenwerten $(\frac{\pi}{2}, \frac{\pi}{2}, 0)$ zu ganz verschiedenen Ergebnissen führt, je nachdem, ob man (s. Bild 5.9)

1. zuerst eine Drehung von $\frac{\pi}{2}$ um $\boldsymbol{e}_x$ und danach eine Drehung von $\frac{\pi}{2}$ um $\boldsymbol{e}_y$, bzw.

2. zuerst eine Drehung von $\frac{\pi}{2}$ um $\boldsymbol{e}_y$ und danach eine Drehung von $\frac{\pi}{2}$ um $\boldsymbol{e}_x$ oder

3. – wie es der Definition entspricht – eine resultierende Drehung von $\frac{1}{2}\sqrt{2}\pi$ um die Winkelhalbierende in der $x-y$-Ebene

ausführt. Als Ergebnis halten wir fest, daß wir eine endliche Drehung *nicht* in Komponenten zerlegen können, die unabhängig von der zeitlichen Reihenfolge addierbar

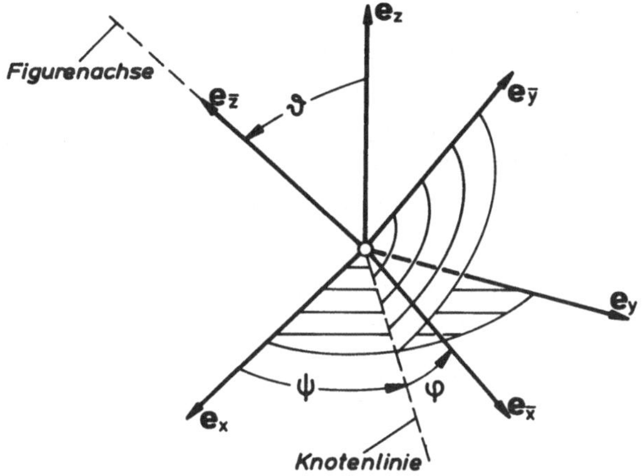

Bild 5.7 Euler'sche Winkel ψ, ϑ und φ

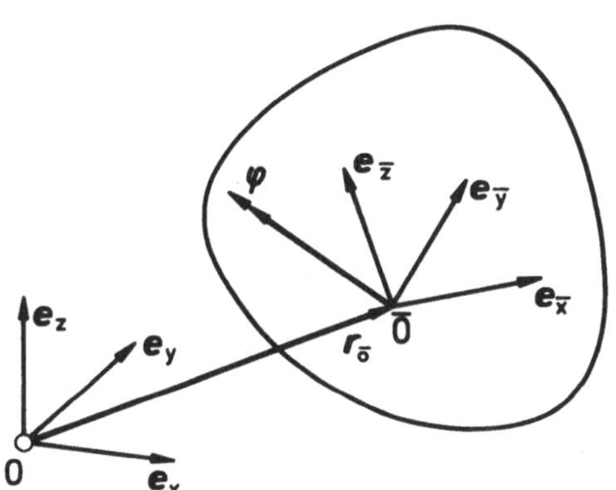

Bild 5.8
Resultierende Drehung

sind. Deshalb spricht man bei endlichen Drehungen besser nicht von Komponenten, sondern nur von Zahlenwerten der resultierenden Drehung (bezogen auf eine gegebene Basis).

Wir werden bei allgemeinen Betrachtungen der Bewegung starrer Körper im folgenden stets von der Möglichkeit 2(*b*) ausgehen. Bei speziellen Aufgaben, z.B. in der Kreiseltheorie, kann es jedoch vorteilhafter sein, die Orientierung eines starren Körpers durch die Angabe der *Euler*'schen Winkel zu beschreiben. Dagegen erweist sich die Möglichkeit 1, die Lage eines Körpers durch die Angabe der Koordinaten dreier Punkte festzulegen, meist als zu schwerfällig in der Durchführung.

Die *Lageänderung* eines starren Körpers können wir beschreiben, indem wir die Lageänderung des Punktes $\bar{0}$, d.h. seine Verschiebung $\Delta \boldsymbol{r}_{\bar{0}}$, und die Drehungsänderung $\Delta \boldsymbol{\varphi}$ angeben (s. Bild 5.10). Aus $\Delta \boldsymbol{r}_{\bar{0}}$ und $\Delta \boldsymbol{\varphi}$ können wir die Verschiebung jedes anderen Körperpunktes (gekennzeichnet durch den Ortsvektor $\boldsymbol{r}$) errechnen.

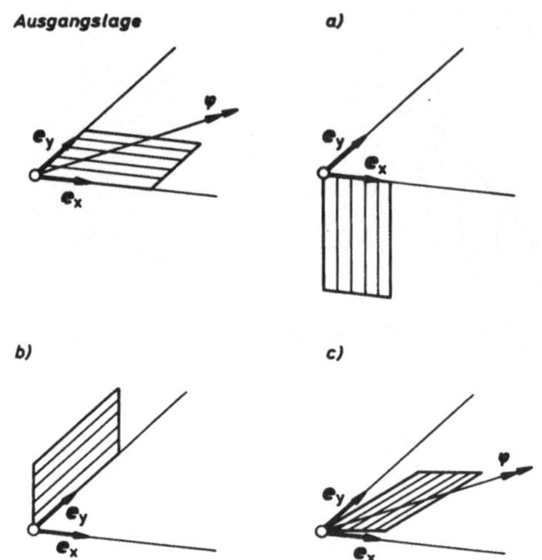

Bild 5.9
Endliche Drehungen: Resultate bei unterschiedlicher Reihenfolge

Wir können die beiden Anteile der Lageänderung auch getrennt für sich betrachten, indem wir sie aufteilen

1. in eine *Translation*, bei der der Körper seine Orientierung im Raum nicht ändert und bei der deshalb alle Körperpunkte die gleiche Verschiebung $\Delta\boldsymbol{r}_{\bar{0}}$ erfahren, sowie

2. in eine *Rotation*, die durch $\Delta\boldsymbol{\varphi}$ beschrieben wird, bei der sich der Körper um eine Achse durch den Punkt $\bar{0}$ dreht; die Körperpunkte wandern dabei auf Kreisbahnen, deren Zentren auf der Drehachse liegen; die Verschiebungen stellen Sehnen dieser Kreisbahnen dar; sie sind abhängig von der Lage des Körperpunktes in Bezug auf den Punkt $\bar{0}$, d.h. von $\boldsymbol{r} - \boldsymbol{r}_{\bar{0}}$ vor der Drehung.

Die Reihenfolge von Translation und Rotation ist ohne Änderung des Ergebnisses vertauschbar, wir können uns auch beide gleichzeitig ausgeführt denken; die Drehachse ist in diesem Falle als körperfest zu betrachten.

Der Drehungsvektor $\Delta\boldsymbol{\varphi}$ ist einer Achse durch den Punkt $\bar{0}$ zugeordnet. Die Richtung der Achse ist durch die Richtung von $\Delta\boldsymbol{\varphi}$ bestimmt, die Größe der Drehung entspricht dem Betrag von $\Delta\boldsymbol{\varphi}$. die Lage des Punktes $\bar{0}$ im Körper können wir beliebig wählen. Von der Lage des Punktes hängt es jedoch ab, was wir als Translation erhalten und welcher Achse der Drehungsvektor zugeordnet ist. Wählen wir einen anderen Punkt $\hat{0}$ zum Bezugspunkt, so stellt sich die Lageänderung des Körpers dar als Summe einer Translation mit der Verschiebung $\Delta\boldsymbol{r}_{\hat{0}}$ des Punktes $\hat{0}$ und einer Rotation $\Delta\boldsymbol{\varphi}$ um eine entsprechende Achse durch $\hat{0}$. $\Delta\boldsymbol{\varphi}$ selbst bleibt dabei nach Richtung und Betrag unverändert, nur die Zuordnung ändert sich.

Translationen sind in beliebiger Reihenfolge vektoriell addierbar, für endliche Rotationen gilt dies hingegen im allgemeinen nicht, wie wir bereits festgestellt haben. Nur für den Fall, daß für aufeinanderfolgende Rotationen die Drehachse ihre Richtung im Körper beibehält, sind auch endliche Rotationen addierbar.

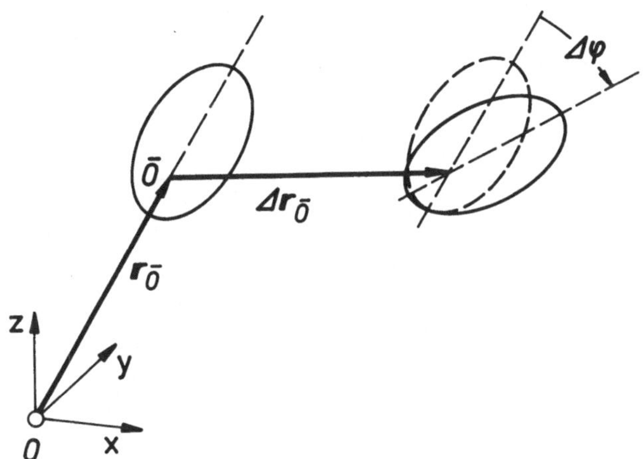

Bild 5.10 Superposition von Translation und Rotation

Die Geschwindigkeit eines einzelnen Körperpunktes können wir in gleicher Weise ermitteln, wie es in Abschnitt 5.1 definiert ist. Die Geschwindigkeit ist jedoch im allgemeinen von Punkt zu Punkt verschieden. Wir stehen deshalb vor der Aufgabe, die Geschwindigkeitsverteilung über den Körper, d.h. das dem Körper zugeordnete *Geschwindigkeitsfeld* zu beschreiben. Bei starren Körpern können wir auch vom *Geschwindigkeitszustand* des Körpers sprechen, weil sich die Beschreibung des Geschwindigkeitsfeldes auf sechs Zahlenangaben zurückführen läßt. Dazu überlegen wir folgendes:
Die Verschiebung jedes Körperpunktes können wir aufteilen in den Anteil, der von der Translation herrührt, und in den Anteil, der auf die Rotation zurückgeht

$$\Delta \boldsymbol{u}(\boldsymbol{r}, t, \Delta t) = \Delta \boldsymbol{r}(\boldsymbol{r}, t, \Delta t) = \Delta \boldsymbol{r}_{tr}(\boldsymbol{r}_{\bar{0}}, t, \Delta t) + \Delta \boldsymbol{r}_{rot}(\boldsymbol{r} - \boldsymbol{r}_{\bar{0}}, t, \Delta t) .$$

Beziehen wir nun die Verschiebungen auf Δt und vollziehen den Grenzübergang $\Delta t \to 0$ ($\boldsymbol{r}$ wird dabei festgehalten; es bezeichnet die Lage des Punktes zur Zeit t), so können wir das nach den Sätzen 5.1 und 5.2 für jeden Anteil getrennt tun und die Ergebnisse hinterher wieder vektoriell addieren. Für den Geschwindigkeitsanteil aus der Translationsbewegung gilt (mit $\Delta \boldsymbol{r}_{tr} = \Delta \boldsymbol{r}_{\bar{0}}$)

$$\boldsymbol{v}_{tr} = \lim_{\Delta t \to 0} \frac{\Delta \boldsymbol{r}_{tr}}{\Delta t} = \frac{\mathrm{D}\boldsymbol{r}_{\bar{0}}}{\mathrm{d}t} = \dot{\boldsymbol{r}}_{\bar{0}} = \boldsymbol{v}_{\bar{0}} .$$

Für den Geschwindigkeitsanteil aus der Rotationsbewegung finden wir, wie leicht einzusehen ist,

$$\boldsymbol{v}_{rot} = \lim_{\Delta t \to 0} \frac{\Delta \boldsymbol{r}_{rot}}{\Delta t} = \frac{\mathrm{D}\boldsymbol{r}_{rot}}{\mathrm{d}t} = \dot{\boldsymbol{r}}_{rot} = \boldsymbol{\omega} \times (\boldsymbol{r} - \boldsymbol{r}_{\bar{0}}) ,$$

wobei $\boldsymbol{\omega}$ *die Winkelgeschwindigkeit* des starren Körpers ist, die wie folgt definiert ist:

Def. 5.7: *Winkelgeschwindigkeit*

$$\omega = \lim_{\Delta t \to 0} \frac{\Delta \varphi}{\Delta t}.$$

Der Geschwindigkeitszustand des starren Körpers ist somit – unter Überlagerung der beiden Anteile – beschrieben durch (s. Bild 5.11).

Satz 5.4: *Geschwindigkeitszustand des starren Körpers*

$$\boldsymbol{v}(\boldsymbol{r},t) = \boldsymbol{v}_{\bar{0}} + \boldsymbol{\omega} \times (\boldsymbol{r} - \boldsymbol{r}_{\bar{0}}).$$

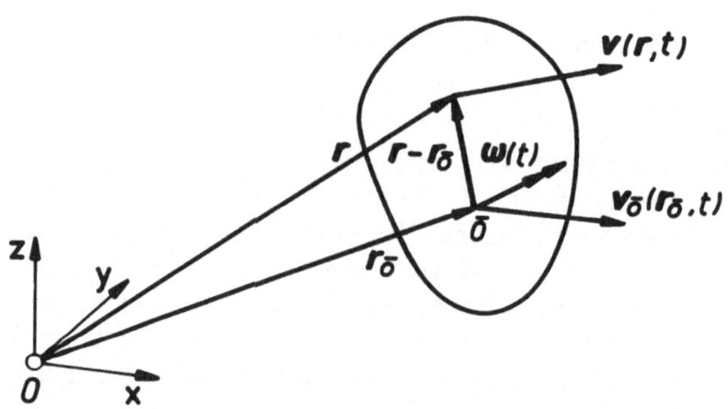

Bild 5.11 Geschwindigkeitszustand eines starren Körpers

Um den *Beschleunigungszustand* des starren Körpers zu beschreiben, differenzieren wir $\boldsymbol{v}(\boldsymbol{r},t)$ substantiell nach der Zeit und erhalten

$$\begin{aligned} \boldsymbol{a}(\boldsymbol{r},t) &= \frac{\mathrm{D}\boldsymbol{v}}{\mathrm{d}t} = \dot{\boldsymbol{v}}(\boldsymbol{r},t) \\ &= \dot{\boldsymbol{v}} + \dot{\boldsymbol{\omega}} \times (\boldsymbol{r} - \boldsymbol{r}_{\bar{0}}) + \boldsymbol{\omega} \times (\dot{\boldsymbol{r}} - \dot{\boldsymbol{r}}_{\bar{0}}). \end{aligned}$$

Nun ist

$$\dot{\boldsymbol{r}} - \dot{\boldsymbol{r}}_{\bar{0}} = \boldsymbol{v} - \boldsymbol{v}_{\bar{0}} = \boldsymbol{\omega} \times (\boldsymbol{r} - \boldsymbol{r}_{\bar{0}}).$$

Wir können deshalb auch schreiben

Satz 5.5: *Beschleunigungszustand des starren Körpers*

$$\boldsymbol{a}(\boldsymbol{r},t) = \dot{\boldsymbol{v}}_{\bar{0}} + \dot{\boldsymbol{\omega}} \times (\boldsymbol{r} - \boldsymbol{r}_{\bar{0}}) + \boldsymbol{\omega} \times [\boldsymbol{\omega} \times (\boldsymbol{r} - \boldsymbol{r}_{\bar{0}})].$$

Der Geschwindigkeitszustand eines starren Körpers ist durch die Angabe von $\boldsymbol{v}_{\bar{0}}(t)$ und $\boldsymbol{\omega}(t)$ vollständig bestimmt, also durch sechs skalare Größen als Funktionen der Zeit, die voneinander unabhängig sind. Aus diesen Größen können wir auch die den Beschleunigungszustand bestimmenden neun skalaren Größen ableiten, die in $\dot{\boldsymbol{v}}_{\bar{0}}(t)$, $\boldsymbol{\omega}(t)$ und $\dot{\boldsymbol{\omega}}(t)$ enthalten sind. Wir können schließlich alle diese Größen zurückführen auf die sechs skalaren Größen, die die Lage eines starren Körpers im Bezugsraum bestimmen.

Aus diesen Zusammenhängen schließen wir, daß der ungebundene, starre Körper den *Freiheitsgrad* $\lambda = 6$ hat. Ist die Bewegungsmöglichkeit eines starren Körpers durch kinematische Bindungen eingeschränkt, so vermindert sich der Freiheitsgrad entsprechend. Es wird dann $6 > \lambda \geqslant 0$. Auf die verschiedenartigen Möglichkeiten der kinematischen Bindung wurde bereits in Abschnitt 5.1 hingewiesen. Bei *ebenen Bewegungen* ist der Freiheitsgrad $\lambda = 3$. Davon entfallen zwei Freiheitsgrade auf die Translation und einer auf die Rotation.

5.3 Kinematik deformierbarer Körper

Um die Bewegungen eines deformierbaren Körpers zu beschreiben, müssen wir von den Verschiebungen $\boldsymbol{u}$ der einzelnen Körperpunkte ausgehen. Die Ausgangslage der Körperpunkte, die sie zu einer bestimmten Zeit t_0 einnehmen, nennen wir *Referenz-Konfiguration* des Körpers und bezeichnen sie mit

$$\boldsymbol{r}(t_0) = \mathring{\boldsymbol{r}} \ .$$

Für das *Verschiebungsfeld* gilt dann (s. Bild 5.12)

$$\boldsymbol{u} = \boldsymbol{r}(\mathring{\boldsymbol{r}}, t) - \mathring{\boldsymbol{r}} = \boldsymbol{u}(\mathring{\boldsymbol{r}}, t) \, .$$

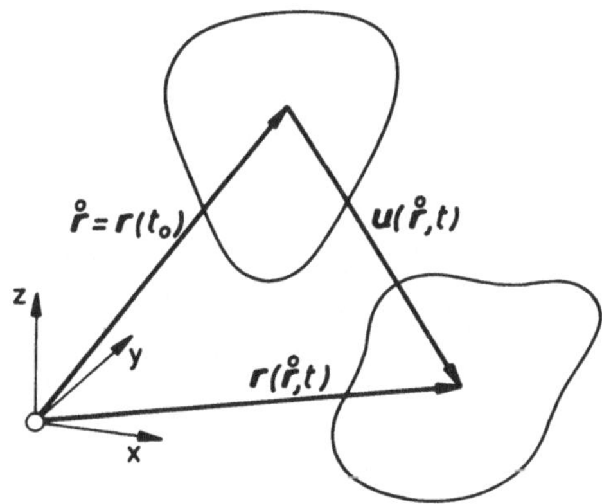

Bild 5.12
Ausgangslage und deformierte Lage eines Körpers

Das *Geschwindigkeitsfeld* ergibt sich durch substantielle zeitliche Ableitung (d.h. bei $\boldsymbol{r}$ = konst.) des Verschiebungsfeldes. Es ist also

$$\boldsymbol{v}(\overset{\circ}{\boldsymbol{r}},t) = \frac{\mathrm{D}\boldsymbol{u}}{\mathrm{d}t} = \dot{\boldsymbol{u}} = \dot{\boldsymbol{r}}(\overset{\circ}{\boldsymbol{r}},t)\,.$$

Analog erhalten wir für das *Beschleunigungsfeld*

$$\boldsymbol{a}(\overset{\circ}{\boldsymbol{r}},t) = \frac{\mathrm{D}^2\boldsymbol{u}}{\mathrm{d}t^2} = \ddot{\boldsymbol{u}} = \ddot{\boldsymbol{r}} = \dot{\boldsymbol{v}}(\overset{\circ}{\boldsymbol{r}},t)\,.$$

Aus dem Verschiebungsfeld können wir auch errechnen, welche Deformationen die Körperelemente erfahren, d.h. welche *Verzerrungen* sie erleiden. Analog können wir aus dem Geschwindigkeitsfeld auch die *Verzerrungsgeschwindigkeiten* ermitteln. Auf diese Aufgabe werden wir in Band II zurückkommen.

6 Das Grundgesetz der Mechanik

Das *Grundgesetz der Mechanik* ist die grundlegende Beziehung, die die auf einen Körper einwirkenden Kräfte mit den Bewegungen des Körpers verknüpft. Der Zustand der Ruhe ist dabei als Sonderfall mit eingeschlossen.

6.1 Einige historische Vorbemerkungen

Es soll hier kein vollständiger historischer Abriß der Entwicklung der Mechanik gegeben werden. Wir wollen vielmehr lediglich einige Marksteine dieser Entwicklung betrachten und uns dabei vor Augen führen, wie die Einsicht in das Wesen mechanischer Probleme schrittweise gewachsen ist.

Soweit die Überlieferung zurückreicht, hat man über die Gesetzmäßigkeit der Bewegung von Körpern nachgedacht. Dabei bezogen sich die Betrachtungen bis an die Schwelle der Neuzeit auf solche Bewegungen, die – einmal in Gang gebracht – scheinbar ohne weitere Einflüsse abliefen, wie der freie Fall und der Wurf oder auch die Bewegungen der Himmelskörper. Quantitative Beobachtungen galten im Altertum nur den langsam und periodisch ablaufenden Himmelsbewegungen. Über den freien Fall und die Wurfbewegung machte man sich nur qualitative Vorstellungen. So nahm *Aristoteles* (384-322 v. Chr.) an, daß jeder Körper mit einer ihm eigenen Geschwindigkeit fällt. Die Wurfbewegung erklärte er so, daß der Körper sich zunächst gradlinig in Abwurfrichtung fortbewege, bis sein Bewegungsvermögen aufgezehrt sei, und daß er dann senkrecht herunterfalle. Für den Endzustand des freien Falles aus großer Höhe bzw. eines steilen Wurfes treffen diese Vorstellungen angenähert zu. Beim Wurf gilt dies auch noch für den Anfang der Bewegung. Gesetzmäßigkeiten, die eine quantitative Vorhersage des Bewegungsablaufes gestatten würden, sind jedoch in diesen Vorstellungen nicht enthalten.

Galilei (1564-1642) war der erste, der mit seinen Versuchen und Überlegungen zu dem vordrang, was wir das *Wesen des freien Falles und der Wurfbewegung* nennen können, zum allgemeinen Merkmal dieser Klasse von Bewegungen. Er fand, daß beim freien Fall der Geschwindigkeitszuwachs der Zeit proportional ist, oder formelmäßig

$$(v - v_0) \sim (t - t_0).$$

d.h., daß die Fallbeschleunigung konstant ist. Er erkannte ferner, daß sich Bewegungen in Komponenten zerlegen lassen (vgl. Abschnitt 5.1). Er ist auch der erste, der ein *Beharrungsgesetz* klar formuliert hat, und zwar in folgender Weise (vgl. Abschnitt 3.1):

Beharrungsgesetz von Galilei

Ohne Einwirkung von Kräften bleibt der Körper in Ruhe oder in gleichförmiger Bewegung.

Mit Hilfe dieser Überlegungen (Zerlegung der Geschwindigkeit in Komponenten, Beharrungsgesetz) vermochte Galilei auch die Wurfbewegung zu erklären: Für die horizontale Komponente der Geschwindigkeit gilt das Beharrungsgesetz, für die vertikale das Fallgesetz.

Galilei veröffentlichte seine Einsichten in die Fallgesetze und in die Wurfbewegung 1638 als *Discorsi e dimonstrazione matematiche*. Sein Beharrungsgesetz schließt zugleich ein Relativitätsprinzip (besser: Äquivalenzprinzip) mit ein: *Ruhende und ihnen gegenüber gleichförmig bewegte Bezugssysteme sind äquivalent im Hinblick auf die Gesetzmäßigkeit der Bewegung.* Eine Transformation der Beschreibung des Bewegungsablaufes auf ein Bezugssystem, das gegenüber dem Ausgangssystem gleichförmig bewegt ist, ändert die allgemeinen Merkmale der Bewegung nicht. Man nennt deshalb solche Transformationen *Galilei-Transformationen.*

Galilei selbst hat freilich an eine so weit gehende Analyse der inneren Zusammenhänge noch nicht gedacht. Seine Aussagen zum Fall und zur Wurfbewegung zielen mehr auf das Phänomenologische dieser Bewegungen. Deshalb beziehen sie sich im wesentlichen auf die Kinematik dieser Vorgänge. Auch seine Aussage zur Himmelsmechanik (1632) beschränkt sich auf die kinematische Beschreibung der Bewegung der Himmelskörper. Er verhalf damit dem heliozentrischen, kinematischen Modell von *Kopernikus* (1473-1543) zum Durchbruch. Dieses Modell war andererseits inzwischen von *Kepler* (1571-1630) entscheidend verbessert worden. *Kepler* veröffentlichte die ersten beiden der nach ihm benannten Gesetze 1609 in seiner *Astronomia nova*. Das dritte Gesetz gab er 1619 bekannt (siehe Band III). Blieben auch bis weit ins 17. Jahrhundert hinein die Aussagen über bewegte Körper (des Himmels und der Erde) im wesentlichen auf die Kinematik beschränkt, so gab es doch andererseits auch schon seit langem wichtige Erkenntnisse über die Wirkung von Kräften an ruhenden Körpern. *Archimedes von Syrakus* (287-222 v.Chr.) kannte die Bedingungen für das Gleichgewicht einer Waage und die Ermittlung der hydrostatischen Auftriebskraft, die schwimmende Körper im Gleichgewicht hält. *Heron von Alexandrien* (um 120 v.Chr.) beschrieb die Wirkung von Hebeln, Winden, Schrauben, Keilen und anderer Maschinenelemente, die der *Kraftübersetzung* dienen. Viele dieser Erkenntnisse gingen freilich wieder verloren; sie wurden zumindest nicht systematisch genutzt. So hat z.B. erst *Leonardo da Vinci* (1452-1519) das Hebelgesetz *Herons* wiederentdeckt.

Leonardo da Vinci steht an der Schwelle eines neuen Zeitalters. Es folgten bald wichtige Einzelerkenntnisse. Hervorzuheben ist hier (vgl. Abschnitt 3.1) besonders *Stevin* (1548-1620), der den Satz vom Kräfteparallelogramm bei seinen Betrachtungen über das Gleichgewicht auf einer schiefen Ebene benutzte, aber auch andere wesentliche Erkenntnisse zur Statik beitrug. Betrachtungen über deformierbare Körper im Gleichgewicht finden sich bei *Hooke* (1635-1703). Er stellte 1660 bei seinen Untersuchungen an Stahlfedern Proportionalität zwischen Kraft und Längenänderung fest.

Der wesentliche Schritt in der Mechanik, die *Beschreibung des allgemeinen Zusammenhanges zwischen den auf einen (als starr zu betrachtenden) Körper einwirkenden Kräften und seine Bewegungen*, ist *Newton* (1643-1727) zu verdanken. Er stützte sich dabei einerseits auf ihm bekannte Aussagen über die Kinematik der Himmelskörper (*Kepler*) und der freien Bewegung der Erde (*Galilei*) sowie andererseits auf schon vorhandene Erkenntnisse über die Wirkung von Kräften (*Stevin* und andere). Seine grundlegenden Erkenntnisse veröffentlichte er 1687 in seinen *Philosophiae naturalis principia mathematica* als *Gesetze*. Ihrer Bedeutung wegen wollen wir diese hier kurz aufführen (in Anlehnung an die lateinische Originalfassung).

lex prima: *Jeder Körper beharrt in seinem Zustand der Ruhe oder der gleichförmigen, geradlinigen Bewegung, wenn er nicht durch einwirkende Kräfte gezwungen wird, seinen Zustand zu ändern.*
Das *erste Gesetz* ist eine präzisere Fassung des *Galilei*'schen Beharrungsgesetzes.

lex secunda: *Die zeitliche Änderung der Bewegungsgröße (quantitas motus) ist der Kraft proportional und geschieht nach der Richtung derjenigen geraden Linie, nach welcher jene Kraft wirkt.*
Dazu ist die Definition vorausgeschickt:
Die Bewegungsgröße ist das Produkt aus Masse und Geschwindigkeit eines Körpers.
Es gilt also, wenn man dies als Formel schreibt

$$\frac{\mathrm{D}}{\mathrm{d}t}(mv) = \boldsymbol{F}.$$

Dieses Gesetz, das die lex prima als Sonderfall mit einschließt, wird – in allgemeinerer Fassung – zum *Grundgesetz der Mechanik*.

lex tertia: *Die Wirkung ist stets der Gegenwirkung gleich (actio gleich reactio), oder die Wirkungen zweier Kräfte aufeinander sind stets gleich und von entgegengesetzter Richtung.* (Wechselwirkungs-Prinzip).

Die diesen Gesetzen angefügten Zusätze enthalten u. a. auch den Satz vom *Kräfte-Parallelogramm*. Angemerkt sei ferner, daß *Newton* in seinen Betrachtungen feste Körper als starr angesehen und daß er Rotationsbewegungen außer Betracht gelassen hat. Deshalb bedarf das Grundgesetz der Mechanik einer allgemeineren Fassung, als sie bei *Newton* zu finden ist.

Der entscheidende Schritt zu dieser allgemeineren Fassung geht auf *Euler* (1707-1783) zurück. Er erkannte 1752, daß *Newtons* lex secunda für jedes Element gelten muß, das man sich aus dem Körper herausgeschnitten denken kann. Dieses *Schnittprinzip* wurde in Verbindung mit *Newtons* lex secunda zur Grundlage für den Aufbau der klassischen Kontinuumsmechanik, die starre und deformierbare Körper (einschließlich der Flüssigkeiten und Gase) umfaßt, wie er in seiner 1765 veröffentlichten *theoria motus corporum solidorum* zeigte.

An der analytischen Ausgestaltung der Mechanik haben (neben *Euler*) *d'Alembert* (1717-1783), *Lagrange* (1736-1813) sowie *Hamilton* (1805-1865) wesentlichen Anteil. Die Grundlagen für die Theorie elastischer Körper stammen hauptsächlich von *Cauchy* (1789-1857) und *de St. Venant* (1797-1886).

6.2 Das Schnittprinzip

Wir betrachten ein Element (s. Bild 6.1) mit dem Volumen ΔV, das wir uns aus einem Körper herausgeschnitten denken.

Vor dem (gedachten) Herausschneiden bestanden gewisse Kräfte-Wechselwirkungen zwischen dem Element und dem übrigen Körper. Wir bezeichnen sie als *innere Kräfte* , weil sich ihre Wirkung auf das Innere des Körpers beschränkt.

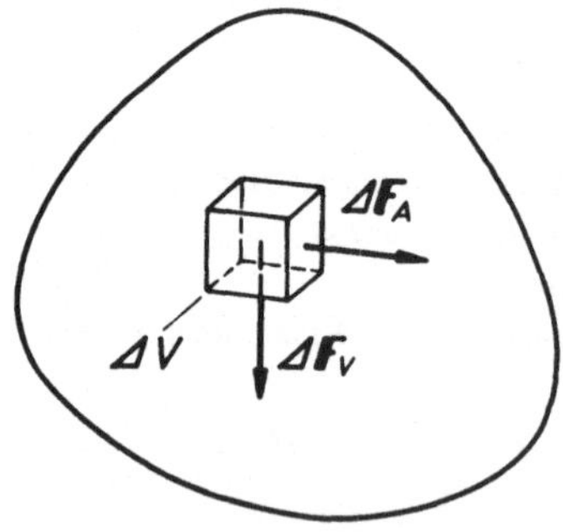

Bild 6.1
Körper mit Volumenelement ΔV

Wir nehmen an, daß diese Kräfte-Wechselwirkungen vollständig zurückgeführt werden können auf

1. *flächenhaft verteilt wirkende innere Kräfte*, die auf *Nahwirkung* beruhen, und

2. *volumenhaft verteilt wirkende innere Kräfte*, die durch *Fernwirkung* zwischen den Elementen des Körpers übertragen werden.

Diese Annahme bedeutet eine Einschränkung. Wir schließen damit nämlich

- *flächenhaft verteilt wirkende Momente (unter Nahwirkung)* und
- *volumenhaft verteilt wirkende Momente (unter Fernwirkung)*

als mögliche Wechselwirkungen aus. Diese einschränkende Voraussetzung bezeichnet man auch als *Boltzmann-Axiom*, obwohl *Boltzmann* (1844-1906) selbst diese Annahme etwas anders formuliert hat.

Neben diesen inneren Kräften wirken auf das Element gegebenenfalls auch noch von außere Kräfte ein, die ebenfalls flächenhaft oder volumenhaft verteilt angreifen können. Flächenhaft oder volumenhaft verteilt angreifende äußere Momente schließen wir dagegen abermals aus. Flächenhaft verteilt angreifende äußere Kräfte treten dabei nur bei solchen Körperelementen auf, die an der Körperoberfläche aus dem Körper herausgeschnitten sind.

Vollziehen wir nun für das Körperelement den *Grenzübergang* $\Delta V \rightarrow 0$, so gehen die Volumenkräfte bzw. die auf den Begrenzungsflächen des Elements angreifenden Kräfte in die (auf das unabhängige Differential $\mathrm{d}V$ bezogenen) differentiellen Kräfte $\mathrm{d}\boldsymbol{F}$ über. Diese Kräfte bilden ein zentrales Kräftesystem, dessen Angriffspunkt mit dem Punkt zusammenfällt, auf den ΔV im Grenzübergang zusammengezogen wird.

Die Gesamtheit der an dem Element angreifenden differentiellen Kräfte fassen wir entsprechend ihrer Bedeutung zu vier Teilresultierenden zusammen:

$\mathrm{d}\boldsymbol{F}_A^{(i)}$: Resultierende der am Element flächenhaft verteilt angreifenden inneren (differentiellen) Kräfte,

$\mathrm{d}\boldsymbol{F}_A^{(a)}$: Resultierende der am Element flächenhaft verteilt angreifenden äußeren (differentiellen) Kräfte,

$\mathrm{d}\boldsymbol{F}_V^{(i)}$: Resultierende der am Element volumenhaft verteilt angreifenden inneren (differentiellen) Kräfte,

$\mathrm{d}\boldsymbol{F}_V^{(a)}$: Resultierende der am Element volumenhaft verteilt angreifenden äußeren (differentiellen) Kräfte.

Für manche Betrachtungen werden wir noch weiter zusammenfassen:

$\mathrm{d}\boldsymbol{F}_A^{(i)} + \mathrm{d}\boldsymbol{F}_A^{(a)} = \mathrm{d}\boldsymbol{F}_A$: Resultierende *aller* am Element *flächenhaft* verteilt angreifenden Kräfte,

$\mathrm{d}\boldsymbol{F}_V^{(i)} + \mathrm{d}\boldsymbol{F}_V^{(a)} = \mathrm{d}\boldsymbol{F}_V$: Resultierende *aller* am Element *volumenhaft* verteilt angreifenden Kräfte,

$\mathrm{d}\boldsymbol{F}_A + \mathrm{d}\boldsymbol{F}_V = \mathrm{d}\boldsymbol{F}$: Resultierende *aller* am Element angreifenden Kräfte.

Das Schnittprinzip können wir auch auf endliche Teile eines Körpers anwenden (s. Bild 6.2).

Durch einen Schnitt machen wir – in Gedanken – innere Kräfte zu äußeren. Damit werden sie der gleichen Betrachtungsweise zugänglich, die wir auf äußere Kräfte anwenden. So können wir z.B. für die einem Element $\mathrm{d}A$ der Schnittfläche zugeordnete Kraft $\boldsymbol{F}_A^{(i)}$ schreiben:

$$\mathrm{d}\boldsymbol{F}_A^{(i)} = \boldsymbol{p}^{(i)}\,\mathrm{d}A\,.$$

$\boldsymbol{p}^{(i)}$ ist dabei der Spannungsvektor, der die Kräfteverteilung über die Schnittfläche beschreibt (s. Abschnitt 2.4).

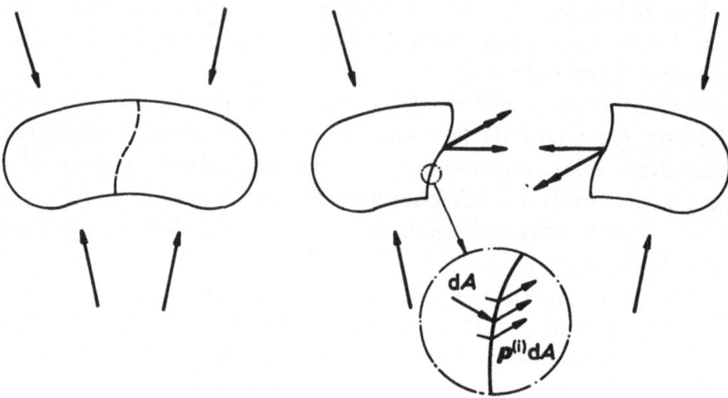

Bild 6.2 Schnittprinzip

6.3 Das Grundgesetz der Mechanik

Das Grundgesetz der Mechanik verknüpft die auf ein Körperelement wirkenden Kräfte mit den Bewegungen dieses Körperelementes. Zur Beschreibung dieser Bewegungen benötigen wir ein raum-zeitliches Bezugssystem. In Abschnitt 2.2 haben wir erörtert, wie wir ein solches Bezugssystem festlegen können. Dazu können wir den Bezugszeitpunkt und das Zeitmaß beliebig wählen. Das räumliche Bezugssystem können wir beliebig an einen einzelnen Körper oder an ein System von Körpern binden.

Es bleibt lediglich die Frage, ob die Form des Grundgesetzes nicht von der Wahl des Bezugssystems abhängt. Wir können auch so fragen: Ändern sich die Beziehungen zwischen den auf ein Körperelement einwirkenden Kräften und seinen Bewegungen, wenn wir zu einem anderen Bezugssystem übergehen? Wenn ja, gibt es dann ein ausgezeichnetes Bezugssystem, in dem das Grundgesetz seine *Grundform* annimmt, die sich vielleicht durch besondere Einfachheit auszeichnet?

Wir lassen diese Fragen zunächst offen und begnügen uns mit der Feststellung, daß es *erfahrungsgemäß* im Anwendungsbereich der klassischen Mechanik solche Bezugssysteme gibt, für die das im folgenden formulierte Grundgesetz *hinreichend genau* gilt. Für viele Vorgänge auf der Erdoberfläche stellt z.B. ein mit der Erde fest verbundenes räumliches Bezugssystem (zusammen mit einem entsprechenden Zeitsystem) ein in diesem Sinne geeignetes Bezugssystem dar. Auf die mit dem Übergang zu einem anderen Bezugssysstem verbundenen Fragen kommen wir im übrigen in Band III zurück.

Der Formulierung des Grundgesetzes, das zwei Teile (A und B) enthält, stellen wir zwei Definitionen voran.

Def. 6.1: Die Bewegungsgröße eines Körperelementes mit der Masse $dm = \rho\, dV$ ist

$$\mathrm{d}\boldsymbol{B} = \mathrm{d}m\,\boldsymbol{v}, \qquad \text{Größenart: } [\mathrm{MLZ^{-1}}].$$

Def. 6.2: Der Drall eines Körperelementes (mit der Masse $\mathrm{d}m = \rho\,\mathrm{d}V$) in bezug auf einen raumfesten Punkt 0 ist

$$\mathrm{d}\boldsymbol{H}_{(0)} = \boldsymbol{r} \times \mathrm{d}m\,\boldsymbol{v} = \boldsymbol{r} \times \mathrm{d}\boldsymbol{B}, \quad \text{Größenart: } [\mathbf{L} \times \mathbf{LMZ^{-1}}]$$

wobei $\boldsymbol{r}$ der Ortsvektor vom Punkt 0 zum Körperelement ist.

Damit können wir nun formulieren:

Satz 6.1: *Grundgesetz der Mechanik. Teil A*
Impulssatz für Körperelement (Differentialform)
Der substantielle zeitliche Differentialquotient der Bewegungsgröße eines Körperelementes ist gleich der vektoriellen Summe der an dem Element angreifenden Kräfte:

$$\mathrm{d}\boldsymbol{F} = \frac{\mathrm{D}}{\mathrm{d}t}(\mathrm{d}\boldsymbol{B}) = \frac{\mathrm{D}}{\mathrm{d}t}(\mathrm{d}m\,\boldsymbol{v}).$$

Satz 6.2: *Grundgesetz der Mechanik. Teil B*
Drallsatz für Körperelemente (Differentialform)
Der substantielle zeitliche Differentialquotient des Dralls eines Körperelementes in bezug auf einen raumfesten Punkt 0 ist gleich dem resultierenden Moment der an dem Körperelement angreifenden Kräfte in bezug auf den gleichen Punkt 0:

$$\mathrm{d}\boldsymbol{M}_{(0)} = \frac{\mathrm{D}}{\mathrm{d}t}(\mathrm{d}\boldsymbol{H}_{(0)}) = \frac{\mathrm{D}}{\mathrm{d}t}(\boldsymbol{r} \times \mathrm{d}m\,\boldsymbol{v}).$$

Hierzu noch einige ergänzende Bemerkungen:

1. Die vektorielle Summe $\mathrm{d}\boldsymbol{F}$ der an dem Element angreifenden Kräfte setzt sich wie folgt zusammen

$$\begin{aligned} \mathrm{d}\boldsymbol{F} &= \mathrm{d}\boldsymbol{F}_A + \mathrm{d}\boldsymbol{F}_V \\ &= \mathrm{d}\boldsymbol{F}_A^{(i)} + \mathrm{d}\boldsymbol{F}_A^{(a)} + \mathrm{d}\boldsymbol{F}_V^{(i)} + \mathrm{d}\boldsymbol{F}_V^{(a)}. \end{aligned}$$

2. Es ist wegen $\mathrm{d}m = \text{konst.}$

$$\frac{\mathrm{D}}{\mathrm{d}t}(\mathrm{d}m\,\boldsymbol{v}) = \mathrm{d}m\,\dot{\boldsymbol{v}}.$$

Wir können deshalb Satz 6.1 auch schreiben

$$\mathrm{d}\boldsymbol{F} = \mathrm{d}m\,\dot{\boldsymbol{v}} = \mathrm{d}m\,\boldsymbol{a}.$$

3. Ferner ist

$$\begin{aligned}\frac{\mathrm{D}}{\mathrm{d}t}(\boldsymbol{r} \times \mathrm{d}m\boldsymbol{v}) &= \dot{\boldsymbol{r}} \times \mathrm{d}m\boldsymbol{v} + \boldsymbol{r} \times \mathrm{d}m\dot{\boldsymbol{v}} \\ &= \underbrace{\dot{\boldsymbol{r}} \times \dot{\boldsymbol{r}}}_{0}\,\mathrm{d}m + \boldsymbol{r} \times \mathrm{d}m\dot{\boldsymbol{v}}.\end{aligned}$$

Wir können deshalb Satz 6.2 auch in der Form

$$\mathrm{d}\boldsymbol{M}_{(0)} = \boldsymbol{r} \times \mathrm{d}m\dot{\boldsymbol{v}}$$

schreiben.

4. Aus Satz 6.1 leiten wir durch vektorielle Multiplikation mit $\boldsymbol{r}$ (von links) formal ab

$$\boldsymbol{r} \times \mathrm{d}\boldsymbol{F} = \boldsymbol{r} \times \mathrm{d}m\dot{\boldsymbol{v}}.$$

Wenn das *Boltzmann*-Axiom (s. Abschnitt 6.2) gilt und infolgedessen die am Körperelement angreifenden Kräfte ein zentrales Kräftesystem bilden, dann ist

$$\boldsymbol{r} \times \mathrm{d}\boldsymbol{F} = \mathrm{d}\boldsymbol{M}_{(0)}$$

und in diesem Fall stimmt die Aussage von Satz 6.2 mit der aus Satz 6.1 abzuleitenden Beziehung $\boldsymbol{r} \times \mathrm{d}\boldsymbol{F} = \boldsymbol{r} \times \mathrm{d}m\dot{\boldsymbol{v}}$ formal überein.

Durch Integration des Grundgesetzes über ein Zeitintervall von t_1 bis t_2 erhalten wir die Integralform dieses Gesetzes. Zu ihrer Formulierung führen wir noch die folgenden Definitionen ein

---

Def. 6.3: Es ist $\int_{t_1}^{t_2} \boldsymbol{F}\,\mathrm{d}t$ der von der Kraft $\boldsymbol{F}$ in dem Zeitintervall t_1 bis t_2 auf einen Körper ausgeübte (bzw. einem Körper zugeführte) *Impuls*.
Größenart: $[\mathrm{MLZ}^{-1}] = [\mathrm{KZ}]$

Def. 6.4: Es ist $\int_{t_1}^{t_2} \boldsymbol{M}_{(0)}\,\mathrm{d}t$ der von dem Moment $\boldsymbol{M}_{(0)}$ in dem Zeitintervall t_1 bis t_2 auf den Körper ausgeübte (bzw. einem Körper zugeführte) *Drehimpuls* (auch Impulsmoment genannt).
Größenart: $[\mathrm{L}\times\mathrm{LMZ}^{-1}] = [\mathrm{L}\times\mathrm{KZ}]$

Def. 6.5: Wirken mehrere Kräfte (Momente) auf einen Körper ein, so ist der resultierende Impuls (Drehimpuls) gleich der vektoriellen Summe der einzelnen Impulse (Drehimpulse).

Mit diesen Definitionen formulieren wir nun:

Satz 6.3: *Grundgesetz der Mechanik. Teil A*
Impulssatz für Körperelement (Integralform)
Der in einem Zeitintervall t_1 bis t_2 einem Körperelement zugeführte resultierende Impuls ist gleich der Differenz der Bewegungsgrößen des Körperelementes zu den Zeitpunkten t_2 und t_1:

$$\int_{t_1}^{t_2} \mathrm{d}\boldsymbol{F}\,\mathrm{d}t = \mathrm{d}m\,\boldsymbol{v}(t_2) - \mathrm{d}m\,\boldsymbol{v}(t_1).$$

Satz 6.4: *Grundgesetz der Mechanik. Teil B*
Drallsatz für Körperelemente (Integralform)
Der in einem Zeitintervall t_1 bis t_2 einem Körperelement zugeführte resultierende Drehimpuls in bezug auf einen raumfesten Punkt 0 ist gleich der Differenz der Dralle des Körperelementes zu den Zeitpunkten t_2 und t_1 in bezug auf den gleichen Punkt 0:

$$\int_{t_1}^{t_2} \mathrm{d}\boldsymbol{M}_{(0)}\,\mathrm{d}t = \boldsymbol{r}(t_2) \times \mathrm{d}m\,\boldsymbol{v}(t_2) - \boldsymbol{r}(t_1) \times \mathrm{d}m\,\boldsymbol{v}(t_1).$$

Vielfach wird für *Bewegungsgröße* auch das Wort *Impuls* und für *Drall* das Wort *Drehimpuls* gebraucht. Da dies zu einer Verwirrung der Begriffe führen kann, soll hier sorgfältig zwischen diesen Bezeichnungen unterschieden werden.

6.4 Ausdehnung des Grundgesetzes auf Körper

Ausgangspunkt ist das Grundgesetz mit seinen beiden Teilen A und B. Wir wollen es hier in seiner differentiellen Form verwenden wegen der etwas einfacheren Schreibweise. Bei den Kräften wollen wir nur nach inneren und äußeren unterscheiden und schreiben deshalb

$$\begin{aligned} \mathrm{d}\boldsymbol{F}^{(i)} + \mathrm{d}\boldsymbol{F}^{(a)} &= \mathrm{d}m\,\dot{\boldsymbol{v}} && \text{(A)} \\ \mathrm{d}\boldsymbol{M}^{(i)}_{(0)} + \mathrm{d}\boldsymbol{M}^{(a)}_{(0)} &= \boldsymbol{r} \times \mathrm{d}m\,\dot{\boldsymbol{v}}. && \text{(B)} \end{aligned}$$

Diese Gleichungen haben wir bei der Ausdehnung des Grundgesetzes auf Körper über das Körpervolumen V zu integrieren. Auf der linken Seite fallen bei dieser Integration die Wirkungen der inneren Kräfte heraus, weil für die flächenhaft verteilt wirkenden inneren Kräfte die Wechselwirkung gilt und wir sie für volumenhaft verteilt wirkende innere Kräfte als Prinzip annehmen. Wir erhalten also

$$\int\limits_V \left\{ \mathrm{d}\boldsymbol{F}^{(i)} + \mathrm{d}\boldsymbol{F}^{(a)} \right\} = \boldsymbol{F}^{(a)} \quad \text{(Vektorsumme aller äußeren Kräfte)}$$

$$\int\limits_V \left\{ \mathrm{d}\boldsymbol{M}_{(0)}^{(i)} + \mathrm{d}\boldsymbol{M}_{(0)}^{(a)} \right\} = \boldsymbol{M}_{(0)}^{(a)}. \quad \text{(Resultierendes Moment aller äußeren Kräfte)}$$

Zur Integration der rechten Seiten führen wir zunächst als Definition ein:

Def. 6.6: *Bewegungsgröße des Körpers*

$$\int\limits_V \boldsymbol{v}\,\mathrm{d}m = \int\limits_V \mathrm{d}\boldsymbol{B} = \boldsymbol{B}\,.$$

Def. 6.7: *Drall des Körpers in bezug auf den raumfesten Punkt* 0

$$\int\limits_V \boldsymbol{r} \times \boldsymbol{v}\,\mathrm{d}m = \int\limits_V \mathrm{d}\boldsymbol{H}_{(0)} = \boldsymbol{H}_{(0)}\,.$$

Mit diesen Definitionen erhalten wir dann aus den Teilen A und B des Grundgesetzes für den Körper die Aussagen

---

Satz 6.5: *Impulssatz für Körper*

$$\boldsymbol{F}^{(a)} = \frac{\mathrm{D}}{\mathrm{d}t}\boldsymbol{B} = \dot{\boldsymbol{B}}\,.$$

Satz 6.6: *Drallsatz für Körper*

$$\boldsymbol{M}_{(0)}^{(a)} = \frac{\mathrm{D}}{\mathrm{d}t}\boldsymbol{H}_{(0)} = \dot{\boldsymbol{H}}_{(0)}\,.$$

Impulssatz und Drallsatz für Körper enthalten zusammen genommen *sechs* skalare Gleichungen. Diese reichen für starre Körper aus, um bei gegebenen äußeren Kräften den Bewegungsablauf zu ermitteln. Bei deformierbaren Körpern müssen wir dagegen auf das Grundgesetz für Körperelemente zurückgreifen, wenn wir den Bewegungsablauf vollständig beschreiben wollen.

Die Bewegungsgröße $\boldsymbol{B}$ des Körpers können wir auch noch in anderer Weise ausdrücken, indem wir den Begriff *Massen-Mittelpunkt* des Körpers einführen durch die

---

Def. 6.8: Die Lage des Massen-Mittelpunktes M (Ortsvektor $\boldsymbol{r}_M$) eines Körpers ist definiert durch die Beziehung

$$\boldsymbol{r}_M \int_V \mathrm{d}m = \int_V \boldsymbol{r}\ \mathrm{d}m\,,$$

d.h. es ist

$$\boldsymbol{r}_M = \frac{1}{m}\int_V \boldsymbol{r}\ \mathrm{d}m\,.$$

Der Massen-Mittelpunkt ist nur bei starren Körpern ein körperfester Punkt. Bei deformierbaren Körpern hängt seine Lage von der jeweiligen Konfiguration des Körpers ab.

Unter Benutzung der Definition des Massen-Mittelpunktes ergibt sich nun

$$\begin{aligned}\int_V \boldsymbol{v}\ \mathrm{d}m = \int_V \dot{\boldsymbol{r}}\ \mathrm{d}m &= \frac{\mathrm{D}}{\mathrm{d}t}\int_V \boldsymbol{r}\ \mathrm{d}m = \frac{\mathrm{D}}{\mathrm{d}t}(m\boldsymbol{r}_M) \\ &= m\dot{\boldsymbol{r}}_M = m\boldsymbol{v}_M\,.\end{aligned}$$

Wir können also auch sagen (als Folgerung aus den Definitionen 6.6 und 6.8)

Satz 6.7: Die Bewegungsgröße eines Körpers ist gleich dem Produkt aus der Masse des Körpers und der Geschwindigkeit seines Massen-Mittelpunktes

$$\boldsymbol{B} = m\boldsymbol{v}_M\,.$$

Damit erhalten wir aus dem Teil A des Grundgesetzes für den Körper den

---

Satz 6.8: *Massen-Mittelpunktsatz*

Das Produkt aus der Masse eines Körpers und der Beschleunigung seines Massen-Mittelpunktes ist gleich der vektoriellen Summe der auf ihn einwirkenden äußeren Kräfte

$$\boldsymbol{F}^{(a)} = m\dot{\boldsymbol{v}}_M \left(= \frac{\mathrm{D}}{\mathrm{d}t}\underbrace{(m\boldsymbol{v}_M)}_{\boldsymbol{B}}\right).$$

Der Massen-Mittelpunktsatz (oft auch als Schwerpunktsatz bezeichnet) gilt für *starre* und für *deformierbare* Körper. In seiner Form entspricht er *Newtons* lex secunda, doch ist der lex secunda gegenüber nun präzisiert, was als Bewegungsgröße bzw. Geschwindigkeit des Körpers zu gelten hat.

Die *Statik* der starren wie der deformierbaren Körper ist aus dem Grundgesetz als Sonderfall abzuleiten. In der Statik ist

$$\dot{\boldsymbol{v}} \equiv \boldsymbol{0}, \qquad \text{d.h.} \qquad \boldsymbol{v} = \boldsymbol{c} \qquad (\text{speziell} \equiv \boldsymbol{0}).$$

Damit folgt zunächst für jedes Körperelement

$$\mathrm{d}\boldsymbol{F} = \boldsymbol{0}, \qquad \mathrm{d}\boldsymbol{M}_{(0)} = \boldsymbol{0}.$$

Für den Körper resultieren daraus die *Gleichgewichtsbedingungen*

$$\boldsymbol{F}^{(a)} = 0, \qquad \boldsymbol{M}^{(a)}_{(0)} = 0.$$

die für den **starren Körper** notwendig und auch hinreichend sind, sofern anfänglich $\boldsymbol{\omega} = \mathbf{0}$, für den **deformierbaren Körper** jedoch nur notwendig sind.

Wir hatten in den Kapiteln 3 und 4 die Statik auf den beiden Äquivalenzsätzen 3.1 bzw. 4.1 aufgebaut. Man kann nun zeigen, daß für starre Körper beide Sätze aus dem Grundgesetz der Mechanik sowie aus der Annahme des Wechselwirkungs-Prinzips für volumenhaft verteilt angreifende innere Kräfte hergeleitet werden können.

Für deformierbare Körper dagegen läßt sich kein allgemeiner *Verschiebungssatz für Kräfte* ableiten. Tatsächlich verändert ja jede Verschiebung des Angriffspunktes einer Kraft auch die innere Beanspruchung und den Deformationszustand eines Körpers.

Unter bezug auf den allgemeinen Äquivalenzsatz 4.7 können wir allerdings zeigen, daß etwa im Fall eines *Gleichgewichtssystems* der Kräfte die *Impuls- und Dralländerungen* für den ganzen Körper zu Null werden. Insofern stellen die Gleichgewichtsbedingungen der Statik für deformierbare Körper auch lediglich notwendige Bedingungen dar.

6.5 Energiebetrachtungen

6.5.1 Definition von Leistung und Arbeit

Wir betrachten einen Körper, der sich unter der Einwirkung von (äußeren) Kräften bewegt. Wir greifen eine einzelne Kraft $\boldsymbol{F}_i$ heraus. Ihr Angriffspunkt habe die Geschwindigkeit $\boldsymbol{v}_i$ (Bild 6.3). Dann definieren wir als zugeführte Leistung:

Def. 6.9: Die einem Körper durch eine Kraft $\boldsymbol{F}_i$, deren Angriffspunkt die Geschwindigkeit $\boldsymbol{v}_i$ hat, zugeführte (äußere) *Leistung* ist

$P_i = \boldsymbol{F}_i \cdot \boldsymbol{v}_i\,,$ Größenart: $[\mathrm{ML^2Z^{-3}}] = [\mathrm{KLZ^{-1}}]$.

Die Maßeinheit für die Leistung ist das *Watt* (Bezeichnung W); es ist

$$1\,\mathrm{W} = 1\,\mathrm{Nm\,s^{-1}}.$$

Wir definieren ferner

Def. 6.10: Die einem Körper durch eine Kraft $\boldsymbol{F}_i$ in dem Zeitintervall von t_1 bis t_2 zugeführte *Arbeit* ist

$$A_i = \int_{t_1}^{t_2} P_i \,\mathrm{d}t = \int_{t_1}^{t_2} \boldsymbol{F}_i \cdot \boldsymbol{v}_i \,\mathrm{d}t\,,$$

Größenart: $[\mathrm{ML^2Z^{-2}}] = [\mathrm{KL}]$.

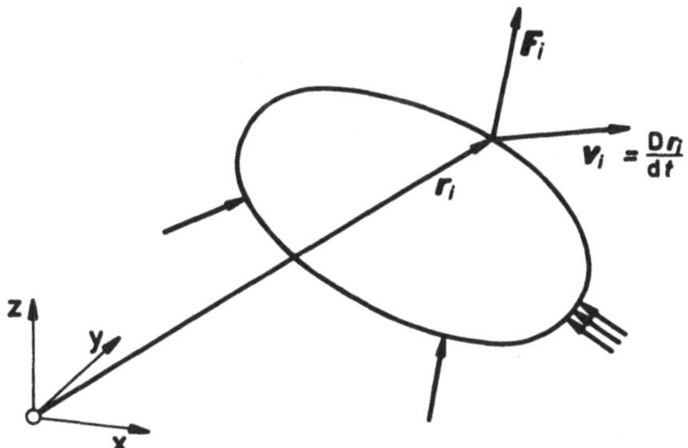

Bild 6.3 Bewegter Körper unter dem Einfluß äußerer Kräfte

Die Maßeinheit für die Arbeit ist das *Joule* (Bezeichnung J); es ist

$$1\,\mathrm{J} = 1\,\mathrm{Nm}.$$

Ist der Angriffspunkt der Kraft $\boldsymbol{F}_i$ ***körperfest***, so können wir

$$\boldsymbol{v}_i \,\mathrm{d}t = \mathrm{D}\boldsymbol{r}_i$$

setzen und die Integration, die der Definition 6.10 zugrunde liegt, ***substantiell***, d.h. mit festem Körperpunkt ausführen. Dann gilt für die zugeführte Arbeit

---

Satz 6.9: Bei körperfestem Angriffspunkt der Kraft $\boldsymbol{F}_i$ ist

$$A_i = \int_{\boldsymbol{r}_i(t_1)}^{\boldsymbol{r}_i(t_2)} \boldsymbol{F}_i \cdot \mathrm{D}\boldsymbol{r}_i \,.$$

Die infinitesimale Arbeit ist

$$\begin{aligned} \mathrm{D}A_i &= \boldsymbol{F}_i \cdot \boldsymbol{v}_i \,\mathrm{d}t \\ &= \boldsymbol{F}_i \cdot \mathrm{D}\boldsymbol{r}_i \,. \end{aligned}$$

Wir können diesen Ausdruck anschaulich deuten

1. als das Produkt von $\boldsymbol{F}_i$ und der Größe der Projektion von $\mathrm{D}\boldsymbol{r}_i$ auf die Richtung von $\boldsymbol{F}_i$ oder

2. als das Produkt von $\mathrm{D}\boldsymbol{r}_i$ und der Größe der Projektion von $\boldsymbol{F}_i$ auf die Richtung von $\mathrm{D}\boldsymbol{r}_i$.

Wirken mehrere Kräfte auf einen Körper ein, so können wir die Leistungen bzw. Arbeiten der einzelnen Kräfte addieren:

Satz 6.10: Die Gesamtheit der zugeführten Leistung bzw. Arbeit aller an einem Körper angreifenden Kräfte ist

$$P = \sum_i P_i \,, \qquad A = \sum_i A_i \,.$$

Die Definitionen und Sätze sind auf verteilt angreifende Kräfte zu übertragen. An die Stelle von $\boldsymbol{F}_i$ tritt dann das Differential $\mathrm{d}\boldsymbol{F}$, und die Summation ist durch eine Integration über alle Angriffsbereiche zu ersetzen.

Für Leistung und Arbeit eines Kräftepaares mit dem Moment $\boldsymbol{M}$, welches auf einen starren Körper mit der Winkelgeschwindigkeit $\boldsymbol{\omega}$ wirkt, gelten entsprechend $P = \boldsymbol{M} \cdot \boldsymbol{\omega}$ sowie $\mathrm{D}A = \boldsymbol{M} \cdot \mathrm{D}\boldsymbol{\varphi}$.

6.5.2 Der Energiesatz der Mechanik

Die einem Körper durch äußere Kräfte zugeführte Arbeit bewirkt

1. eine Änderung des Bewegungszustandes des Körpers und (bzw. oder)
2. Formänderungen des Körpers.

Umgekehrt kann ein bewegter Körper Arbeit an seine Umgebung abgeben; ebenso kann ein Körper die Arbeit, die für seine Formänderungen aufgewandt wurde, unter Umkehr der Formänderung ganz oder teilweise wieder an seine Umgebung zurückgeben, wie das Beispiel einer gespannten Feder zeigt. Es handelt sich hier also um *Austauschprozesse* zwischen dem Körper und seiner Umgebung (oder auch zwischen den Elementen eines Körpers). Die ausgetauschte Größe nennen wir *Energie*. Sie wird mit der gleichen Maßeinheit wie die Arbeit gemessen. Die Energie kann verschiedene Formen annehmen. Im Bereich der Mechanik haben wir es zu tun mit

1. Arbeit A, die einem Körper durch äußere Kräfte zugeführt wird,
2. kinetischer Energie E, die das Arbeitsvermögen kennzeichnet, das in der sich bewegenden Masse des Körpers gespeichert ist, und
3. Formänderungsarbeit W, die den Energieaufwand bezeichnet, der für die Durchführung der Formänderungen erforderlich ist.

Für den Austausch mechanischer Energie gilt die aus dem Grundgesetz der Mechanik ableitbare Beziehung

---

Satz 6.11: *Energiesatz der Mechanik*

$$\mathrm{D}A = \mathrm{D}E + \mathrm{D}W \,.$$

Für die kinetische Energie E gilt hierbei die

Def. 6.11: Die ***kinetische Energie*** eines Körpers ist durch

$$E = \frac{1}{2}\int_V \boldsymbol{v}\cdot\boldsymbol{v}\ \mathrm{d}m = \frac{1}{2}\int_V v^2\ \mathrm{d}m$$

definiert; die kinetische Energie eines Körperelementes mit dem differentiellen Volumen $\mathrm{d}V$ ist

$$\mathrm{d}E = \frac{1}{2}v^2\ \mathrm{d}m\,,$$

Größenart: $[\mathrm{ML^2Z^{-2}}] = [\mathrm{KL}]$.

Die Formänderungsarbeit W werden wir später (in Band II) definieren. Hier genügt die Feststellung, daß sie den für die Formänderungen eines Körpers erforderlichen Arbeitsaufwand bezeichnet.

Bei der oben gewählten Schreibweise des Satzes 6.11 ist im übrigen die Arbeit der inneren volumenhaft verteilt angreifenden Kräfte zur Arbeit der äußeren Kräfte hinzugezählt worden. Formal können wir diesen Satz auch aus dem Grundgesetz der Mechanik ableiten. Dazu multiplizieren wir Teil A des Grundgesetzes skalar mit $\mathrm{D}\boldsymbol{r}$ und integrieren dann (unter Beachtung des *Boltzmann*-Axioms) über den ganzen Körper.

Der Energiesatz der Mechanik wird uns später bei den Anwendungen besonders in der Elasto-Statik (Band II) und in der Kinetik (Band III) wertvolle Hilfe leisten. Da er aus dem Grundgesetz der Mechanik ableitbar ist, enthält er kein neues Axiom.

7 Einige metrische Größen von Körpern, Flächen und Linien

7.1 Allgemeines

Bei den Anwendungen der bisher erarbeiteten Grundlagen auf technische Probleme benötigen wir Angaben über gewisse geometrische und andere Eigenschaften von Körpern, Flächen und Linien, z.B. über die Körperform, die Massenverteilung im Körper usw. Alle diese Eigenschaften lassen sich durch skalarwertige Funktionen $f(\boldsymbol{r})$ bzw. vektorwertige Funktionen $\boldsymbol{f}(\boldsymbol{r})$ beschreiben. Wir können diese Funktionen, da sie die Verteilung gewisser Eigenschaften über einen Körper oder über eine Fläche bzw. Linie charakterisieren, als *Verteilungsfunktionen* bezeichnen.

Oft benötien wir allerdings gar nicht die vollständige Kenntnis der Funktionen für alle Punkte $\boldsymbol{r}$ des Definitionsbereiches. Wir kommen vielmehr mit einigen globalen Angaben über die Verteilung $f(\boldsymbol{r})$ bzw. $\boldsymbol{f}(\boldsymbol{r})$ aus, die wir aus noch näher zu definierenden Integralen über den Definitionsbereich gewinnen. Da wir auf diese Weise die Eigenschaften zahlenmäßig festlegen, wählen wir hierfür die Bezeichnung metrische Größen von Körpern, Flächen und Linien.

Die wichtigsten dieser Größen sind, soweit wir sie noch in diesem Band und in Band II benötigen werden, in den folgenden Abschnitten behandelt. Es sind dies Größen, die – soweit es Körper betrifft – durch Integrale von der Form

$$\int_V \boldsymbol{r}^{(n)} f(\boldsymbol{r})\,\mathrm{d}V \quad \text{bzw.} \quad \int_V \boldsymbol{r}^{(n)} \cdot \boldsymbol{f}(\boldsymbol{r})\,\mathrm{d}V \quad \text{und} \quad \int_V \boldsymbol{r}^{(n)} \times \boldsymbol{f}(\boldsymbol{r})\,\mathrm{d}V$$

definiert sind (s. Bild 7.1). Die Ausdrücke bezeichnen eine multiplikative Verknüpfung des Ortsvektors $\boldsymbol{r}$ mit der Verteilungsfunktion $f(\boldsymbol{r})$ bzw. $\boldsymbol{f}(\boldsymbol{r})$, bei der $\boldsymbol{r}$ n-mal als Faktor auftritt. Analoge Ausdrücke ergeben sich für Flächen und Linien; es ist dann lediglich das Differential $\mathrm{d}V$ durch $\mathrm{d}A$ bzw. $\mathrm{d}s$ zu ersetzen.

Wir nennen solche Integrale *Momente n-ten Grades* einer gegebenen Funktion $f(\boldsymbol{r})$ bzw. $\boldsymbol{f}(\boldsymbol{r})$. Es läßt sich zeigen daß wir eine Funktion durch die Angabe der Folge ihrer (geeignet definierten) Momente ($n = 0, 1, 2 \ldots \rightarrow \infty$) vollständig beschreiben können. Bei den Problemen, die wir im folgenden behandeln, werden allerdings nur die Momente bis zum Grade $n = 2$ benötigt. Das bedeutet also, daß wir die betreffenden Verteilungen gar nicht im einzelnen zu kennen brauchen, sondern daß die Kenntnis weniger metrischer Größen für unsere Zwecke ausreicht.

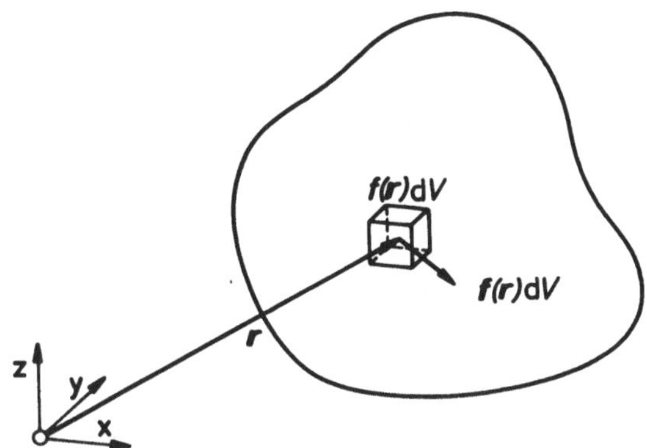

Bild 7.1 Körper mit Volumenelement

Der Name *Moment* für diese Integrale rührt daher, daß das resultierende Moment eines Kräftesystems ebenfalls ein Ausdruck dieser Form, und zwar vom Grade $n = 1$ ist. Mathematisch bezeichnet man die Verteilungen $f(\boldsymbol{r})$ bzw. $\boldsymbol{f}(\boldsymbol{r})$ auch als *Gewichtsfunktionen*, weil sie angeben, mit welchem Gewicht ein Volumenelement bzw. Flächen- oder Linienelement in das Integral eingeht. Wir vermeiden hier diese Bezeichnung, um möglichen Verwechslungen aus dem Wege zu gehen.

7.2 Momente vom Grade 0: Volumen, Masse, Gewicht eines Körpers; Größe einer Fläche; Länge einer Linie

Momente vom Grade 0 haben, wenn wir $\boldsymbol{r}^{(0)} = 1$ setzen, für Körper die allgemeine Form

$$\int_V f(\boldsymbol{r})\,\mathrm{d}V \quad \text{bzw.} \quad \int_V \boldsymbol{f}(\boldsymbol{r})\,\mathrm{d}V\,.$$

Spezielle Formen erhalten wir je nachdem, welche Verteilung $f(\boldsymbol{r})$ bzw. $\boldsymbol{f}(\boldsymbol{r})$ wir betrachten. Das Volumen eines Körpers ist beispielsweise

$$V = \int_V \mathrm{d}V\,.$$

Dieses Integral entsteht aus dem allgemeinen Ausdruck für ein Moment 0-ten Grades einer volumenhaften Verteilung, wenn wir $f(\boldsymbol{r}) = 1$ setzen.

Die Masse m eines Körpers erhalten wir bei gegebener Dichteverteilung $\rho(\boldsymbol{r})$ durch Auswertung des Integrales

$$m = \int_V \mathrm{d}m = \int_V \rho(\boldsymbol{r})\,\mathrm{d}V\,.$$

Die Gewichtskraft eines Körpers erweist sich schließlich als 0-tes Moment einer vektorwertigen Verteilungsfunktion $\boldsymbol{f}(\boldsymbol{r}) = \rho(\boldsymbol{r})\boldsymbol{g}(\boldsymbol{r})$

$$\boldsymbol{G} = \int_V \rho(\boldsymbol{r})\,\boldsymbol{g}(\boldsymbol{r})\,\mathrm{d}V\,.$$

$\boldsymbol{g}(\boldsymbol{r})$ $[\mathrm{LZ}^{-2}]$ ist darin die Fallbeschleunigung im Schwerefeld, die wir für viele Vorgänge auf oder in der Nähe der Erdoberfläche als konstante Größe betrachten können. Als Normwert ist in DIN 1305 für den Betrag der mittleren Fallbeschleunigung

$$g_n = 9,80665\,\mathrm{m\,s^{-2}} \approx 9,81\,\mathrm{m\,s^{-2}}$$

festgelegt. $\boldsymbol{g}(\boldsymbol{r})$ hat im übrigen zugleich die Bedeutung einer auf die Masseneinheit bezogenen, volumenhaft verteilt angreifenden (Schwer-)Kraft. Das Produkt $\rho g = \gamma$ bezeichnen wir als Wichte.

Führen wir die Integration über das Volumen formal in einem dreidimensionalen Koordinatensystem aus, so erhalten wir ein Dreifach-Integral. In einem kartesischen Bezugssystem ist beispielsweise $\mathrm{d}V = \mathrm{d}x\ \mathrm{d}y\ \mathrm{d}z$. In der Praxis können wir die Integration vielfach vereinfachen und sie häufig auf ein einfaches Integral zurückführen. Wo die geschlossene Integration auf Schwierigkeiten stößt, greifen wir auf numerische Methoden zurück.

Die Überlegungen, die wir vorstehend für Körper (Volumina) angestellt haben, können wir auf Flächen und Linien übertragen. So sind beispielsweise die über eine Fläche bzw. längs einer Linie zu erstreckenden Integrale

$$A = \int_A \mathrm{d}A \qquad \text{(s. Bild 7.2a)}$$

bzw.

$$L = \int_L \mathrm{d}s \qquad \text{(s. Bild 7.2b)}$$

als Momente 0-ten Grade für $f(\boldsymbol{r}) = 1$ zu interpretieren. In den Anwendungen werden uns später aber auch gewichtete Integrale begegnen.

Vermerkt sei noch, daß es für spezielle Körper, Flächen oder Linien auch vereinfachende Methoden zur Auswertung der auftretenden Integrale gibt. Genannt seien hier beispielsweise nur die beiden nach *Guldin* (1577-1643) benannten *Guldin*'schen

Regeln, die eine vereinfachte Berechnung des Volumens und der Oberfläche bei Rotationskörpern ermöglichen. Ihre Anwendung erfordert allerdings die Kenntnis des jeweiligen Mittelpunktes einer Fläche bzw. einer Linie. Auf die Definition und die Berechnung dieser Mittelpunkte kommen wir u.a. im nächsten Abschnitt zu sprechen, im Zusammenhang damit auch auf Anwendungsbeispiele für die Guldin'schen Regeln.

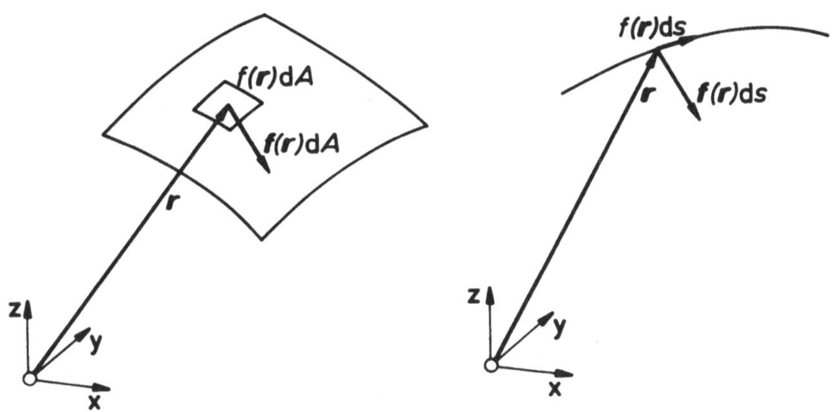

Bild 7.2 Metrische Größen für a) Flächen b) Linien

7.3 Momente vom Grade 1; Schwerpunkt (Mittelpunkt) von Körpern, Flächen und Linien

7.3.1 Definition und allgemeine Sätze

Momente vom Grade 1 haben für volumenhafte Verteilungen vielfach die Form

$$\int_V \boldsymbol{r}\, f(\boldsymbol{r})\, \mathrm{d}V \quad \text{bzw.} \quad \int_V \boldsymbol{r} \times \boldsymbol{f}(\boldsymbol{r})\, \mathrm{d}V\,.$$

Auf ein Integral des 1. Typs sind wir bereits bei der Definition des Massen-Mittelpunktes eines Körpers (Definition 6.8) gestoßen. Auch Integrale des 2. Typs sind uns schon begegnet, u.a. bei der Definition des Dralls eines Körpers (Definition 6.7). Auf ein anderes Integral des 2. Typs werden wir geführt, wenn wir den Angriffspunkt bzw. die Wirkungslinie der resultierenden Gewichtskraft eines Körpers ermitteln.

Wir betrachten dazu einen – als *starr* angenommenen – Körper in einem *homogenen Schwerefeld*, dessen auf die Masseneinheit bezogene, konstante Schwerkraft (Fallbeschleunigung) $\boldsymbol{g}$ sei (etwa $|\boldsymbol{g}| = g_n$). Zur Festlegung der Kräfte führen wir ein *körperfestes* Koordinatensystem ein (s. Bild 7.3). Die Gewichtskraft, die auf ein Volumenelement dV entfällt, ist

$$\mathrm{d}\boldsymbol{F}_V = \boldsymbol{g}\rho\,\mathrm{d}V = \boldsymbol{g}\,\mathrm{d}m\,.$$

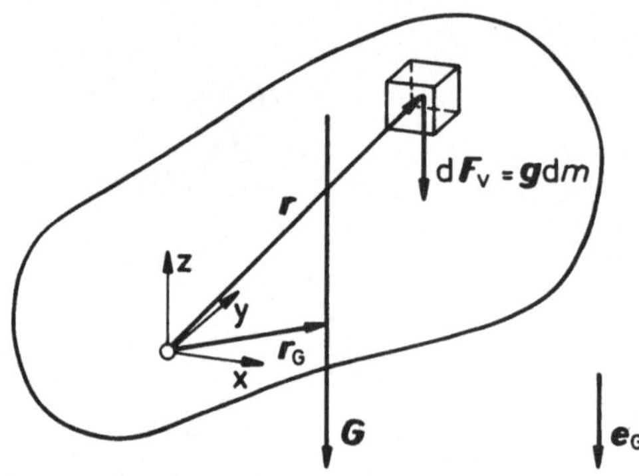

Bild 7.3
Körper im homogenen Schwerefeld

Da in dem angenommenen homogenen Schwerefeld alle Kräfte parallel wirken, erhalten wir für die resultierende Gewichtskraft

$$\boldsymbol{G} = \int\limits_V \boldsymbol{g}\,\rho\,\mathrm{d}V = \boldsymbol{g}\int\limits_V \mathrm{d}m = m\,\boldsymbol{g}\,.$$

Ihr Betrag ist

$$|\boldsymbol{G}| = G = m\,g\,.$$

Die Wirkungslinie der resultierenden Gewichtskraft finden wir aus der Bedingung, daß

$$\boldsymbol{r}_G \times \boldsymbol{G} = \int\limits_V \boldsymbol{r} \times \boldsymbol{g}\,\rho\,\mathrm{d}V$$

sein muß. Hier haben wir auf der rechten Seite ein Moment 1. Grades vom 2. Typ stehen mit

$$\boldsymbol{f}(\boldsymbol{r}) = \rho\,\boldsymbol{g}\,.$$

Setzen wir

$$\boldsymbol{g} = g\,\boldsymbol{e}_G \quad \text{bzw.} \quad \boldsymbol{G} = G\,\boldsymbol{e}_G = m\,g\,\boldsymbol{e}_G\,,$$

wobei $\boldsymbol{e}_G$ der Einsvektor ist, der die Richtung von $\boldsymbol{g}$ und damit auch von $\boldsymbol{G}$ kennzeichnet, so können wir die Bedingung, der die Wirkungslinie von $\boldsymbol{G}$ zu gehorchen hat, auch in der folgenden Form schreiben

$$(\boldsymbol{r}_G \times \boldsymbol{e}_G)\, mg = \left\{ g \int\limits_V \boldsymbol{r} \underbrace{\varrho \, \mathrm{d}V}_{\mathrm{d}m} \right\} \times \boldsymbol{e}_G$$

oder

$$\left\{ \boldsymbol{r}_G - \frac{1}{m} \int\limits_V \boldsymbol{r} \, \mathrm{d}m \right\} \times \boldsymbol{e}_G = 0 \, .$$

Das ist die Gleichung der Wirkungslinie der resultierenden Gewichtskraft $\boldsymbol{G}$. Daß diese Gleichung eine Gerade beschreibt, deren Richtung durch $\boldsymbol{e}_G$ bestimmt ist, erkennen wir unmittelbar aus folgendem: Ist $\boldsymbol{r}_G^*$ eine Lösung der Gleichung, so ist auch $\boldsymbol{r}_G^* + \lambda \boldsymbol{e}_G$ (mit beliebigem λ) eine Lösung, weil $\lambda \boldsymbol{e}_G \times \boldsymbol{e}_G = \boldsymbol{0}$ ist.

Drehen wir den Körper im Schwerefeld, so nimmt die Gewichtskraft relativ zum Körper eine andere Richtung an. Das bedeutet, daß wir in dem körperfesten Bezugssystem die ursprüngliche Richtung $\boldsymbol{e}_G$ zu ersetzen haben durch einen neuen Richtungsvektor $\boldsymbol{e}_{\bar{G}} \neq \boldsymbol{e}_G$. Auch die Wirkungsrichtung der resultierenden Gewichtskraft ist dann entsprechend gedreht. Die Gleichung der Wirkungslinie lautet für diese gedrehte Lage (s. Bild 7.4)

$$\left\{ \boldsymbol{r}_{\bar{G}} - \frac{1}{m} \int\limits_V \boldsymbol{r} \, \mathrm{d}m \right\} \times \boldsymbol{e}_{\bar{G}} = 0 \, .$$

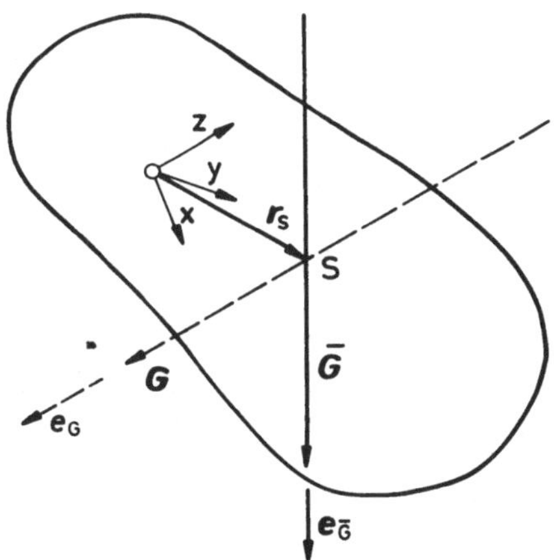

Bild 7.4
Körper in gedrehter Lage

Die beiden Wirkungslinien der Gewichtskraft (für die Ausgangslage und für die gedrehte Lage) schneiden sich in einem Punkt S. Der zugehörige Ortsvektor $\boldsymbol{r}_S$ muß die Gleichung der Wirkungslinie sowohl für die Ausgangslage wie für die gedrehte Lage befriedigen. Das ist nur möglich, wenn

$$\boldsymbol{r}_S - \frac{1}{m} \int\limits_V \boldsymbol{r} \, \mathrm{d}m = 0 \, ,$$

d.h

$$\boldsymbol{r}_S = \frac{1}{m} \int\limits_V \boldsymbol{r} \, \mathrm{d}m$$

ist. Daraus entnehmen wir, daß $\boldsymbol{r}_S$ durch ein Moment 1. Grades vom 1. Typ bestimmt ist.

Diese Aussage können wir sofort verallgemeinern: S ist der Punkt des Körpers, durch den – unter unseren Voraussetzungen – in *jeder* Lage die Wirkungslinie der resultierenden Gewichtskraft hindurchgeht. Wir können uns deshalb die resultierende Gewichtskraft stets an diesem Punkt S, den wir den *Schwerpunkt* des Körpers nennen, angreifend denken. Wir erkennen überdies, daß – immer unter unseren Voraussetzungen – der Schwerpunkt mit dem Massen-Mittelpunkt (Definition 6.8) zusammenfällt. Wir halten dieses Ergebnis fest in dem

---

Satz 7.1: Bei einem starren Körper im homogenen Schwerefeld können wir die resultierende Gewichtskraft in jeder Lage dem körperfesten Schwerpunkt S zuordnen, der mit dem Massen-Mittelpunkt identisch ist,

$$\boldsymbol{r}_S = \boldsymbol{r}_M = \frac{1}{m} \int\limits_V \boldsymbol{r} \, \mathrm{d}m$$

Es sei noch einmal ausdrücklich betont, daß diese Aussage nur für starre Körper im homogenen Schwerefeld gilt. Nun sind aber reale Schwerefelder (z.B. das der Erde) keineswegs homogen, sondern ortsabhängig. Allenfalls für einen hinreichend kleinen Bereich können wir es näherungsweise als homogen betrachten. Für großräumige Bewegungen und bestimmte Bewegungszustände, wie sie beispielsweise bei Satelliten auftreten, dürfen wir die Inhomogenität des Schwerefeldes nicht mehr vernachlässigen. Auf der anderen Seite gibt es auch viele Vorgänge, bei denen die auftretenden Deformationen des Körpers die räumliche Verteilung der Schwerewirkungen so verändern, daß auch dies berücksichtigt werden muß.

Für die Definition des Schwerpunktes folgt daraus

Satz 7.2: Für *deformierbare* Körper in einem homogenen Schwerefeld läßt sich im Hinblick auf integrale Aussagen (Impulssatz 6.5, Drallsatz 6.6 und daraus ableitbare Energiesätze) ein Schwerpunkt definieren, dem die resultierende Gewichtskraft zugeordnet werden kann. Dieser Schwerpunkt ist mit dem Massen-Mittelpunkt identisch. Beide Punkte sind aber nicht mehr körperfest.

Für starre und deformierbare Körper in einem *inhomogenen Schwerefeld* läßt sich dagegen keine allgemeine und physikalisch sinnvolle Definition von Schwerpunkt angeben. Von Sonderfällen abgesehen gibt es keinen ausgezeichneten Punkt mehr, dem die resultierende Gewichtskraft unabhängig von der jeweiligen Lage zugeordnet werden könnte. Die Definition des Massen-Mittelpunktes wird dagegen von der Inhomogenität des Schwerefeldes nicht berührt.

Ist der Körper homogen, d.h. ist seine Diche ρ = konst., so wird

$$\begin{aligned} m &= \rho V \\ \int_V \boldsymbol{r}\rho \, \mathrm{d}V &= \rho \int_V \boldsymbol{r} \, \mathrm{d}V \, . \end{aligned}$$

Damit erhalten wir für den Massen-Mittelpunkt den Ausdruck

$$\boldsymbol{r}_M = \frac{1}{\rho V} \int_V \boldsymbol{r} \, \mathrm{d}V = \frac{1}{V} \int_V \boldsymbol{r} \, \mathrm{d}V \, .$$

Diesen Ausdruck, der ein Moment 1. Grades vom 1. Typ darstellt, können wir als Definition des *Volumen-Mittelpunktes* bezeichnen:

Def. 7.1: *Volumen-Mittelpunkt:*

$$\boldsymbol{r}_V = \frac{1}{V} \int_V \boldsymbol{r} \, \mathrm{d}V$$

Das obige Ergebnis können wir deshalb zusammenfassen zu

Satz 7.3: Bei homogenen Körpern (ρ = konst.) ist der Massen-Mittelpunkt mit dem Volumen-Mittelpunkt identisch.

Analog zum Volumen-Mittelpunkt können wir auch festlegen:

Def. 7.2: *Räumlicher Mittelpunkt einer ebenen oder gekrümmten Fläche* (s. Bild 7.5):

$$\boldsymbol{r}_A = \frac{1}{A} \int_A \boldsymbol{r} \, \mathrm{d}A$$

Def. 7.3: *Räumlicher Mittelpunkt einer geraden oder gekrümmten Linie* (s. Bild 7.6):

$$\boldsymbol{r}_L = \frac{1}{L} \int_L \boldsymbol{r} \, \mathrm{d}s$$

Bei *ebenen Flächen* liegt der räumliche Mittelpunkt innerhalb der Fläche, und man bezeichnet ihn dann auch einfach als Flächen-Mittelpunkt. Entsprechend liegt bei einer *geraden Linie* der räumliche Mittelpunkt auf dieser Linie. Bei gekrümmten Flächen und Linien hingegen liegt der räumliche Mittelpunkt im allgemeinen

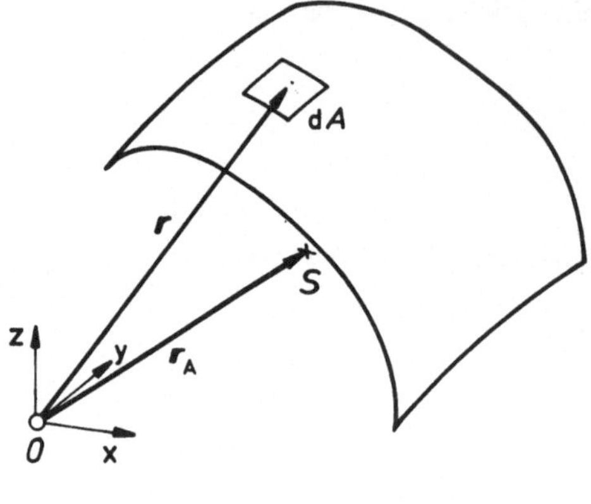

Bild 7.5
Mittelpunkt einer Fläche

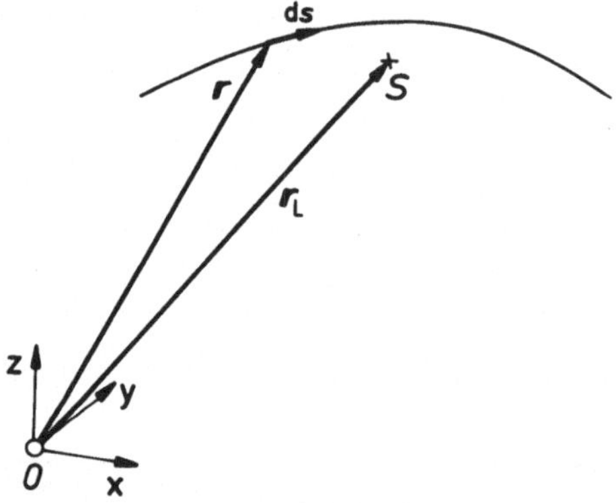

Bild 7.6
Mittelpunkt einer Linie

außerhalb. Man kann jedoch auch solche Mittelpunkte definieren, die stets innerhalb der Fläche bzw. auf der Linie liegen. Deshalb haben wir hier zur Abgrenzung vom *räumlichen* Mittelpunkt einer Fläche bzw. Linie gesprochen.

Es ist allgemein üblich, sowohl den Massen-Mittelpunkt wie auch die anderen hier definierten Mittelpunkte als *Schwerpunkte* zu bezeichnen. Das kann jedoch – wie wir beim Körper im inhomogenen Schwerefeld gesehen haben – zu Mißverständnissen und gelegentlich auch zu Denkfehlern führen. Dennoch werden wir uns diesem Sprachgebrauch im allgemeinen anschließen, sofern solche Mißverständnisse ausgeschlossen erscheinen.

Für ein Bezugssystem, dessen Bezugspunkt 0 mit einem der hier definierten Mittelpunkte zusammenfällt, verschwindet das entsprechende Moment 1. Grades, weil der Ortsvektor zu dem betreffenden Mittelpunkt in einem solchen System verschwindet. Wir nennen solche Bezugssysteme *Mittelpunktsysteme* oder (ungenauer) *Schwerpunktsysteme*.

Satz 7.4: Für ein Mittelpunktsystem (Schwerpunktsystem) verschwinden die Momente 1. Grades jener Größen, für die der Bezugspunkt Mittelpunkt ist.

Dient z.B. der Mittelpunkt des Volumens als Bezugspunkt, so ist

$$\int_V \boldsymbol{r}\, \mathrm{d}V = 0\,.$$

Analog ist, wenn der räumliche Mittelpunkt einer Fläche zum Bezugspunkt gewählt wird,

$$\int_A \boldsymbol{r}\, \mathrm{d}A = 0\,.$$

Setzt sich eine Fläche aus mehreren Teilflächen zusammen, so ergibt sich für den Flächen-Mittelpunkt aus der additiven Aufspaltbarkeit des Integrals für die gesamte Fläche

$$\boldsymbol{r}_A = \frac{1}{A}\int_A \boldsymbol{r}\, \mathrm{d}A = \frac{\sum\limits_i \int\limits_{A_i} \boldsymbol{r}\, \mathrm{d}A}{\sum\limits_i A_i}\,.$$

Nun ist

$$\int_{A_i} \boldsymbol{r}\, \mathrm{d}A = \boldsymbol{r}_{A_i} A_i$$

wobei $\boldsymbol{r}_{A_i}$ den Ortsvektor zum Mittelpunkt der Teilfläche A_i bezeichnet. Wir können deshalb schreiben

---

Satz 7.5: Für den Mittelpunkt zusammengesetzter Flächen gilt

$$\boldsymbol{r}_A = \frac{\sum\limits_i \boldsymbol{r}_{A_i} A_i}{\sum\limits_i A_i}\,.$$

Analoges gilt für Körper und Linien.

Speziell folgt daraus für eine Fläche, die aus 2 Teilflächen besteht (s. Bild 7.7)

$$\begin{aligned}\boldsymbol{r}_A &= \frac{\boldsymbol{r}_{A_1} A_1 + \boldsymbol{r}_{A_2} A_2}{A_1 + A_2} \\ &= \frac{A_1}{A_1 + A_2}\,\boldsymbol{r}_{A_1} + \frac{A_2}{A_1 + A_2}\,\boldsymbol{r}_{A_2}\,.\end{aligned}$$

Wir können daraus ableiten, daß der Mittelpunkt der gesamten Fläche auf der Verbindungsgeraden zwischen den beiden Teil-Mittelpunkten liegt, und daß der Gesamt-Mittelpunkt die Strecke zwischen den Teil-Mittelpunkten im umgekehrten Verhältnis der zugehörigen Teilflächen teilt. Dazu bilden wir

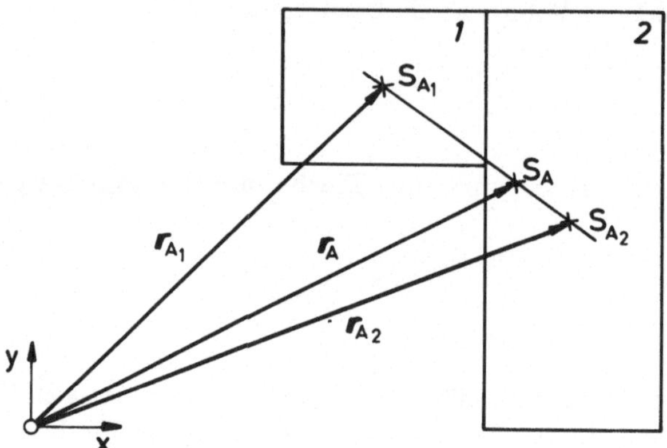

Bild 7.7 Mittelpunkt zusammengesetzter Flächen

$$\begin{aligned} \boldsymbol{r}_A - \boldsymbol{r}_{A_1} &= \left\{ \frac{A_1}{A_1 + A_2} - 1 \right\} \boldsymbol{r}_{A_1} + \frac{A_2}{A_1 + A_2} \boldsymbol{r}_{A_2} \\ &= \frac{A_2}{A_1 + A_2} (\boldsymbol{r}_{A_2} - \boldsymbol{r}_{A_1}) \end{aligned}$$

und analog

$$\boldsymbol{r}_{A_2} - \boldsymbol{r}_A = \frac{A_1}{A_1 + A_2} (\boldsymbol{r}_{A_2} - \boldsymbol{r}_{A_1}) \,.$$

Der Vergleich dieser beiden Ergebnisse liefert

$$\boldsymbol{r}_A - \boldsymbol{r}_{A_1} = \frac{A_2}{A_1} (\boldsymbol{r}_{A_2} - \boldsymbol{r}_A) \,.$$

Diese Überlegungen lassen sich analog auf Körper bzw. Linien übertragen. Damit haben wir den Beweis für den

---

Satz 7.6: Der gemeinsame Mittelpunkt zweier Teilkörper (Teilflächen, Teillinien) liegt auf der Verbindungsgeraden durch die beiden Teil-Mittelpunkte. Er teilt die Verbindungsstrecke im umgekehrten Verhältnis der Massen bzw. Volumina (Flächen, Linienlängen) der zugehörigen Teile.

Beim Aufsuchen der Mittelpunkte hilft uns schließlich noch in vielen Fällen der

---

Satz 7.7: Hat ein Körper (eine Fläche, eine Linie) eine Symmetrieebene bzw. Symmetriegerade, so liegt der betreffende Mittelpunkt in dieser Ebene bzw. auf dieser Geraden.

7.3.2 Mittelpunkt- bzw. Schwerpunktberechnungen

Als Beispiel betrachten wir zunächst die Berechnung des Schwerpunktes eines starren, homogenen Körpers im homogenen Schwerefeld. Für ihn gilt nach Satz 7.1 und Satz 7.3, daß er mit dem Massen-Mittelpunkt und mit dem Volumen-Mittelpunkt zusammenfällt. Wir haben also in diesem Falle

$$\begin{aligned} \boldsymbol{r}_S &= \boldsymbol{r}_M = \frac{\int\limits_V \boldsymbol{r}\,\mathrm{d}m}{\int\limits_V \mathrm{d}m} = \frac{1}{m}\int\limits_V \boldsymbol{r}\,\mathrm{d}m \\ &= \boldsymbol{r}_V = \frac{\int\limits_V \boldsymbol{r}\,\mathrm{d}V}{\int\limits_V \mathrm{d}V} = \frac{1}{V}\int\limits_V \boldsymbol{r}\,\mathrm{d}V\,. \end{aligned}$$

Die vektorielle Bestimmungsgleichung für $\boldsymbol{r}_S$ enthält drei skalare Gleichungen. In einem kartesischen Bezugssystem lauten sie

$$\begin{aligned} x_S &= \frac{1}{m}\int\limits_V x\,\mathrm{d}m = \frac{1}{V}\int\limits_V x\,\mathrm{d}V \\ y_S &= \frac{1}{m}\int\limits_V y\,\mathrm{d}m = \frac{1}{V}\int\limits_V y\,\mathrm{d}V \\ z_S &= \frac{1}{m}\int\limits_V z\,\mathrm{d}m = \frac{1}{V}\int\limits_V z\,\mathrm{d}V\,. \end{aligned}$$

Das Volumenelement $\mathrm{d}V$ ist in diesem Bezugssystem in allgemeiner Form

$$\mathrm{d}V = \mathrm{d}x\,\mathrm{d}y\,\mathrm{d}z\,.$$

Wir erhalten damit formal Dreifach-Integrale, also z.B.

$$x_S = \frac{1}{V}\iiint x\,\mathrm{d}x\,\mathrm{d}y\,\mathrm{d}z\,.$$

wobei dann noch für jedes der Integrale die entsprechenden Grenzen einzusetzen sind. In vielen Fällen können wir jedoch das Volumenelement – gewissermaßen unter gedanklicher Vorwegnahme zweier Integrationen – so wählen, daß nur noch eine Integration über eine Variable erforderlich ist.

1. Beispiel: Schwerpunkt eines Kegels (s. Bild 7.8)

Aufgrund der gegebenen Symmetrie können wir sofort angeben:

$$x_S = y_S = 0\,.$$

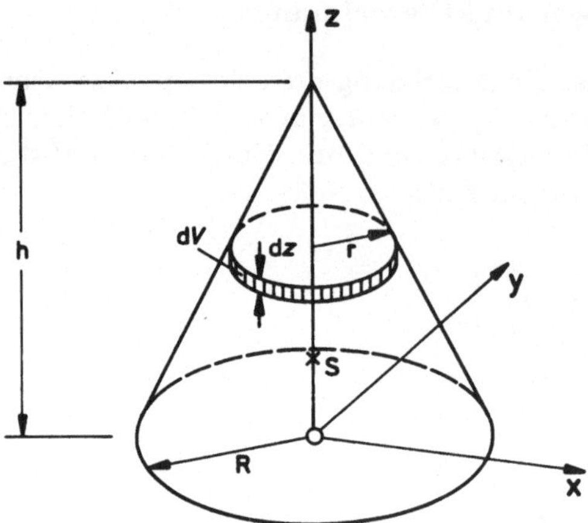

Bild 7.8 Schwerpunkt eines Kegels

Wir haben also nur noch z_S zu bestimmen. Als Volumenelement wählen wir

$$dV = r^2(z)\,\pi\,dz\,.$$

Nun ist mit Hilfe des Strahlensatzes leicht zu ermitteln

$$r(z) = R\,\frac{h-z}{h} = R\left(1-\frac{z}{h}\right).$$

Damit errechnen wir zunächst für das Volumen des Kegels

$$\begin{aligned} V = \int_V dV &= \int_0^h R^2\left(1-\frac{z}{h}\right)^2 \pi\,dz \\ &= R^2\pi\,h\int_0^1 \left(1-\frac{z}{h}\right)^2 d\left(\frac{z}{h}\right) = \frac{1}{3}\,R^2\,\pi\,h\,. \end{aligned}$$

Für die Koordinate z_S des Schwerpunktes folgt dann

$$\begin{aligned} z_S = \frac{1}{V}\int_V z\,dV &= \frac{3}{R^2\,\pi\,h}\int_0^h z\,R^2\left(1-\frac{z}{h}\right)^2 \pi\,dz \\ &= 3\,\frac{R^2\pi\,h^2}{R^2\,\pi\,h}\int_0^1 \frac{z}{h}\left(1-\frac{z}{h}\right)^2 d\left(\frac{z}{h}\right) = \frac{h}{4}\,. \end{aligned}$$

2. Beispiel: Schwerpunkt einer Halbkugel (s. Bild 7.9)

Aus Symmetriegründen ist wiederum

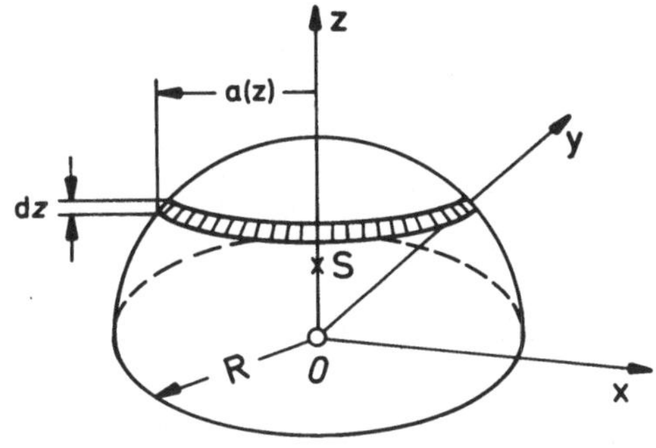

Bild 7.9
Schwerpunkt einer Halbkugel

$$x_S = y_S = 0\,.$$

Das Volumen der Halbkugel ist

$$V = \frac{1}{2}\,\frac{4}{3}\,R^3\pi = \frac{2}{3}\,R^3\pi\,.$$

Für die Ermittlung der Schwerpunkt-Koordinate z_S wählen wir zweckmäßig z als Integrations-Variable und deshalb als Volumenelement

$$\mathrm{d}V = a^2(z)\,\pi\,\mathrm{d}z\,.$$

Nun ist

$$a^2(z) = R^2 - z^2\,.$$

Damit folgt

$$\begin{aligned} z_S = \frac{1}{V}\int\limits_V z\,\mathrm{d}V &= \frac{3}{2R^3\pi}\int\limits_0^R z\,(R^2 - z^2)\,\pi\,\mathrm{d}z \\ &= \frac{3}{2}R\int\limits_0^1 \frac{z}{R}\left[1 - \left(\frac{z}{R}\right)^2\right]\mathrm{d}\left(\frac{z}{R}\right) = \frac{3}{8}R\,. \end{aligned}$$

Wir können die für Körper geltenden Überlegungen auf die Berechnung des räumlichen Mittelpunktes von Flächen übertragen. Abkürzend wollen wir den räumlichen Mittelpunkt, wie allgemein üblich, als Schwerpunkt bezeichnen und zu seiner Kennzeichnung den Buchstaben S (anstelle von S_A) benutzen, da Verwechslungen kaum möglich sind.

1. Beispiel: Schwerpunkt einer Halbkreisfläche (s. Bild 7.10)

Da es sich um eine ebene Fläche handelt, liegt der Schwerpunkt innerhalb der Fläche, und aus Symmetriegründen ist

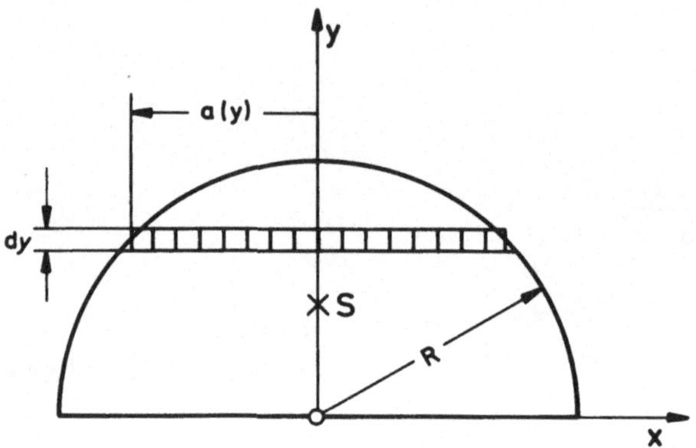

Bild 7.10 Schwerpunkt einer Halbkreisfläche

$$x_S = 0\,.$$

Die Fläche des Halbkreises ist

$$A = \frac{1}{2}\,R^2\,\pi\,.$$

Zur Ermittlung der Koordinate y_S wählen wir als Flächenelement

$$\mathrm{d}A = 2\,a(y)\;\mathrm{d}y$$

mit

$$a(y) = \sqrt{R^2 - y^2}$$

und erhalten damit

$$y_S = \frac{1}{A}\int\limits_A y\;\mathrm{d}A \;=\; \frac{4}{R^2\,\pi}\int\limits_0^R y\,\sqrt{R^2-y^2}\;\mathrm{d}y$$
$$= \frac{4}{\pi}\,R\int\limits_0^1 \frac{y}{R}\sqrt{1-\left(\frac{y}{R}\right)^2}\;\mathrm{d}\left(\frac{y}{R}\right) = \frac{4}{3\,\pi}\,R\,.$$

Einfacher erhalten wir dieses Resultat durch Umkehr der zweiten *Guldin*'schen Regel. Nach ihr ist das Volumen eines Rotationskörpers gleich dem Produkt aus Größe der erzeugenden (ebenen) Fläche und dem Weg ihres Schwerpunktes. In unserem Falle ist die erzeugende Fläche $A = \frac{1}{2}R^2\pi$. Der bei der Rotation der Fläche um die x-Achse erzeugte Rotationskörper ist eine Kugel mit dem Radius R, sein Volumen mithin $V = \frac{4}{3}R^3\pi$. Es gilt also die Beziehung

$$\frac{1}{2}\,R^2\pi\cdot 2\,\pi\,y_S = \frac{4}{3}\,R^3\pi$$

und daraus folgt unmittelbar

$$y_S = \frac{4}{3\pi} R .$$

2. Beispiel: Schwerpunkt einer Halbkugelschale (s. Bild 7.11)
Aus Symmetriegründen ist

$$x_S = y_S = 0 .$$

Die Fläche der Halbkugelschale ist

$$A = \frac{1}{2} 4 R^2\pi = 2 R^2\pi .$$

Für die Ermittlung von z_S wählen wir

$$\mathrm{d}A = 2\pi a(z)\, \mathrm{d}s .$$

Nun ist

$$\begin{aligned} a(z) &= \sqrt{R^2 - z^2} = R\sqrt{1 - \left(\frac{z}{R}\right)^2} \\ \mathrm{d}s &= \frac{\mathrm{d}z}{\cos\varphi} \\ \cos\varphi &= \frac{a(z)}{R} = \sqrt{1 - \left(\frac{z}{R}\right)^2} . \end{aligned}$$

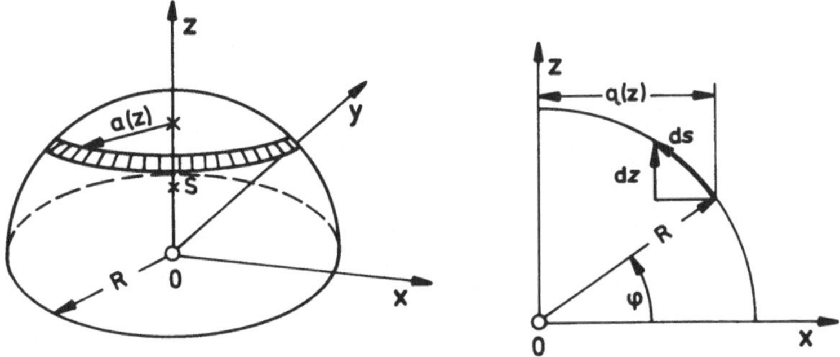

Bild 7.11 Schwerpunkt einer Halbkugelschale

Es wird also

$$\mathrm{d}A = 2\pi R\, \mathrm{d}z .$$

Damit folgt

$$z_S = \frac{1}{A}\int_0^R z\, \mathrm{d}A = \frac{1}{2\,R^2\,\pi}\int_0^R z\,2\,\pi\,R\,\mathrm{d}z = \frac{R}{2}\,.$$

An diesem Beispiel kann man übrigens sehen, daß es sinnvoll sein kann, auch einen Mittelpunkt auf der Fläche zu definieren. Er fällt in diesem Beispiel mit dem Scheitelpunkt der Halbkugelschale zusammen.

Zwei weitere Beispiele sollen uns zeigen, wie man die vorstehenden Überlegungen auf den räumlichen Mittelpunkt (Schwerpunkt) von Linien übertragen kann.

1. Beispiel: Schwerpunkt eines Halbkreisbogens (s. Bild 7.12)

Die Länge des Halbkreisbogens ist

$$L = R\,\pi\,.$$

Aus Symmetriegründen ist

$$x_S = 0\,.$$

Für die y-Koordinate des Schwerpunktes finden wir

$$\begin{aligned} y_S &= \frac{1}{L}\int_L y\,\mathrm{d}s \\ &= \frac{1}{R\,\pi}\int_0^\pi R\sin\varphi\,R\,\mathrm{d}\varphi = \frac{R}{\pi}\int_0^\pi \sin\varphi\,\mathrm{d}\varphi = \frac{2}{\pi}\,R\,. \end{aligned}$$

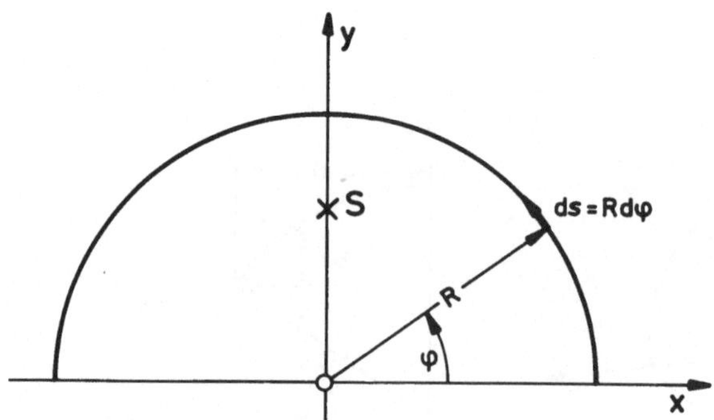

Bild 7.12 Schwerpunkt eines Halbkreisbogens

Dasselbe finden wir aus einer Umkehr der ersten *Guldin*'schen Regel. Sie besagt, daß die Oberfläche eines Rotationskörpers gleich dem Produkt aus der Länge der erzeugenden Mantellinie und dem Weg ihres Schwerpunktes ist. Lassen wir in unserem Beispiel den Halbkreisbogen um die x-Achse rotieren, so erzeugt er eine Kugelfläche. Es ist also

$$\pi R \cdot 2\pi y_S = 4 R^2 \pi$$

und daraus folgt

$$y_S = \frac{2}{\pi} R.$$

2. Beispiel: Schwerpunkt eines ebenen Polygonzuges (s. Bild 7.13)
Ausgangspunkt für unsere Rechnung ist die Feststellung, daß für den aus geraden Strecken von der Länge l_i $(i = 1, 2, \ldots n)$ bestehenden ebenen Polygonzug nach Satz 7.5

$$r_S = \frac{\sum\limits_i r_{S_i} l_i}{\sum\limits_i l_i}$$

gilt, wobei S_i die jeweils auf der Mitte einer Strecke liegenden Teilschwerpunkte sind. Daraus resultiert für die Koordinaten des Schwerpunktes des Polygonzuges

$$\begin{aligned} x_S &= \frac{\sum\limits_i x_{S_i} l_i}{\sum\limits_i l_i} \\ y_S &= \frac{\sum\limits_i y_{S_i} l_i}{\sum\limits_i l_i}. \end{aligned}$$

Beachten wir noch, daß für eine gerade Strecke

$$\begin{aligned} x_{S_i} &= \frac{1}{2}(x_i + x_{i-1}) \\ y_{S_i} &= \frac{1}{2}(y_i + y_{i-1}) \\ l_i &= \sqrt{(x_i - x_{i-1})^2 + (y_i - y_{i-1})^2} \end{aligned}$$

ist, so kann man aus den Koordinaten der Ecken des Polygonzuges unmittelbar die Schwerpunkt-Koordinaten ableiten. Dieses Vorgehen läßt sich zu einem einfachen, leicht programmierbaren Näherungsverfahren für die Schwerpunktberechnung bei beliebigen ebenen Linien ausbauen, indem man die gegebene Linie näherungsweise durch einen Polygonzug ersetzt. Das Verfahren läßt sich im übrigen leicht auf räumliche Streckenzüge übertragen.

Auch für Flächen und Körper lassen sich – auf ähnlichen Überlegungen aufbauend – numerische Näherungsverfahren zur Schwerpunktberechnung entwickeln. Man teilt dazu die gegebene Fläche bzw. den gegebenen Körper in geometrisch einfache Teilflächen bzw. Teilkörper ein und wendet dann die Beziehungen an, die für den

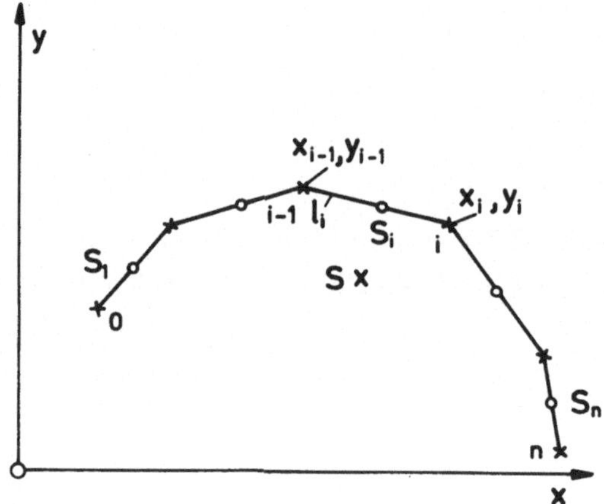

Bild 7.13 Schwerpunkt eines Polygonzuges

Gesamt-Schwerpunkt einer zusammengesetzten Fläche bzw. eines zusammengesetzten Körpers gelten (s. Abschnitt 7.3.1). Für ebene, regelmäßig polygonale Flächen erhalten wir dabei eine besonders einfache Beziehung. Für ein n-Eck gelten

$$x_S = \frac{1}{n}\sum_i x_i$$

$$y_S = \frac{1}{n}\sum_i y_i$$

wobei x_i, y_i die Koordinaten der Ecken sind.

Liegen bei einem Körper oder einer Fläche alle Teilschwerpunkte in einer Ebene, so können wir die Lage des Gesamt-Schwerpunktes auch mit Hilfe des Seileck-Verfahrens graphisch ermitteln. Wir ordnen den einzelnen Teilen jeweils eine ihrer Größe entsprechende Gewichtskraft zu und suchen dann die Wirkungslinie der resultierenden Gewichtskraft für zwei verschiedene Richtungen der Gewichtskräfte auf. Der Schnittpunkt der beiden Wirkungslinien markiert den Gesamt-Schwerpunkt (s. Bild 7.14).

Schließlich haben wir noch die Möglichkeit, den Schwerpunkt eines Körpers (im Original oder an einem Modell) experimentell zu bestimmen. Dazu hängen wir den Körper in zwei verschiedenen Lagen an einem Faden auf. Die Wirkungslinie der resultierenden Gewichtskraft stimmt jeweils mit der Richtung des Fadens überein. Der Schwerpunkt liegt im Schnittpunkt der für zwei verschiedene Aufhängungen ermittelten Wirkungslinien der resultierenden Gewichtskraft. Wir können dieses Verfahren auch für die experimentelle Bestimmung des Schwerpunktes von Flächen einsetzen, indem wir die Flächen als (gewichtsbehaftete) Scheiben mit konstantem Gewicht pro Flächeneinheit nachbilden (s. Bild 7.15)

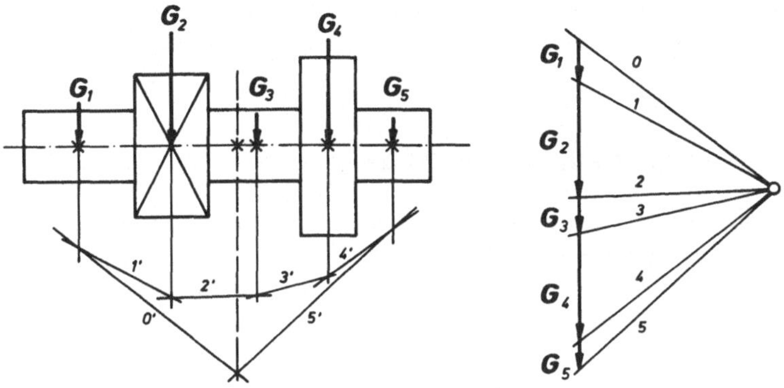

Bild 7.14 Graphische Ermittlung des Schwerpunktes

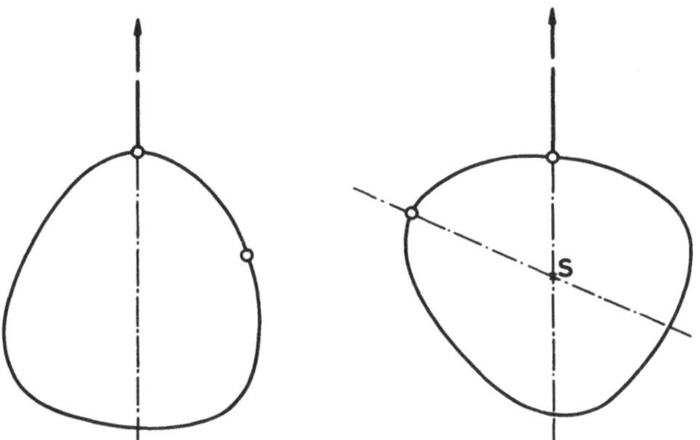

Bild 7.15 Experimentelle Ermittlung des Schwerpunktes

7.4 Flächenmomente 2. Grades

Momente vom Grade 2 besitzen für volumenhafte Verteilungen die Form

$$\int_V \boldsymbol{r}^{(2)} f(\boldsymbol{r})\,\mathrm{d}V \quad \text{bzw.} \quad \int_V \boldsymbol{r}^{(2)} \cdot \boldsymbol{f}(\boldsymbol{r})\,\mathrm{d}V \quad \text{und} \quad \int_V \boldsymbol{r}^{(2)} \times \boldsymbol{f}(\boldsymbol{r})\,\mathrm{d}V\,,$$

wobei die Art der multiplikativen Verknüpfung der Ortsvektoren untereinander bzw. mit der Verteilungsfunktion in der Regel auf dyadische Produkte führt.

Aus der Vielzahl möglicher Formen wollen wir hier die Momente 2. Grades von Flächen herausgreifen, da wir diese zusammen mit den übrigen bereits behandelten Flächenwerten in Band II benötigen werden. Auf die Momente 2. Grades für Körper werden wir dann später (in Band III) zurückkommen. Im übrigen läßt sich natürlich vieles, was für die Flächenmomente 2. Grades gilt, dann auch auf die Momente 2. Grades von Körpern (und Linien) übertragen.

7.4.1 Definitionen und allgemeine Sätze

Wir betrachten *ebene Flächen* und benutzen ein Schwerpunktsystem mit den Koordinaten y, z. Koordinatenbezeichnung und Orientierung des Koordinatensystems (s. Bild 7.16) sind im Hinblick auf die späteren Anwendungen so gewählt. Wir erinnern uns, daß für ein solches Schwerpunktsystem

$$\int_A y\,\mathrm{d}A = \int_A z\,\mathrm{d}A = 0$$

ist. Wir definieren nun folgende Flächen-Momente 2. Grades für dieses kartesische Schwerpunktsystem:

Def. 7.4:

$\int_A z^2\,\mathrm{d}A = J_{yy}$: (Eigen-)Flächen-Trägheitsmoment in bezug auf die y-Achse [L^4]

$\int_A y^2\,\mathrm{d}A = J_{zz}$: (Eigen-)Flächen-Trägheitsmoment in bezug auf die z-Achse [L^4]

$-\int_A yz\,\mathrm{d}A = J_{yz}$: (Eigen-)Flächen-Deviationsmoment [L^4]

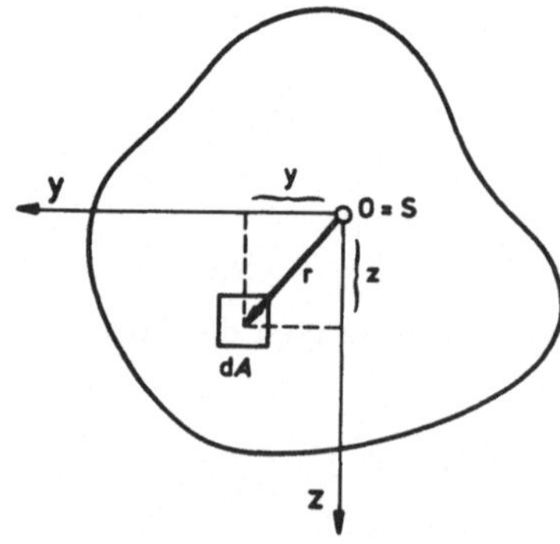

Bild 7.16
Schwerpunktsystem

Der Vorsatz „Eigen-“ bezieht sich dabei darauf, daß diese Momente 2. Grades in bezug auf ein Schwerpunktsystem gebildet sind. Wir werden die Definition später auf andere Bezugssysteme erweitern. Wo Verwechslungen ausgeschlossen erscheinen, lassen wir den Vorsatz „Eigen-“ fallen.

Die Flächen-Trägheitsmomente J_{yy} und J_{zz} werden auch axiale oder äquatoriale Flächen-Trägheitsmomente genannt. Ihr Zahlenwert ist stets positiv. Das Flächen-Deviationsmoment kann hingegen positive oder negative Zahlenwerte annehmen oder auch verschwinden.

Neben den bereits definierten Flächenmomenten 2. Grades werden wir gelegentlich noch ein weiteres benötigen:

Def. 7.5: $\int\limits_A (y^2 + z^2)\,\mathrm{d}A = \int\limits_A r^2\,\mathrm{d}A = J_{yy} + J_{zz} = J_0$:

polares (Eigen-)Flächen-Trägheitsmoment [L^4].

Sein Zahlenwert ist ebenfalls stets positiv.

Wir untersuchen nun, wie sich die Zahlenwerte der Flächenmomente 2. Grades ändern, wenn wir zu einem Koordinatensystem $\bar{y}, \bar{z}$ übergehen, das gegen das ursprüngliche System um den Winkel φ gedreht ist (s. Bild 7.17). Für die Koordinaten-Transformation gelten die Beziehungen

$$\begin{aligned} \bar{y} &= y\cos\varphi + z\sin\varphi \\ \bar{z} &= -y\sin\varphi + z\cos\varphi\,. \end{aligned}$$

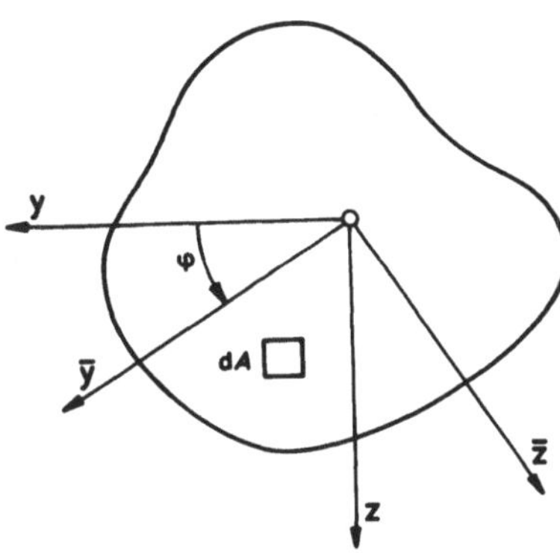

Bild 7.17
Koordinatentransformation – Drehung

Für die Flächenmomente 2. Grades, bezogen auf die gedrehten Achsen, erhalten wir somit

$$\begin{aligned} J_{\bar{y}\bar{y}} = \int\limits_A \bar{z}^2\,\mathrm{d}A &= \int\limits_A (-y\sin\varphi + z\cos\varphi)^2\,\mathrm{d}A \\ &= \sin^2\varphi \int\limits_A y^2\,\mathrm{d}A - 2\sin\varphi\cos\varphi \int\limits_A yz\,\mathrm{d}A + \cos^2\varphi \int\limits_A z^2\,\mathrm{d}A \\ &= J_{zz}\sin^2\varphi + 2\,J_{yz}\sin\varphi\cos\varphi + J_{yy}\cos^2\varphi\,. \end{aligned}$$

In gleicher Weise finden wir

$$J_{\bar{z}\bar{z}} = \int_A \bar{y}^2 \,\mathrm{d}A = J_{yy}\sin^2\varphi - 2\,J_{yz}\sin\varphi\cos\varphi + J_{zz}\cos^2\varphi$$

$$J_{\bar{y}\bar{z}} = -\int_A \bar{y}\bar{z}\,\mathrm{d}A = (J_{zz} - J_{yy})\sin\varphi\cos\varphi + J_{yz}(\cos^2\varphi - \sin^2\varphi)\,.$$

Benutzen wir die Relationen

$$\cos^2\varphi = \frac{1}{2}(1 + \cos 2\varphi)$$

$$\sin^2\varphi = \frac{1}{2}(1 - \cos 2\varphi)$$

$$\sin\varphi\cos\varphi = \frac{1}{2}\sin 2\varphi\,,$$

so können wir die vorstehenden Ergebnisse auch in folgender Form schreiben:

Satz 7.8: *Transformation der Flächenmomente 2. Grades bei Drehung des Koordinatensystems*

$$J_{\bar{y}\bar{y}} = \frac{1}{2}(J_{yy} + J_{zz}) + \frac{1}{2}(J_{yy} - J_{zz})\cos 2\varphi + J_{yz}\sin 2\varphi$$

$$J_{\bar{z}\bar{z}} = \frac{1}{2}(J_{yy} + J_{zz}) - \frac{1}{2}(J_{yy} - J_{zz})\cos 2\varphi - J_{yz}\sin 2\varphi$$

$$J_{\bar{y}\bar{z}} = -\frac{1}{2}(J_{yy} - J_{zz})\sin 2\varphi + J_{yz}\cos 2\varphi\,.$$

Aus diesen Beziehungen lassen sich nun die nachstehenden Folgerungen ableiten:

1. Folgerung

Eine Drehung um $\varphi = \pi$ (allgemeiner: $n\pi$) ändert nichts am Ergebnis; bei einer Drehung um $\varphi = \frac{\pi}{2}$ wird

$$J_{\bar{y}\bar{y}} = J_{zz}$$

$$J_{\bar{z}\bar{z}} = J_{yy}$$

$$J_{\bar{y}\bar{z}} = -J_{yz}\,.$$

2. Folgerung

Es gibt eine Orientierung des Koordinatensystems, für die

$$J_{\bar{y}\bar{z}} = 0$$

wird. Für diese Orientierung des Koordinatensystems ist dann

$$\tan 2\varphi = \frac{2\,J_{yz}}{J_{yy} - J_{zz}}\,.$$

Dabei gibt es zwei verschiedene Lösungen für φ, die sich um $\frac{\pi}{2}$ unterscheiden (s. Bild 7.18). Die Achslagen, für die $J_{\bar{y}\bar{z}}$ verschwindet, nennen wir *Hauptachsen.*

3. Folgerung

Für Hauptachsen werden die zugehörigen Flächen-Trägheitsmomente zum Extremum.

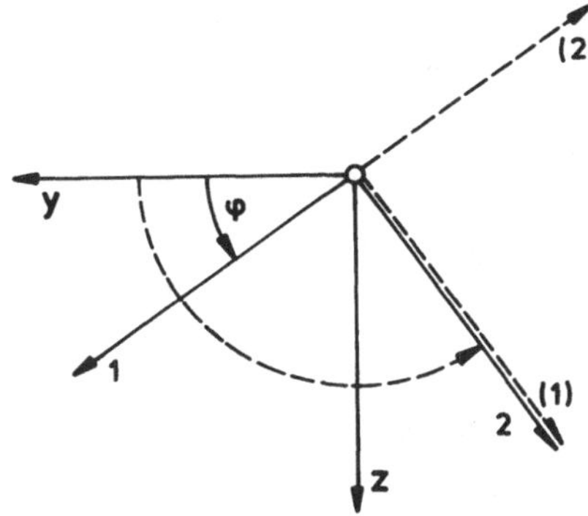

Bild 7.18
Hauptachsenlagen

Beweis: Die notwendige Bedingung für ein Extremum der Größe $J_{\bar{y}\bar{y}}(\varphi)$ ist

$$\frac{\mathrm{d}}{\mathrm{d}\varphi} J_{\bar{y}\bar{y}}(\varphi) = 0\,.$$

Die Ausführung der Differentiation ergibt

$$-(J_{yy} - J_{zz}) \sin 2\varphi + 2\, J_{yz} \cos 2\varphi = 0$$

d.h.

$$\tan 2\varphi = \frac{2\, J_{yz}}{J_{yy} - J_{zz}}\,.$$

Das ist die gleiche Bedingung, die wir auch für das Verschwinden von $J_{\bar{y}\bar{z}}(\varphi)$ gefunden haben. Dieselbe Extremalbedingung erhalten wir auch für $J_{\bar{z}\bar{z}}(\varphi)$.

Es gilt also

Satz 7.9: Bei einer Drehung des Koordinatensystems verschwindet $J_{\bar{y}\bar{z}}(\varphi)$ für

$$\tan 2\varphi = \frac{2\, J_{yz}}{J_{yy} - J_{zz}}\,.$$

Zugleich nehmen für diese Orientierung die Flächen-Trägheitsmomente Extremalwerte an.

Die extremalen Flächen-Trägheitsmomente nennen wir ***Haupt-Flächen-Trägheitsmomente***. Wir bezeichnen sie mit J_1, J_2 und ordnen sie so, daß $J_1 \geqslant J_2$ ist. Dementsprechend bezeichnen wir auch die zugehörigen Hauptachsen mit 1 und 2. Die Größe der Haupt-Flächen-Trägheitsmomente können wir errechnen, indem wir den zugehörigen Zahlenwert von φ in die Transformationsformeln einsetzen. Unter Benutzung der bekannten Beziehungen

$$\sin 2\varphi = \frac{\tan 2\varphi}{\sqrt{1+\tan^2 2\varphi}}\,, \qquad \cos 2\varphi = \frac{1}{\sqrt{1+\tan^2 2\varphi}}$$

finden wir

Satz 7.10: *Haupt-Flächen-Trägheitsmomente*

$$\left.\begin{matrix} J_1 \\ J_2 \end{matrix}\right\} = \frac{1}{2}\left[(J_{yy}+J_{zz}) \pm \sqrt{(J_{yy}-J_{zz})^2 + 4\,J_{yz}^2}\right].$$

Für die richtige Ermittlung der Lage der 1-Achse, die zu J_1 ($J_1 \geqslant J_2$) gehört, sind die Vorzeichen von J_{yz} sowie von $J_{yy} - J_{zz}$ zu beachten. Als Hilfe für die Lagebestimmung (s. Bild 7.19) dient dabei Tabelle 7.1, wobei vorausgesetzt wird, daß $J_{yy} - J_{zz}$ und J_{yz} nicht gleichzeitig verschwinden.

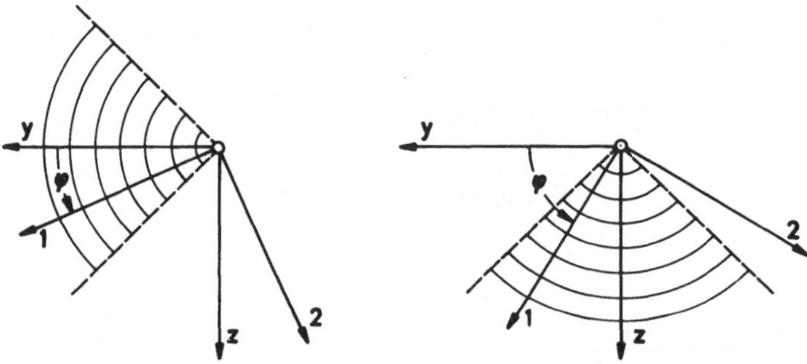

Bild 7.19 Lagebestimmung der Hauptachsen für
a) $J_{yy} - J_{zz} > 0$ b) $J_{yy} - J_{zz} < 0$

Verschwinden $J_{yy} - J_{zz}$ sowie J_{yz} gleichzeitig, so ist für alle φ

$$J_{\bar{y}\bar{y}} = J_{\bar{z}\bar{z}} = J_{yy} = J_{zz} = \frac{1}{2}\,J_0$$

und

$$J_{\bar{y}\bar{z}} = J_{yz} = 0\,.$$

4. Folgerung
Für alle Orientierungen des Koordinatensystems gilt

Satz 7.11: Es ist

$$J_{\bar{y}\bar{y}} + J_{\bar{z}\bar{z}} = J_{yy} + J_{zz} = J_1 + J_2 = J_0$$

unabhängig von der Orientierung des Koordinatensystems, d.h. diese Größen sind *invariant*.

$J_{yy} - J_{zz}$	J_{yz}	φ
$\geqslant 0$	$\geqslant 0$	$0 \leqslant \varphi \leqslant \frac{\pi}{4}$
	$\leqslant 0$	$-\frac{\pi}{4} \leqslant \varphi \leqslant 0$
$\leqslant 0$	$\geqslant 0$	$\frac{\pi}{4} \leqslant \varphi \leqslant \frac{\pi}{2}$
	$\leqslant 0$	$\frac{\pi}{2} \leqslant \varphi \leqslant \frac{3}{4}\pi$

Tabelle 7.1 Lagebestimmung von J_{yy}, J_{zz} und J_{yz}

5. Folgerung

Gehen wir von den Hauptachsen aus, so vereinfachen sich die Transformationsformeln für die Flächenmomente 2. Grades. Schreiben wir zur Vereinfachung in diesem Falle noch J_{yy} statt $J_{\bar{y}\bar{y}}$ usw. und bezeichnen, um Verwechslungen zu vermeiden (s. Bild 7.20), den Winkel, um den y, z gegenüber 1, 2 verdreht sind mit α, so gilt

---

Satz 7.12: *Transformation bei Drehung des Koordinatensystems von den Hauptachsen ausgehend*

$$\left.\begin{matrix} J_{yy} \\ J_{zz} \end{matrix}\right\} = \frac{1}{2}(J_1 + J_2) \pm \frac{1}{2}(J_1 - J_2)\cos 2\alpha$$

$$J_{yz} = -\frac{1}{2}(J_1 - J_2)\sin 2\alpha\,.$$

Dieser Zusammenhang läßt sich leicht in einer geometrischen Konstruktion darstellen (s. Bild 7.21), die *Mohr*'scher Trägheitskreis genannt wird (*Mohr* (1835-1918)).

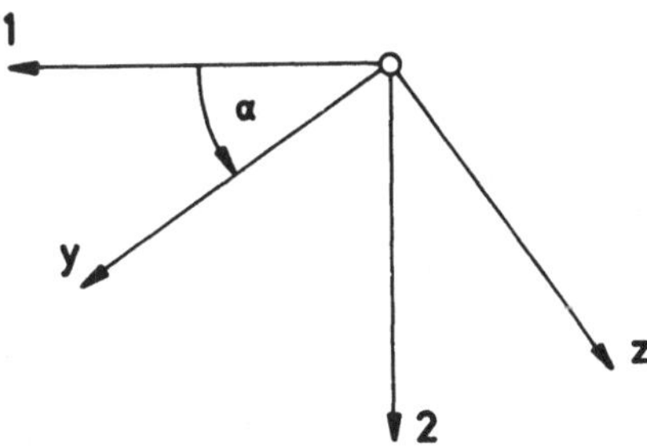

Bild 7.20
Koordinatentransformation

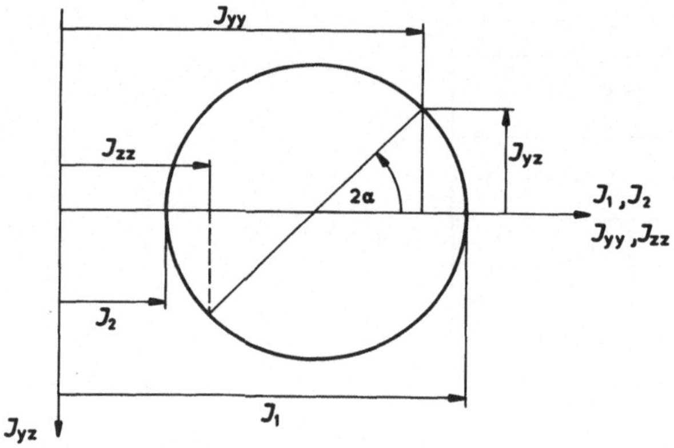

Bild 7.21 Mohr'scher Trägheitskreis

Wir können Flächenmomente 2. Grades auch für solche Bezugssysteme bilden, die nicht Schwerpunktsysteme sind. An der Definition der Größen ändert sich dabei nichts. Wir können uns solche Bezugssysteme entstanden denken aus einer ***Parallelverschiebung*** des Koordinatensystems (s. Bild 7.22). Mit

$$
\begin{aligned}
a &= \bar{y}_s \quad \text{bzw.} \quad a = -y_{\bar{0}} \\
b &= \bar{z}_s \qquad\qquad\;\; b = -z_{\bar{0}}
\end{aligned}
$$

und den Koordinaten-Transformationen

$$
\begin{aligned}
\bar{y} &= y + a \\
\bar{z} &= z + b
\end{aligned}
$$

folgt

$$
\begin{aligned}
J_{\bar{y}\bar{y}} &= \int_A \bar{z}^2 \, \mathrm{d}A = \int_A (z+b)^2 \, \mathrm{d}A \\
&= \underbrace{\int_A z^2 \, \mathrm{d}A}_{J_{yy}} + 2b \underbrace{\int_A z \, \mathrm{d}A}_{0} + b^2 \underbrace{\int_A \mathrm{d}A}_{A} \\
&= J_{yy} + b^2 A \, .
\end{aligned}
$$

Analoge Beziehungen lassen sich auch für die anderen Größen ableiten. Wir erhalten somit

---

Satz 7.13: *Transformation der Flächenmomente 2. Grades bei Parallelverschiebung vom Schwerpunktsystem ausgehend: Steiner'scher Satz*

$$J_{\bar{y}\bar{y}} = J_{yy} + b^2 A$$
$$J_{\bar{z}\bar{z}} = J_{zz} + a^2 A$$
$$J_{\bar{y}\bar{z}} = J_{yz} - abA\,.$$

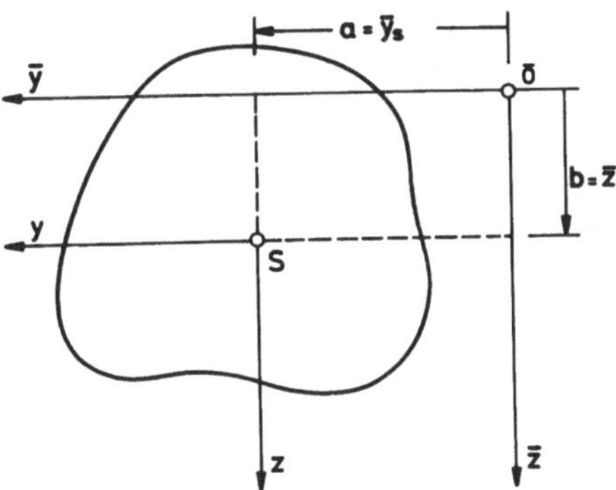

Bild 7.22
Koordinatentransformation – Parallelverschiebung

Diese Beziehungen gehen auf *Steiner* (1796-1863) zurück. Sie gelten *nur* für Verschiebung des Bezugssystems aus dem Schwerpunkt heraus. Wir lesen aus diesen Beziehungen auch ab, daß die Eigen-Flächen-Trägheitsmomente J_{yy} und J_{zz} im Vergleich zu Trägheitsmomenten, die auf parallel verschobene Achsen bezogen sind, jeweils ein Minimum darstellen, d.h. es ist bei dieser Transformation $J_{yy} \leqslant J_{\bar{y}\bar{y}}$, $J_{zz} \leqslant J_{\bar{z}\bar{z}}$. Für eine nachträgliche Drehung des Koordinatensystems um 0 gelten die gleichen Transformationen (Satz 7.8) wie für Schwerpunktsysteme (mit entsprechender Änderung der Bezeichnung).

Das Aufsuchen der Hauptachse einer Fläche wird oft erleichtert durch den

Satz 7.14: Hat eine Fläche eine Symmetrieachse, so fällt bei einem Schwerpunktsystem eine Hauptachse mit der Symmetrieachse zusammen.

Auf Bezugssysteme, die keine Schwerpunktsysteme sind, läßt sich dieser Satz nicht anwenden. Liegt nämlich der Bezugspunkt eines solchen Koordinatensystems nicht auf der Symmetrieachse, so kann die Symmetrieachse nicht mehr mit einer Hauptachse zusammenfallen. Daraus folgt, daß sich im allgemeinen bei einer Verschiebung des Koordinatenursprungs die Orientierung der zugehörigen Hauptachsen ändert. Die Größen J_{yy}, J_{zz}, $J_{yz} = J_{zy}$ stellen die Komponenten (Koordinaten) eines symmetrischen Tensors in einem 2-dimensionalen Raum dar. Wir bezeichnen diesen Tensor als *Flächen-Trägheitstensor*. Für die Schreibweise eines solchen Tensors gibt es verschiedene Möglichkeiten. Wir können ihn beispielsweise durch einen fettgedruckten Großbuchstaben $\boldsymbol{J}$ kennzeichnen und ihn in Form einer sogenannten *Dyade* darstellen:

$$\begin{aligned} \boldsymbol{J} &= J_{yy}\boldsymbol{e}_y\boldsymbol{e}_y + J_{yz}\boldsymbol{e}_y\boldsymbol{e}_z \\ &\quad + J_{zy}\boldsymbol{e}_z\boldsymbol{e}_y + J_{zz}\boldsymbol{e}_z\boldsymbol{e}_z\,. \end{aligned}$$

Die Richtungsvektoren sind hierbei formal miteinander multipliziert (dyadisches Produkt). Häufig gibt man freilich auch nur die Matrix der Komponenten dieses Tensors an:

$$J = \begin{bmatrix} J_{yy} & J_{yz} \\ J_{zy} & J_{zz} \end{bmatrix}.$$

Die allgemeine Definitionsgleichung für die Komponenten des Flächen-Trägheitstensors ist (mit $y = x_1, z = x_2$)

$$J_{ik} = \int_A \left\{ \left(\sum_r x_r x_r \right) \delta_{ik} - x_i x_k \right\} \mathrm{d}A,$$

wobei

$$\delta_{ik} = \begin{cases} 1 & \text{für} \quad i = k \\ 0 & \text{für} \quad i \neq k \end{cases}$$

das *Kronecker*-Delta ist.

7.4.2 Berechnung der Flächenmomente 2. Grades

Die Flächenmomente 2. Grades führen im allgemeinen auf Zweifach-Integrale. Durch geeignete Wahl der Integrationsvariablen kann man diese Integrale vielfach jedoch auf einfache Integrale zurückführen.

1. *Beispiel: Rechteck* (s. Bild 7.23)

Aus Symmetriegründen (y-Achse und z-Achse sind Symmetrieachsen und damit Hauptachsen) ist

$$J_{yz} = 0.$$

Zur Ermittlung von J_{yy} wählen wir

$$\mathrm{d}A = b\,\mathrm{d}z.$$

Damit wird

$$J_{yy} = \int_A z^2\,\mathrm{d}A = \int_{-\frac{h}{2}}^{\frac{h}{2}} z^2 b\,\mathrm{d}z = \frac{b\,h^3}{12}.$$

Analog finden wir für J_{zz} mit $\mathrm{d}A = h\,\mathrm{d}y$

$$J_{zz} = \frac{h\,b^3}{12}.$$

Verschieben wir den Bezugspunkt auf der senkrechen Symmetrieachse zum unteren (oder oberen) Rand, so bleiben in diesem Falle

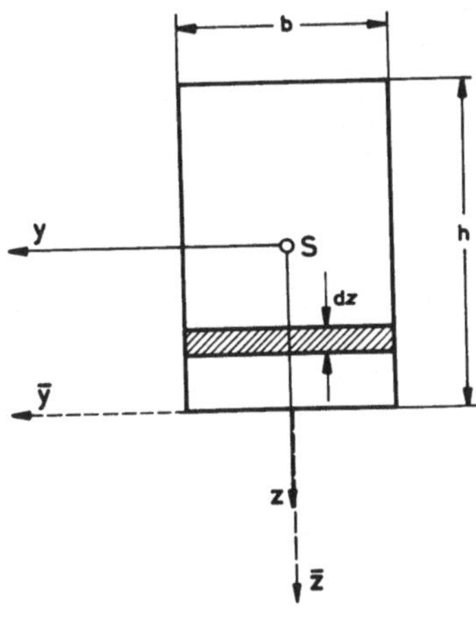

Bild 7.23
Rechteckquerschnitt

$$J_{\bar{y}\bar{z}} = J_{yz} = 0$$

$$J_{\bar{z}\bar{z}} = J_{zz} = \frac{h\,b^3}{12} \,.$$

Für $J_{\bar{y}\bar{y}}$ erhalten wir hingegen mittels des Steiner'schen Satzes

$$\begin{aligned} J_{\bar{y}\bar{y}} &= J_{yy} + \frac{h^2}{4} A \\ &= \frac{b\,h^3}{12} + \frac{b\,h^3}{4} = \frac{b\,h^3}{3} \,. \end{aligned}$$

2. *Beispiel: Kreis* (s. Bild 7.24)
Aus Symmetriegründen sind

$$J_{yz} = 0$$

und

$$J_{yy} = J_{zz} \,.$$

Statt J_{yy} bzw. J_{zz} zu ermitteln, berechnen wir einfacher das polare Flächen-Trägheitsmoment

$$J_0 = J_{yy} + J_{zz} = 2\,J_{yy} = 2\,J_{zz} \,.$$

Mit

$$\mathrm{d}A = 2\pi r \,\mathrm{d}r$$

folgt

$$J_0 = \int\limits_A r^2 \,\mathrm{d}A = \int\limits_0^R 2\pi r^3 \,\mathrm{d}r = \frac{R^4 \pi}{2} \,.$$

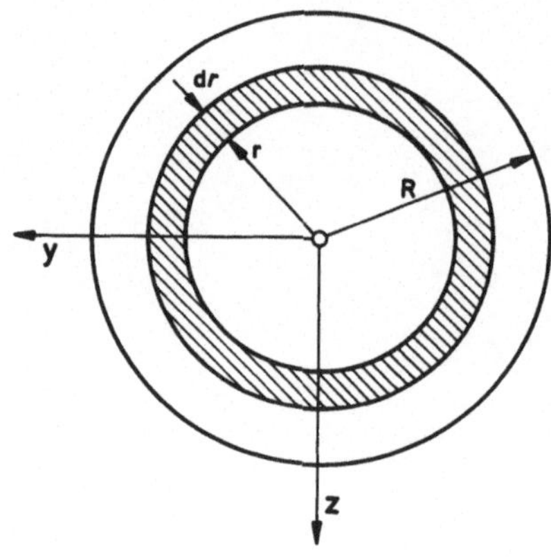

Bild 7.24
Kreisquerschnitt

Es ist also

$$J_{yy} = J_{zz} = \frac{1}{2} J_0 = \frac{R^4 \pi}{4} \; .$$

3. *Beispiel: Zusammengesetzter Querschnitt* (s. Bild 7.25)
Wir finden zunächst

$$J_{yz} = 0$$

$$J_{zz} = \frac{h_0 b_0^3}{12} + 2\,\frac{h_1 b_1^3}{12} \; .$$

J_{yy} berechnen wir mit Hilfe des Steiner'schen Satzes und erhalten

$$J_{yy} = \frac{b_0 h_0^3}{12} + 2 \left\{ \frac{b_1 h_1^3}{12} + b_1 h_1 \left(\frac{h_0 + h_1}{2} \right)^2 \right\} .$$

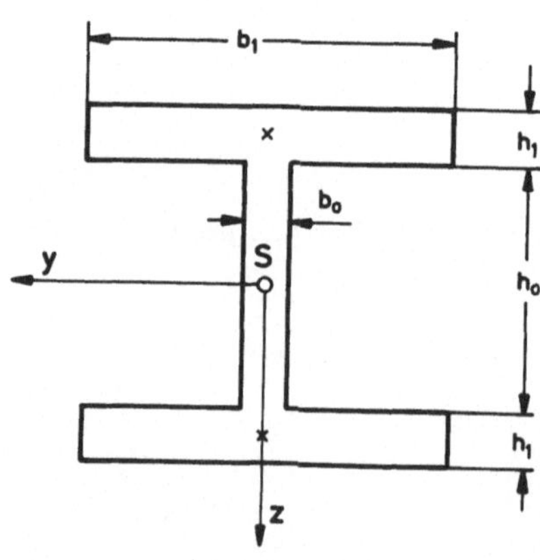

Bild 7.25
Zusammengesetzter Querschnitt

Den Steiner'schen Satz können wir auch zur numerischen Näherungsberechnung heranziehen. Wir teilen den Querschnitt in schmale Rechteckstreifen ein (s. Bild 7.26) und finden beispielsweise

$$J_{yy} = \sum_i \frac{b_i h_i^3}{12} + \sum_i b_i h_i a_i^2 .$$

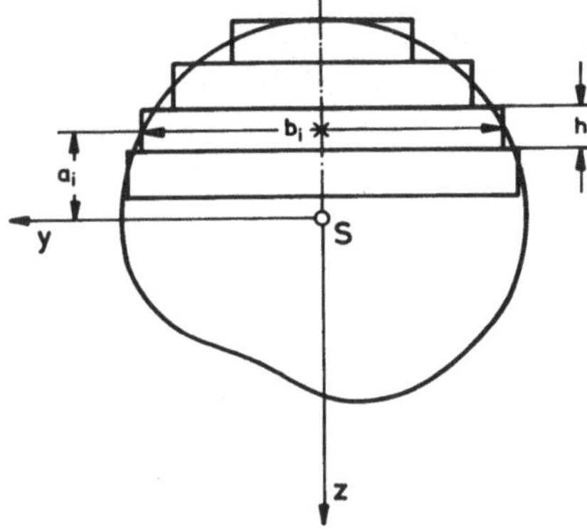

Bild 7.26
Näherungsverfahren

Dabei können wir bei hinreichend feiner Streifeneinteilung sogar vielfach die ersten Terme vernachlässigen, weil bis auf die Streifen in unmittelbarer Nachbarschaft der y-Achse (die aber ohnehin wenig zu J_{yy} beitragen)

$$\frac{b_i h_i^3}{12} \Big/ b_i h_i a_i^2 = \frac{1}{12}\left(\frac{h_i}{a_i}\right)^2 \ll 1$$

ist. Oft ist es zweckmäßig, für die Ermittlung von J_{yy} und J_{zz} verschiedene Einteilungen zu wählen, um die Rechnung zu vereinfachen.

7.5 Idealisierte Körper

Als Konstruktionselemente begegnen uns häufig Körper, die wir – idealisierend – als linienhafte oder als flächenhafte Körper betrachten können.

7.5.1 Linienhafte Körper (Träger, Stützen usw.)

Linienhafte Körper sind dadurch gekennzeichnet, daß ihre räumliche Ausdehnung in einer Richtung (längs einer Geraden oder längs einer gekrümmten Linie) die Abmessungen in den Richtungen quer dazu weit übertrifft. Bezeichnen wir die Längsabmessungen mit l sowie die maximalen Querabmessungen mit b und h (s. Bild 7.27), so ist bei linienhaften Körpern voraussetzungsgemäß

$$\frac{b}{l} \ll 1 \quad \text{und} \quad \frac{h}{l} \ll 1 .$$

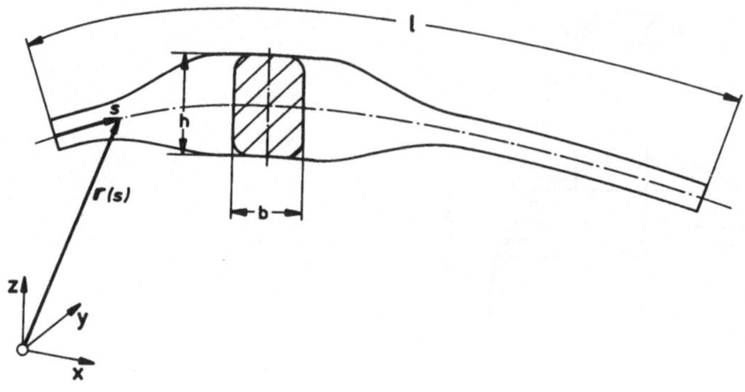

Bild 7.27 Linienhafter Körper

Für solche linienhaften Körper ist die Bezeichnung ***Stab*** üblich. Idealisierend betrachten wir einen Stab als eine Linie, der gewisse materielle Eigenschaften zugeordnet sind. Die den Stab repräsentierende Linie wird ***Stabachse*** genannt. Ihre Gestalt können wir als Raumkurve in der Parameterdarstellung

$$\boldsymbol{r} = \boldsymbol{r}(s)$$

beschreiben. Für besondere Formen der Stabachse werden wir auch andere Darstellungsmöglichkeiten wählen. Insbesondere werden wir bei *geraden* Stäben die Stabachse im allgemeinen mit der x-Achse eines kartesischen Koordinatensystems zusammenfallen lassen.

Jedem Punkt der Stabachse sind – entsprechend unserem Idealisierungsschema – bestimmte Eigenschaften zugeordnet:

1. eine Querschnittsfläche senkrecht zur Stabachse, deren Schwerpunkt auf der Stabachse liegt,

2. eine Massenbelegung,

3. bestimmte Festigkeitseigenschaften (Steifigkeiten), deren Kennzeichnung wir später noch kennenlernen werden.

In vielen Fällen brauchen wir nur einige integrale Angaben über die Verteilung dieser Größen längs der Stabachse. Es genügt also z.B. häufig für den Querschnitt, die Größe $A(s)$ (Moment 0. Grades) und die Flächenmomente 2. Grades zu kennen (die Flächenmomente 1. Grades verschwinden für ein Schwerpunktsystem ohnehin) oder die Massenbelegung (Moment 0. Grades der Massenverteilung)

$$\mu(s) = \frac{\mathrm{d}m}{\mathrm{d}s} = \lim_{\Delta s \to 0} \frac{\Delta m}{\Delta s} ,$$

für die bei homogenem Werkstoff

$$\mu(s) = \rho A(s)$$

gilt. Nur in wenigen Fällen benötigen wir im Rahmen einer solchen idealisierenden Theorie genauere Angaben über die Verteilung dieser Größen über den Querschnitt.

Wir ordnen ferner den Punkten der Stabachse bestimmte Kräfte (Belastungen, Lasten usw.) zu (s. Bild 7.28)

Einzelkräfte $\boldsymbol{F}_i$	$[\mathrm{MLZ^{-2}}]$	$= [\mathrm{K}]$
Momente $\boldsymbol{M}_i$	$[\mathbf{L}\times\mathbf{L}\mathrm{MZ^{-2}}]$	$= [\mathbf{L}\times\mathbf{K}]$
linienhaft verteilte Kräfte $\boldsymbol{n}(s)$, $\boldsymbol{q}(s)$	$[\mathrm{L^{-1}M}\mathbf{L}\mathrm{Z^{-2}}]$	$= [\mathrm{L^{-1}}\mathbf{K}]$
linienhaft verteilte Momente $\boldsymbol{m}(s)$	$[\mathrm{L^{-1}}\mathbf{L}\times\mathrm{M}\mathbf{L}\mathrm{Z^{-2}}]$	$= [\mathrm{L^{-1}}\mathbf{L}\times\mathbf{K}]$.

Die Verteilung des Kräfteangriffs über den Querschnitt bleibt dabei im allgemeinen offen.

Für bestimmte Aufgaben, die stabförmige Körper in einer Konstruktion zu übernehmen haben, tragen sie auch spezielle Namen. So kennen wir z.B. im Bereich der Statik *Träger*, die – horizontal liegend im wesentlichen Gewichtskräfte aufzunehmen haben, oder *Stützen*, die – vertikal stehend – durch Gewichtskräfte belastet sind; wir kennen *Wellen, Bolzen, Stößel* und viele andere Bezeichnungen nach der jeweiligen Funktion. Allen diesen Konstruktionselementen ist jedoch gemeinsam, daß es sich um Stäbe handelt, die wir idealisierend als linienhafte Körper betrachten können.

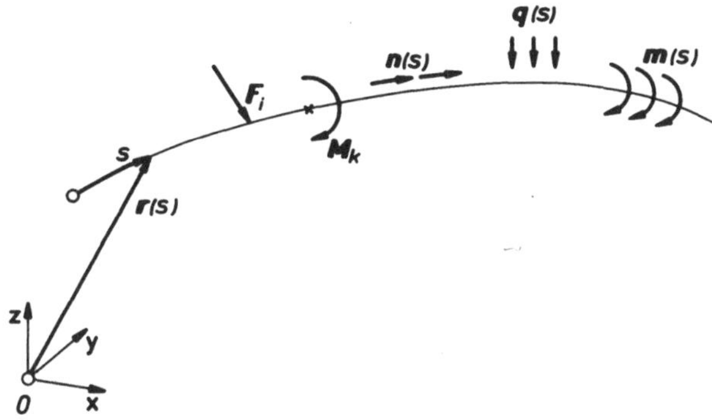

Bild 7.28 Stabachse mit Belastungen

7.5.2 Flächenhafte Körper

Von der Gestalt her sind diese Körper dadurch gekennzeichnet, daß ihre Abmessungen in einer Richtung (Dicke h) sehr viel kleiner sind als in den beiden anderen senkrecht dazu (s. Bild 7.29). Bezeichnen wir die kleinste der Abmessungen senkrecht zur Dicke mit a_{min}, so können wir als Voraussetzung definieren

$$\frac{h_{max}}{a_{min}} \ll 1 .$$

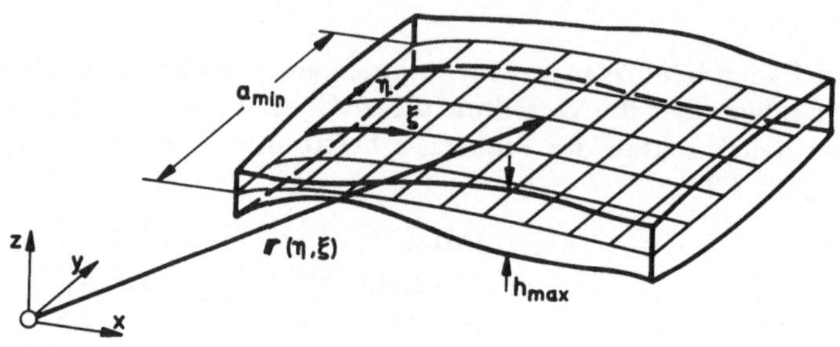

Bild 7.29 Flächenhafter Körper

Idealisierend betrachten wir solche Körper als *Flächen*, denen gewisse materielle Eigenschaften zugeordnet sind. Als repräsentierende Fläche wählen wir die *Mittelfläche* des Körpers, die dadurch charakterisiert ist, daß der Abstand von der Mittelfläche zum oberen Rand für jeden Punkt der Mittelfläche (senkrecht zu ihr gemessen) gleich dem Abstand zum unteren Rand ist. Die Gestalt der Mittelfläche können wir in Abhängigkeit von 2 Parametern ξ, η beschreiben, die wir als Koordinaten auf der (im allgemeinen gekrümmten) Mittelfläche deuten können

$$\boldsymbol{r} = \boldsymbol{r}(\xi, \eta) .$$

In speziellen Fällen, z.B. bei zylindrischen oder kugelförmigen Mittelflächen werden wir auch andere Darstellungsformen benutzen.

Jedem Punkt der Mittelfläche sind – entsprechend unserem Idealisierungsschema – zugeordnet:

1. eine Dicke $h(\xi, \eta)$ des Körpers,
2. eine Massenbelegung

$$\mu_A(\xi, \eta) = \frac{\mathrm{d}m}{\mathrm{d}A}$$

3. bestimmte Festigkeitseigenschaften (Steifigkeiten).

Ferner ordnen wir den Punkten der Mittelfläche die an dem Körper angreifenden Kräfte zu, und zwar

Einzelkräfte $\boldsymbol{F}_i$	$[\mathrm{MLZ}^{-2}]$	$= [\mathrm{K}]$
Momente $\boldsymbol{M}_i$	$[\mathbf{L}\times\mathbf{L}\mathrm{MZ}^{-2}]$	$= [\mathbf{L}\times\mathbf{K}]$
linienhaft verteilte Kräfte	$[\mathrm{L}^{-1}\mathrm{MLZ}^{-2}]$	$= [\mathrm{L}^{-1}\mathbf{K}]$
linienhaft verteilte Momente	$[\mathrm{L}^{-1}\mathbf{L}\times\mathbf{L}\mathrm{MZ}^{-2}]$	$= [\mathrm{L}^{-1}\mathbf{L}\times\mathbf{K}]$
flächenhaft verteilte Kräfte	$[\mathrm{L}^{-2}\mathrm{MLZ}^{-2}]$	$= [\mathrm{L}^{-1}\mathbf{K}]$
flächenhaft verteilte Momente	$[\mathrm{L}^{-2}\mathbf{L}\times\mathbf{L}\mathrm{MZ}^{-2}]$	$= [\mathrm{L}^{-2}\mathbf{L}\times\mathbf{K}]$.

Dabei haben wir uns vor Augen zu halten, daß beispielsweise Kräfte, die in der idealisierten Theorie flächenhaft verteilt der Mittelfläche zugeordnet sind, in Wirklichkeit sowohl flächenhaft verteilt (an der Ober- bzw. Unterfläche) als auch volumenhaft verteilt angreifen können.

Es ist üblich, bei flächenhaften Körpern entsprechend ihrer Gestalt und ihrer Beanspruchung folgende Unterschiede in ihrer Bezeichnung zu machen:

1. *Scheiben*: Sie haben eine *ebene Mittelfläche*; alle dieser Mittelfläche zugeordneten Kräfte liegen in dieser Ebene.

2. *Platten*: Sie haben eine *ebene Mittelfläche*, alle dieser Mittelfläche zugeordneten Kräfte wirken senkrecht zu dieser Ebene.

3. *Schalen*: Sie haben eine *gekrümmte Mittelfläche*; die dieser Mittelfläche zugeordneten Kräfte können in beliebiger Richtung wirken.

In der Praxis wird die Unterscheidung zwischen Scheiben und Platten gelegentlich nicht so scharf gezogen. So werden oft Konstruktionselemente als Scheiben bezeichnet, die ihrer Beanspruchung nach eigentlich Platten heißen müßten, wie z.B. Unterlegscheiben oder Scheibenfedern.

8 Der gestützte Körper

8.1 Allgemeines

Wir betrachten starre Körper, die durch ***kinematische Bindungen*** in ihrer Bewegungsmöglichkeit eingeschränkt sind. Deformierbare Körper, deren Formänderungen so klein bleiben, daß wir sie als unverformt ansehen können, schließen wir dabei in diese Betrachtungen mit ein. Wir nennen solche kinematischen Bindungen

in der Statik: ***Auflager*** (Lager, Stützen usw.),
in der Kinetik: ***Führungen*** (Lager, Gleitbahnen, Lenker usw.).

Kinematische Bindungen beziehen sich auf die Bewegungsmöglichkeiten gegenüber der als ruhend angesehenen *Umgebung* oder gegenüber ***anderen Körpern***. Wir werden vorerst nur kinematische Bindungen gegenüber der Umgebung ins Auge fassen, dabei aber mit einbeziehen, daß andere Körper vermittelnd zwischengeschaltet sein können (s. Bild 8.1).

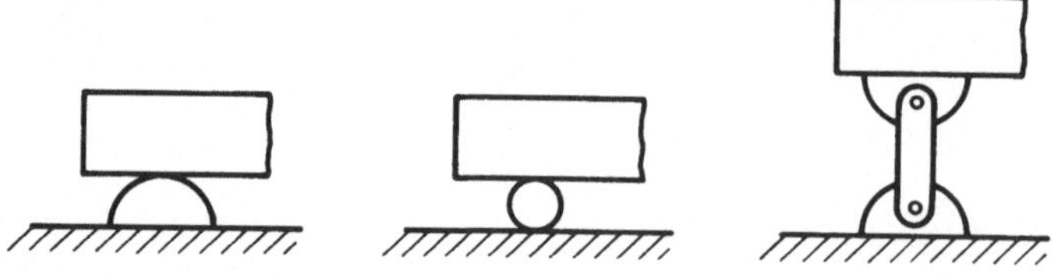

Bild 8.1 Lagerformen

Kinematische Bindungen eines Körpers entstehen durch Berührung zwischen dem betrachteten Körper und seiner Umgebung. Die Berührung ist immer ***flächenhaft***. Auch bei beabsichtigter punktförmiger Berührung wird sie flächenhaft infolge der Deformationen an der Berührungsstelle. Bleiben die Deformationen des Auflagers bzw. der Führung hinreichend klein, so werden wir das Auflager bzw. die Führung idealisierend als unnachgiebig, als *starr* ansehen. Wir können dann auch in vielen Fällen idealisierend (oder auch unter Berufung auf das Prinzip von *de St. Venant*; vgl. Abschnitt 4.8) die Berührung als *punktförmig* annehmen.

Nur bei starren bzw. als starr zu betrachtenden Auflagern und Führungen können wir von kinematischen Bindungen im engeren Sinne sprechen. Ist die Nachgiebigkeit der Auflager bzw. Führungen nicht zu vernachlässigen, so hängen die Bindungen wesentlich von den Wechselwirkungen zwischen dem Körper und seinen Auflagern bzw. Führungen ab.

An den Stellen, an denen der Körper kinematischen Bindungen unterworfen ist, d.h. an den Auflager- und Führungsstellen, werden Kräfte auf den Körper ausgeübt. Wir nennen diese Kräfte *Reaktionskräfte (Auflager-Reaktionen, Führungs-Reaktionen)*. Sie treten nur als Reaktionen auf, d.h. dann, wenn andere Kräfte, die sogenannten *eingeprägten Kräfte*, am Körper angreifen. Eingeprägte Kräfte gehen auf allgemeine physikalische Beziehungen zurück. Zu ihnen gehören beispielsweise Gewichtskräfte, elektro-magnetische Kräfte, vom Gasdruck ausgeübte Kräfte oder auch Federkräfte. Da alle diese Erscheinungen durch physikalische Beziehungen bestimmt sind, nennt man sie manchmal auch *physikalisch gegebene Kräfte*. Im Bereich des Bauwesens bezeichnet man diese eingeprägten Kräfte als *Lasten*. Im Maschinenbau gibt es dagegen wegen der großen Vielfalt keine besondere Bezeichnung für sie. Wir werden jedoch der Einfachheit halber zusammenfassend von der *Belastung* eines Körpers sprechen.

In den Sammelbegriff Kräfte beziehen wir auch singuläre Kräftepaare ein. Deshalb können z.B. zu den Reaktionskräften auch Reaktionsmomente gehören.

Wir beschränken uns im folgenden auf den Bereich der Statik und betrachten gestützte starre Körper, die unverschiebbar gelagert sind, deren Freiheitsgrad also $\lambda = 0$ ist. Eine Aufgabe, die uns immer wieder begegnen wird, besteht darin, bei einem gegebenen System von eingeprägten Kräften die in den Auflagern auftretenden Reaktionen zu ermitteln. Dazu gehen wir von folgender Überlegung aus:

Jeder kinematischen Bindung, d.h. jeder Aufhebung eines Freiheitsgrades entspricht genau eine Reaktion. So bedeutet z.B. bei einem räumlichen System (s. Bild 8.2a) die unverschiebbare Bindung eines Körperpunktes, die den Freiheitsgrad um 3 vermindert, zugleich das Auftreten dreier voneinander unabhängiger Reaktionskräfte. Dabei ist es unwesentlich, ob wir die Richtungen der drei Reaktionen orthogonal zueinander annehmen oder nicht; sie müssen nur unabhängig voneinander sein. Analog bedeutet bei einem ebenen System beispielsweise die längsverschiebliche Einspannung eines Stabendes (s. Bild 8.2b), die den Freiheitsgrad um 2 vermindert, das Auftreten von 2 Reaktionen, nämlich einer Kraft und eines Momentes. Zur Berechnung dieser Reaktionen stehen uns bei einem gestützten starren Körper die Gleichgewichtsbedingungen zur Verfügung. Wieweit sie dazu ausreichen, werden wir später noch erörtern.

Kinematische Bindungen einerseits und das Auftreten von Reaktionen andererseits sind zwei verschiedene Aspekte desselben Sachverhaltes. Das tritt im Rahmen von Energiebetrachtungen noch deutlicher hervor. Zwischen einer bestimmten kinematischen Bindung und der ihr entsprechenden Reaktion besteht nämlich folgende

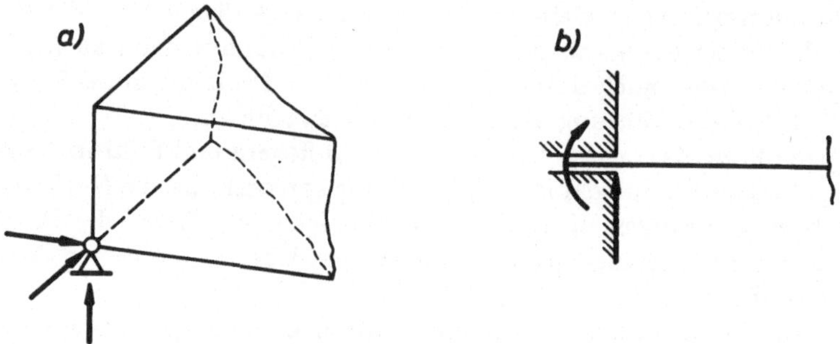

Bild 8.2 Lagerformen: a) Festes Lager b) Längsverschiebliche Einspannung

Beziehung:

Satz 8.1: Eine Reaktion leistet bei keiner – nach Lösung aller übrigen Bindungen – möglichen Bewegung eines Körpers Arbeit.

Mit Hilfe dieses Satzes läßt sich zu jeder kinematischen Bindung die Wirkungsweise (die Größe wird durch die eingeprägten Kräfte bestimmt) der zugehörigen Reaktionen ermitteln und umgekehrt. Wir können also das Auflagersystem eines gestützten Körpers kennzeichnen durch (s. Bild 8.3) Angabe der Bindungen (a) oder Angabe der Reaktionen (b).

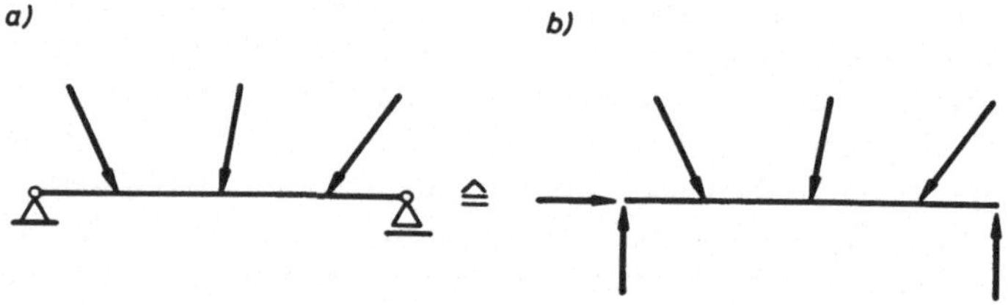

Bild 8.3 Gestützter Körper

Der Übergang von a) nach b) wird auch als *Befreiungsprinzip* bezeichnet: Wir denken uns die Bindungen gelöst (durchgeschnitten) und an ihrer Stelle die Reaktionen als äußere Kräfte eingeführt. Das kann gleichzeitig für alle Bindungen oder für einzelne Bindungen geschehen. So gesehen ist das Befreiungsprinzip ein Sonderfall des allgemeinen Schnittprinzips (s. Abschnitt 6.2). Satz 8.1 und das Befreiungsprinzip gelten im übrigen nicht nur für den Bereich der Statik, sondern allgemein.

Die auf den Körper wirkenden Reaktionskräfte können wir – wie jede andere auf die Körperfläche ausgeübte Kraft – jeweils zerlegen (s. Bild 8.4) in

1. eine *Normalkraft* N (Komponente senkrecht zur Tangentialebene des Körpers an der Berührungsstelle) und

2. eine *Tangentialkraft* T (Komponente in dieser Tangentialebene).

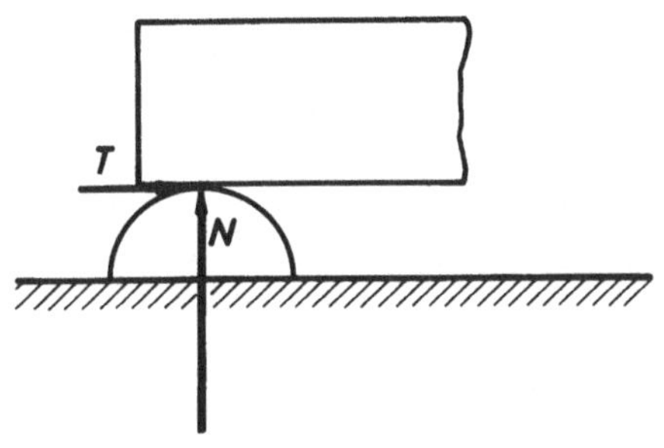

Bild 8.4
Auflager mit Reaktionskräften

In gleicher Weise können wir bei flächenhaft verteilt wirkenden Reaktionskräften in jedem Berührungspunkt den Spannungsvektor zerlegen in eine *Normalspannung* und in eine *Tangentialspannung*.

Die Tangentialkräfte (Tangentialspannungen) kommen durch *Reibung* zustande. Die Reibungskräfte sind für die Wirkungsweise von Auflagern von großer Bedeutung. Häufig werden z.B. Auflager benötigt, die zwar eine Verschiebung in einer vorgegebenen Richtung verhindern (binden), Verschiebungen senkrecht dazu aber unbehindert zulassen sollen. Zur Sicherung dieser Verschiebungsmöglichkeiten werden dann beispielsweise Rollen oder Kugeln als Zwischenelemente vorgesehen, die die tangentialen Reibungskräfte herabsetzen (s. Bild 8.5). Idealisierend werden wir in solchen Fällen die Auflager in der möglichen Verschiebungsrichtung meist als *reibungsfrei* annehmen, also $T = 0$ setzen.

In anderen Fällen ist die auftretende Reibungskraft (vgl. Bild 8.4) durchaus erwünscht. Sie soll als tangentiale Reaktionskraft wirksam werden und tangentiale Verschiebungen an der Auflagerstelle verhindern. Hierbei ist jedoch zu beachten, daß Reibungskräfte nicht beliebig groß werden können. Näherungsweise können wir aufgrund von Versuchsergebnissen annehmen, daß die Reibungskraft durch die Ungleichung

$$|T| \leqslant \mu_0 N \quad (N > 0)$$

nach oben begrenzt ist, wenn die Berührungsstelle trocken (ohne Schmiermittelschicht) ist. μ_0 ist darin der sogenannte *Haftreibungs-Koeffizient*. Er hängt ab von

1. der *Werkstoffpaarung*, d.h. vom Werkstoff beider Körper, die sich berühren, und

2. der *Oberflächenbeschaffenheit* (Rauheit usw.).

Überschreitet die erforderliche tangentiale Reaktionskraft die *Haftgrenze*, die hier durch $|T| = \mu_0 N$ gegeben ist, so wird die Bindung in dieser Richtung aufgehoben, und es tritt tangentiales Gleiten ein.

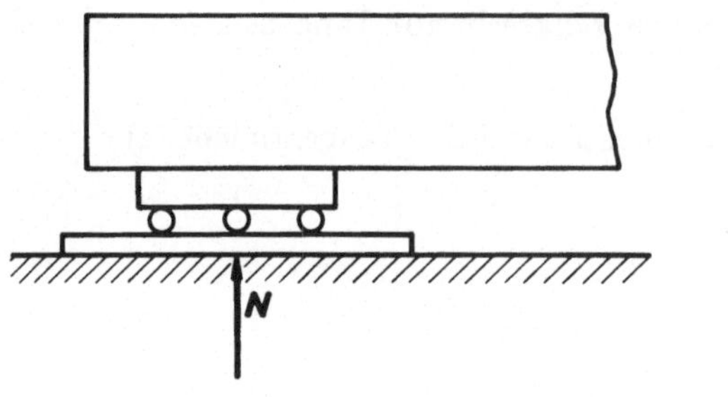

Bild 8.5
Gleitlager

Werkstoffpaarung	trocken	geschmiert (Mischreibung)
Stahl–Stahl	0.15	0.1
Stahl–Grauguß	0.2	0.1
Stahl–Leder	0.6	0.25
Grauguß–Bronze	0.28	0.16
Holz–Stahl	0.5	0.15
Gummi–Asphalt	0.7	—

Tabelle 8.1 Haftreibungs-Koeffizienten μ_0 (Anhaltswerte)

Ist an der Berührungsstelle eine ununterbrochene Schmiermittelschicht (z.B. Öl) vorhanden, so strebt die Haftgrenze gegen Null. Im allgemeinen stellt sich jedoch ein Zustand der *Mischreibung* ein, bei dem der Haftreibungs-Koeffizient zwar deutlich herabgesetzt, aber immer noch von Null verschieden ist.

Eine Übersicht über die ungefähre Größe einiger Haftreibungs-Koeffizienten gibt Tabelle 8.1.

Bild 8.4 ist im übrigen auch ein Beispiel dafür, daß eine Bindung *einseitig* wirken kann. Das dort gezeichnete einfache Auflager verhindert zwar Verschiebungen in vertikaler Richtung abwärts; dagegen ist der Körper gegen Abheben ($N < 0$) nicht gesichert, wobei im Falle des Abhebens natürlich auch die Reibungskraft verschwinden würde. Ein weiteres Beispiel für einseitige Bindungen ist etwa die Aufhängung bzw. Abspannung mittels eines Seiles, einer Kette usw. Wir werden uns vorerst auf solche Fälle beschränken, bei denen etwa vorhandene Grenzen der Bindungen nicht in Betracht zu ziehen sind. Im übrigen lassen sich die vorstehenden Feststellungen auch auf Führungen bei bewegten Körpern übertragen. Die Reibungskräfte nehmen dabei allerdings eine Sonderstellung ein; sie erfordern eine gesonderte Betrachtung.

Wie wir gesehen haben, entspricht jeder durch ein Auflager aufgehobenen Bewegungsmöglichkeit eine Reaktion. Die Anzahl der in einem Auflager aufgehobenen Bewegungsmöglichkeiten bzw. die Anzahl der Reaktionen, die einem Auflager zugeordnet sind, nennen wir *Wertigkeit* des Auflagers. Dabei haben wir räumliche Systeme und ebene Systeme zu unterscheiden. Bei den ebenen Systemen ziehen wir

	Wertigkeit	Bezeichnung	Reaktionen	Symbol
	1	Rollenlager Rollenführung	A_z	
		Rollenkipplager bewegliches Kippgelenk		
		Pendelstütze		
	2	Kipplager	A_x, A_z	
		Schneidenlager		
		Achsenlager Zapfenlager		
	3	(feste) Ein- spannung	M_y, A_x, A_z	

Tabelle 8.2 Lagerformen: ebene Systeme

voraussetzungsgemäß nur ebene Bewegungen und ebene Kräftesysteme in Betracht, wobei sich die beiden Ebenen decken müssen. Beispiele für einige Auflager bzw. Führungen finden sich in den Tabellen 8.2 bzw. 8.3. Bei der zeichnerischen Darstellung von Systemen werden wir im übrigen die Auflager vielfach nur durch die in den Tabellen ebenfalls angegebenen Symbole kennzeichnen und ferner nicht die Darstellung der Bindungen von der Darstellung der Reaktionen trennen, sondern vielmehr Bindungen und Reaktionen zugleich in die Übersichtspläne (Lagepläne) einzeichnen.

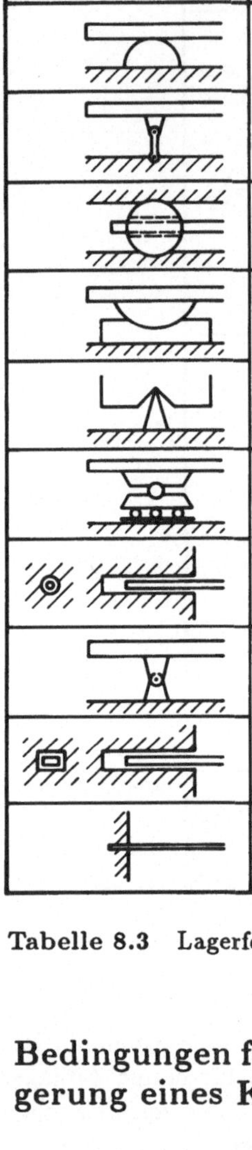

	Wertigkeit	Bezeichnung	Reaktionen
	1	Punktlager	A_z
	1	räumliche Pendelstütze	A_z
	2	Kugelgleitgelenk	A_y, A_z
	3	Kugelgelenk	A_x, A_y, A_z
	3	Spitzenlager	A_x, A_y, A_z
	4	bewegliches Kippgelenk	M_x, A_y, M_z, A_z
	4	längsverschiebliches Achslager	M_y, A_y, M_z, A_z
	5	festes Achslager	M_x, A_x, A_y, M_z, A_z
	5	längsverschiebliches Lager	M_y, M_x, A_y, M_z, A_z
	6	Einspannung	M_y, M_x, A_x, A_y, M_z, A_z

Tabelle 8.3 Lagerformen: räumliche Systeme

8.2 Bedingungen für kinematisch und statisch bestimmte Lagerung eines Körpers

Im Bereich der Statik soll das Auflagersystem gewährleisten, daß der Körper unter der Einwirkung der zu erwartenden eingeprägten Kräfte (Belastungen) in Ruhe bleibt, von Deformationen abgesehen, die wir innerhalb der Statik starrer Körper vernachlässigen. Wir verlangen also von dem Auflagersystem,

daß das *System der kinematischen Bindungen* die *Unverschiebbarkeit* des – als starr betrachteten – Körpers unter der zu erwartenden Belastung gewährleistet.

Das führt auf die Forderung,

daß das *System der Auflager-Reaktionen* mit der zu erwartenden *Belastung* des

Körpers ein *Gleichgewichtssystem* bilden kann.

Wir fragen nun zunächst danach, welche Anzahl von kinematischen Bindungen bzw. Auflager-Reaktionen erforderlich ist, um die Unverschiebbarkeit des Körpers bzw. die Existenz eines Gleichgewichtssystems von Belastung und Auflager-Reaktionen sicherzustellen. Da der Freiheitsgrad eines ungebundenen Körpers $\lambda = 6$ (bei ebenen Systemen: $\lambda = 3$) ist (vgl. Abschnitt 5.2) bzw. weil sechs (bei ebenen Systemen: drei) Kräfte erforderlich sind, um einem gegebenen Kräftesystem das Gleichgewicht zu halten (vgl. Abschnitt 4.7.3), folgern wir

---

Satz 8.2: *Notwendige Bedingung für die Anzahl r der kinematischen Bindungen bzw. Auflager-Reaktionen bei unverschiebbarer Lagerung:*

$$r \geqslant \begin{cases} 6 & \text{bei räumlichen Systemen} \\ 3 & \text{bei ebenen Systemen}\,. \end{cases}$$

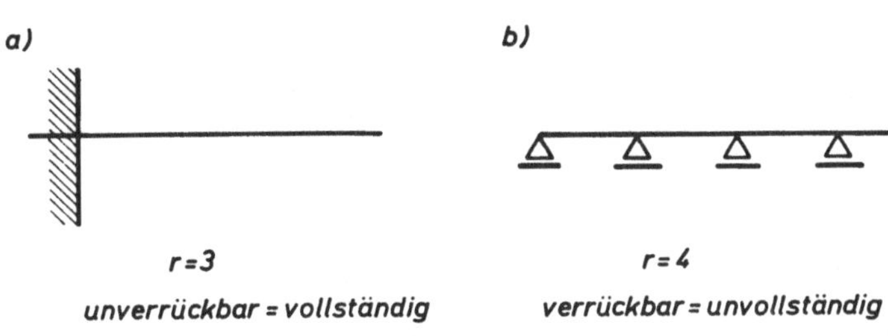

Bild 8.6 Ebene Systeme

Die Unverschiebbarkeit bzw. die Existenz eines Gleichgewichtszustandes ist damit noch nicht gesichert. Dazu ist erforderlich, daß das Auflagersystem auch *vollständig* ist. In Bild 8.6 sind zwei Beispiele gegenübergestellt, die beide die notwendige Bedingung nach 8.2 erfüllen, bei denen aber in einem Falle (Bild 8.6b) die Unverschiebbarkeit offensichtlich nicht gesichert ist. Das kommt daher, daß in diesem Falle mehrere *überzählige* Bindungen bzw. Auflager-Reaktionen vorhanden sind. Wir können auch sagen, es sind in diesem Falle einige Bindungen von den anderen abhängig, und die Anzahl der voneinander unabhängigen Bindungen reicht nicht aus, um die Unverschiebbarkeit des Körpers zu gewährleisten.

Wir ermitteln die Anzahl der unabhängigen Bindungen bzw. Auflager-Reaktionen, indem wir die abhängigen (überzähligen) Bindungen bzw. die Auflager-Reaktionen schrittweise eliminieren mit Hilfe folgender Definitionen:

Def. 8.1: *Abhängigkeit einer kinematischen Bindung*

Eine kinematische Bindung ist von den übrigen Bindungen abhängig, wenn sie den ohne sie vorhandenen Freiheitsgrad der Bewegung nicht weiter reduziert.

Def. 8.2: ***Abhängigkeit einer Auflager-Reaktion***

Eine Auflager-Reaktion ist von den übrigen Auflager-Reaktionen abhängig, wenn die übrigen Auflager-Reaktionen ein ihr äquivalentes Kräftesystem bzw. mit ihr ein Gleichgewichtssystem bilden können.

Die Definitionen 8.1 und 8.2 sind gleichbedeutend. Sie unterscheiden sich nur dadurch, daß die Abhängigkeit der Auflager einmal ***kinematisch***, das andere Mal ***dynamisch*** betrachtet wird. Aus den Definitionen ergibt sich ferner, daß die Abhängigkeit eine gegenseitige Eigenschaft ist. Ist z.B. eine kinematische Bindung von zwei weiteren abhängig, so können wir auch jede dieser beiden Bindungen als abhängig von den übrigen bezeichnen. Wir können also allgemein nur feststellen, daß unter einer Gruppe von kinematischen Bindungen bzw. Auflager-Reaktionen eine gegenseitige Abhängigkeit besteht.

Mit Hilfe der vorstehenden Definitionen können wir nun auch sagen, wann ein Auflagersystem *vollständig* ist.

Satz 8.3: Ein Auflagersystem für einen starren Körper ist vollständig, wenn es mindestens ein Teilsystem von Auflagern enthält, das 6 (bei ebenen Systemen: 3) voneinander unabhängige kinematische Bindungen bzw. Auflager-Reaktionen hat.

Während Satz 8.2 nur eine notwendige Bedingung für die unverschiebbare Lagerung eines Körpers bzw. für die Existenz eines Gleichgewichtszustandes zwischen gegebener Belastung und Auflager-Reaktion darstellt, gibt Satz 8.3 eine notwendige und hinreichende Bedingung dafür an. Die Beispiele der Tabelle 8.4 sollen das illustrieren.

Durch schrittweisen Abbau der überzähligen kinematischen Bindungen erhalten wir ein Restsystem von unabhängigen kinematischen Bindungen. Bezeichnen wir die Anzahl voneinander abhängiger Bindungen mit a, so enthält das Restsystem noch $r - a$ Bindungen. Daraus ergibt sich der Freiheitsgrad des Körpers

$$\lambda = \begin{cases} 6 - (r - a) = 6 + a - r & \text{für räumliche Systeme} \\ 3 - (r - a) = 3 + a - r & \text{für ebene Systeme}\,. \end{cases}$$

Man nennt den Freiheitsgrad manchmal auch *Grad der kinematischen Unbestimmtheit* und bezeichnet dann ein System mit dem Freiheitsgrad λ als λ-fach *kinematisch unbestimmt*.

Für die verbleibenden Bewegungsmöglichkeiten ist es gleichgültig, ob wir den Körper mit allen seinen r Bindungen oder nur mit den $r - a$ unabhängigen Bindungen betrachten. Das Restsystem der voneinander unabhängigen Bindungen ist im übrigen nicht eindeutig, da es uns ja freisteht, welche der voneinander abhängigen Bindungen wir jeweils bei der Reduktion zum Restsystem abbauen wollen.

In vielen Fällen läßt sich der Freiheitsgrad eines Systems leichter erkennen als die Abhängigkeit zwischen den kinematischen Bindungen. Dann können wir durch

	Anzahl r	voll-ständig	Anzahl abhäng.	voneinander abhängige Auflager-reaktionen
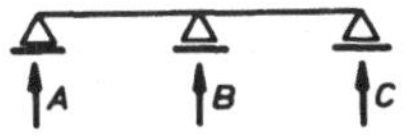 A, B, C	3	nein	1	A,B,C
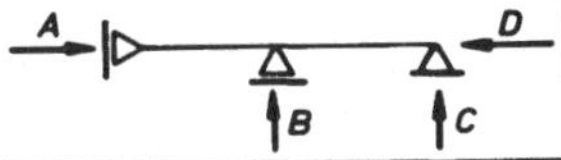 A, B, C, D	4	ja	1	A,D
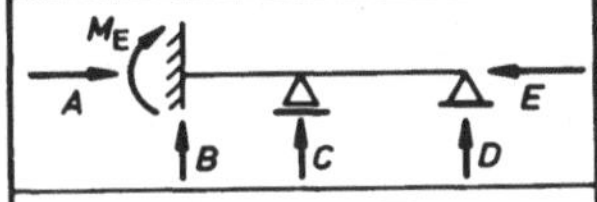 M_E, A, B, C, D, E	6	ja	1 2	A,E B,C,D,M_E
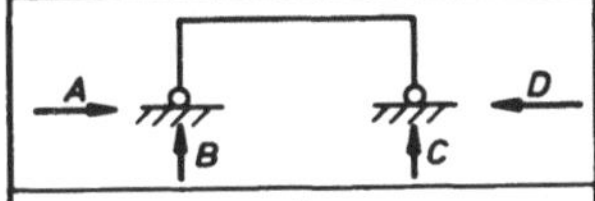 A, B, C, D	4	ja	1	A,D
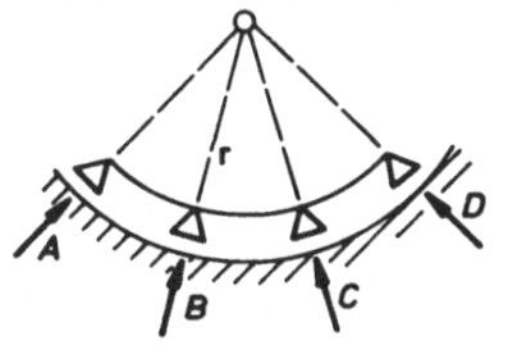 r, A, B, C, D	4	nein	2	A,B,C,D

Tabelle 8.4 Beispiel für vollständige und unvollständige Auflager-Systeme

Auflösung der obigen Gleichungen nach a die Anzahl der abhängigen kinematischen Bindungen errechnen. Es ist

$$a = \begin{cases} r - 6 + \lambda & \text{für räumliche Systeme} \\ r - 3 + \lambda & \text{für ebene Systeme}. \end{cases}$$

Welche Bindungen voneinander abhängig sind, ergibt sich allerdings erst wiederum aus einer Analyse des Systems.

Zur Berechnung der Größe der Auflager-Reaktionen stehen für starre Körper nur die *Gleichgewichtsbedingungen* zur Verfügung, d.h.

6 Gleichungen bei räumlichen Systemen,

3 Gleichungen bei ebenen Systemen.

Sie reichen aus, wenn die Anzahl der Auflager-Reaktionen gerade 6 bzw. 3 beträgt und alle Auflager-Reaktionen unabhängig voneinander sind. Man nennt ein solches System *statisch bestimmt*, weil in diesem Falle die Auflager-Reaktionen bereits allein aus statischen Gleichgewichtsbetrachtungen zu ermitteln sind. Ein solches System ist zugleich *kinematisch bestimmt* ($\lambda = 0$). Deshalb gilt

---

Satz 8.4: Ein Auflagersystem eines Körpers mit 6 (bei ebenen Systemen: 3) voneinander unabhängigen kinematischen Bindungen bzw. Auflager-Reaktionen ist kinematisch und statisch bestimmt.

Enthält ein System a abhängige Auflager-Reaktionen, so bezeichnen wir a auch als den *Grad der statischen Unbestimmtheit* und nennen das System *a-fach statisch unbestimmt*.

Die nachstehende Zusammenstellung gibt noch einmal eine Übersicht, welche Fälle sich bei der Lagerung eines Körpers einstellen können. Die Zahlenangaben in Klammern beziehen sich dabei jeweils auf ebene Systeme.

$r < 6(3)$ Auflagersystem *ist* kinematisch unbestimmt, es *kann* auch statisch unbestimmt sein.

$r = 6(3)$ Auflagersystem *kann* kinematisch und statisch bestimmt sein.

$r > 6(3)$ Auflagersystem *ist* statisch unbestimmt, es *kann* auch kinematisch unbestimmt sein.

Bei kinematisch bestimmten, statisch aber unbestimmten Auflagersystemen müssen wir die Deformationen des Körpers mit in Betracht ziehen, wenn wir die voneinander abhängigen Auflager-Reaktionen berechnen wollen. Bei kinematisch unbestimmten Auflagersystemen (ohne abhängige Auflager-Reaktionen) haben wir die Kinetik zur Berechnung der Auflager-Reaktionen heranzuziehen. Treten beide Unbestimmtheiten zugleich auf, so gehört die Berechnung der Auflager-Reaktionen in den Bereich der Kinetik der deformierbaren Körper.

8.3 Beispiele für die Berechnung von Auflager-Reaktionen

Einige Beispiele sollen die Berechnung von Auflager-Reaktionen erläutern. Wir beschränken uns dabei auf Auflagersysteme, die statisch und kinematisch bestimmt sind. Wo es nicht zur besseren Übersicht erforderlich ist, verzichten wir auf die Einführung eines vollständigen Bezugssystems. Das gilt insbesondere für ebene Systeme. Die als positiv angenommene Wirkungsrichtung der Belastungen und der Auflager-Reaktionen kennzeichnen wir jeweils in der als Lageplan dienenden System-Skizze, wie wir das auch sonst schon bei allgemeinen Kräftesystemen getan haben.

Die Gleichgewichtsbedingungen wählen wir jeweils in der Form, daß wir mit möglichst wenig Rechenarbeit die Auflager-Reaktionen ermitteln können. Die Art der jeweils benutzten Gleichgewichtsbedingung kennzeichnen wir sinnfällig. So schreiben wir z.B. $\sum_i \boldsymbol{F}_{iV} = 0$ bzw. $\sum_i \boldsymbol{F}_{iH} = 0$, wenn wir die Kräfte-Gleichgewichtsbedingungen in vertikaler bzw. in horizontaler Richtung meinen.

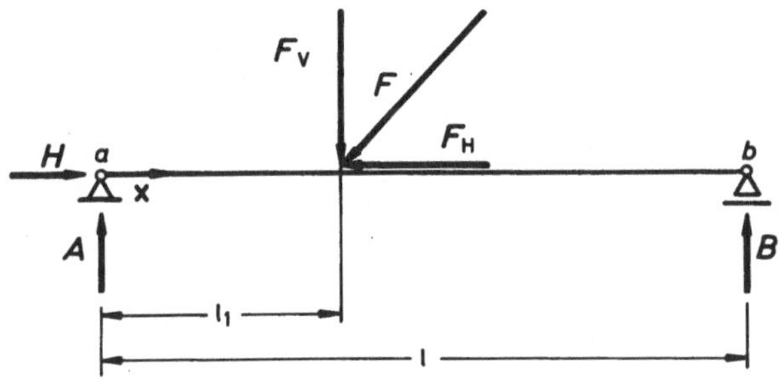

Bild 8.7 Träger auf zwei Stützen

1. Beispiel: Träger auf zwei Stützen (s. Bild 8.7)

Gegeben sind die Stützweite (bzw. der Lagerabstand) l sowie die Belastung $\boldsymbol{F}$, deren Angriffspunkt den Abstand l_1 vom linken Lager hat. Wir zerlegen $\boldsymbol{F}$ in die Komponenten F_V und F_H. Die Gleichgewichtsbedingungen liefern uns

$$\begin{array}{llllll} \rightarrow & \sum\limits_i F_{iH} & = 0 = & H - F_H & \rightarrow & H = F_H \\ \curvearrowleft & \sum\limits_i M_{i(a)} & = 0 = & Bl - F_V l_1 & \rightarrow & B = F_V \dfrac{l_1}{l} \\ \curvearrowright & \sum\limits_i M_{i(b)} & = 0 = & Al - F_V(l - l_1) & \rightarrow & A = F_V \dfrac{l - l_1}{l} \, . \end{array}$$

Als Kontrolle können wir die Gleichgewichtsbedingung

$$\downarrow \quad \sum_i F_{iV} = 0 = F_V - A - B$$

benutzen.

2. Beispiel: Kragträger (s. Bild 8.8)

Gegeben sind die Länge l sowie das Moment M_0 am Stabende und die verteilte Belastung pro Längeneinheit $q =$ konst. Die Gleichgewichtsbedingungen ergeben

$$\begin{array}{llllll} \downarrow & \sum\limits_i F_{iV} & = 0 = & \int\limits_0^l q \, \mathrm{d}x - A & \rightarrow & A = ql \\ \rightarrow & \sum\limits_i F_{iH} & = 0 = & H & \rightarrow & H = 0 \\ \curvearrowright & \sum\limits_i M_{i(a)} & = 0 = & M_E - M_0 + \int\limits_0^l xq \, \mathrm{d}x & \rightarrow & M_E = M_0 - q \dfrac{l^2}{2} \, . \end{array}$$

Als Kontrolle können wir etwa die Gleichgewichtsbedingung

$$\curvearrowright \quad \sum_i M_{i(b)} = 0 = Al + M_E - M_0 - \textstyle\int_0^l (l - x) q \, \mathrm{d}x$$

benutzen.

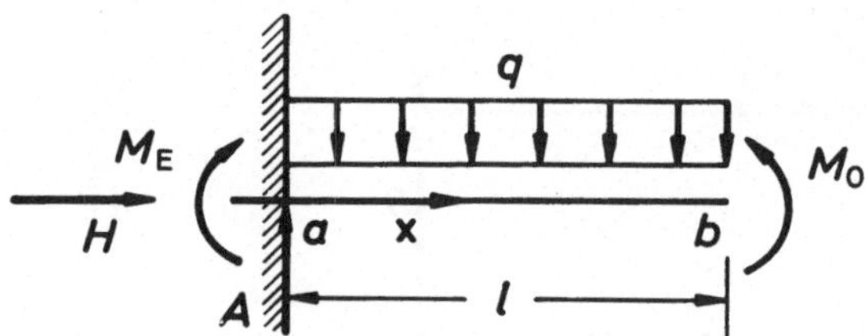

Bild 8.8 Kragträger

3. Beispiel: Platte an drei Punkten aufgelagert (s. Bild 8.9)

Gegeben sind die Kantenlänge l der quadratischen Platte sowie die Belastung durch eine Kraft F und ein Moment M_0 entsprechend Bild 8.9. Mit Hilfe der Gleichgewichtsbedingungen finden wir

$$\sum_i M_{ix} = 0 = F\frac{l}{2} + Bl \quad \rightarrow \quad B = -\frac{F}{2}$$

$$\sum_i M_{iy} = 0 = M_0 - C_z l \quad \rightarrow \quad C_z = \frac{M_0}{l}$$

$$\sum_i M_{iz} = 0 = C_y l \quad \rightarrow \quad C_y = 0$$

$$\sum_i F_{ix} = 0 = A_x \quad \rightarrow \quad A_x = 0$$

$$\sum_i F_{iy} = 0 = A_y + C_y \quad \rightarrow \quad A_y = 0$$

$$\sum_i F_{iz} = 0 = F + A_z + B_z + C_z \quad \rightarrow \quad A_z = -\frac{F}{2} - \frac{M_0}{l}\,.$$

Als Kontrolle können wir etwa Momentenbedingungen benutzen mit Bezugsachsen, die zur x- bzw. y-Achse parallel verlaufen und durch das Auflager b bzw. c gehen.

Obwohl in diesem Beispiel die Auflager-Reaktionen A_x, A_y, C_y verschwinden, dürfen wir doch die entsprechenden Bindungen nicht fortlassen. Die Unverschiebbarkeit der Platte wäre sonst auch bei noch so kleinen Abweichungen von der angenommenen Belastung nicht mehr gewährleistet.

8.4 Einige Beispiele für Grenzfälle des Gleichgewichtes

Die Grenze möglicher Gleichgewichtszustände bei einem gestützten Körper ist – wenn wir von Zerstörungen des Körpers oder der Auflager absehen – dadurch gekennzeichnet, daß für bestimmte Belastungen entweder

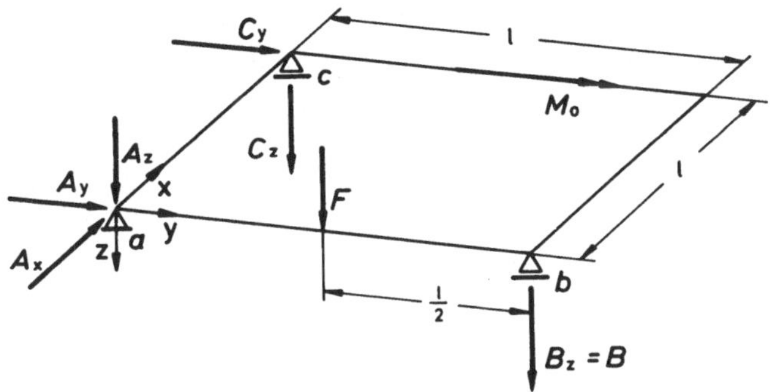

Bild 8.9 Quadratische Platte

1. eine auf tangentialen Reibungskräften beruhende Auflager-Reaktion die Haftgrenze erreicht oder
2. bei einseitigen Bindungen eine Auflager-Reaktion ihre Richtung umzukehren beginnt.

Hieraus ergeben sich eine Vielzahl verschiedener Möglichkeiten. Die nachstehenden Beispiele können deshalb nur einen kleinen Einblick in die Vielgestalt der Probleme vermitteln.

1. Beispiel: (s. Bild 8.10)
Ein Körper stützt sich über einen Stab gegen den Boden ab. In welchem Winkelbereich $\alpha \leqslant \rho_0$ ist Gleichgewicht möglich?
Aus Gleichgewichtsbetrachtungen folgt (für $\alpha \geqslant 0$)

$$N = F\cos\alpha$$
$$T = F\sin\alpha\,.$$

Die Haftbedingung lautet

$$T \leqslant \mu_0 N\,.$$

Einsetzen von T und N ergibt die Bedingung

$$F\sin\alpha \leqslant \mu_0 F\cos\alpha$$

d.h. $\tan\alpha \leqslant \mu_0\,.$

Für den Grenzwinkel ρ_0 gilt also

$$\tan\rho_0 = \mu_0 \quad \text{bzw.} \quad \rho_0 = \arctan\mu_0\,.$$

und wir erhalten somit für α die Bedingung

$$\alpha \leqslant \rho_0 = \arctan\mu_0\,.$$

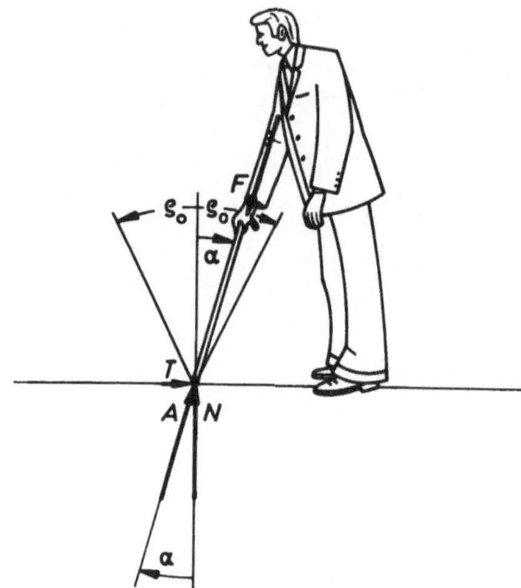

Bild 8.10
Abgestützter Körper

Der Winkel ρ_0 ist der Öffnungswinkel des sogenannten ***Reibungskegels***, innerhalb dessen die Wirkungslinie der aus N und T resultierenden Auflager-Reaktion liegen muß, wenn Gleichgewicht möglich sein soll. Wir werden später (Band III) noch sehen, daß der Reibungskegel mit einem kleineren Öffnungswinkel $\rho < \rho_0$ angenommen werden muß, wenn das Gleichgewicht *sicher* sein soll.

2. Beispiel: (s. Bild 8.11)

Ein Mensch (Gewicht G) besteigt eine Leiter, die sich gegen Wand und Boden abstützt. Unter welchen Bedingungen ist Gleichgewicht möglich?

Drei Kräfte können nur ein Gleichgewichtssystem bilden, wenn die Wirkungslinien in einer Ebene liegen und sich in einem Punkt schneiden (s. Satz 4.12). Die Wirkungslinie von G muß deshalb durch die schraffierte Fläche gehen, die den Überschneidungsbereich der beiden Auflager-Reaktionen darstellt. Die Auflager-Reaktionen sind mehrdeutig; es können sich in einem Bereich, der durch den unteren und den oberen Schnittpunkt der Wirkungslinie von G mit dem Überschneidungsbereich begrenzt ist, verschiedene Auflager-Reaktionen einstellen.

Beim Steigen über die eingezeichnete Grenze hinaus ist Gleichgewicht nicht mehr möglich. Die Sicherheitsgrenze wird allerdings schon früher erreicht.

3. Beispiel: (s. Bild 8.12)

Ein Träger ist an seinem linken Auflager nur durch Reibung gegen horizontales Verschieben gesichert. Gegeben ist die Belastung F des Trägers, die unter einem Winkel $\alpha(-\frac{\pi}{2} < \alpha < \frac{\pi}{2})$ gegen die Vertikale geneigt angreift, sowie das Eigengewicht G des Trägers. Der Angriffspunkt der Kraft F, der den Abstand x vom linken Auflager hat, wandert. Welches ist der Grenzwert a von x, in dem die Haftgrenze (Haftreibungskoeffizient μ_0) erreicht wird?

Für die Auflager-Reaktionen des linken Auflagers finden wir aus Gleichgewichtsbetrachtungen

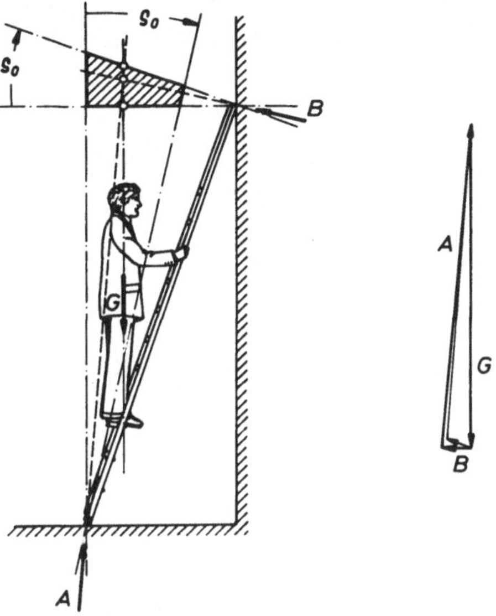

Bild 8.11
Gleichgewichtssystem einer Leiter

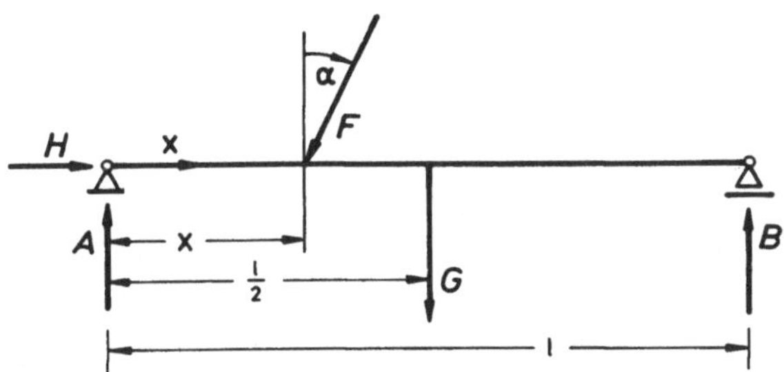

Bild 8.12 Balken unter wandernder Last

$$H = F \sin \alpha$$
$$A = \frac{G}{2} + F \cos \alpha \, \frac{l - x}{l}\,.$$

An der Haftgrenze ist

$$|H| = \mu_0 A\,,$$

d.h.

$$|F \sin \alpha| = \mu_0 \left\{ \frac{G}{2} + F \cos \alpha \left(1 - \frac{x}{l}\right) \right\}.$$

Daraus folgt für die Grenzlage ($x = a$)

$$\frac{a}{l} = 1 - \frac{|\tan \alpha|}{\mu_0} + \frac{G}{2F \cos \alpha}\,.$$

Bei gegebenem Verhältnis G/F sowie Haftreibungskoeffizienten μ_0 ist dies noch eine Funktion des Winkels α. Gleichgewicht ist immer möglich für alle Fälle $x \leqslant a$.
Zahlenbeispiel: $\mu_0 = 0,5$ (Holz auf Stahl)

$$\alpha = 30^\circ, \qquad \frac{G}{F} = 1,5$$

$$\frac{a}{l} = 1 - \frac{0,577}{0,5} + \frac{1,5}{2 \cdot 0,866} = 0,713 \approx 0,7\,.$$

4. Beispiel: (s. Bild 8.13)
Eine quadratische Scheibe (oder ein Würfel) mit der Kantenlänge l ist linksseitig unverschieblich drehbar gelagert, rechtsseitig nur unterstützt und nicht gegen Abheben gesichert. Bei welcher Größe der Kraft F beginnt die Scheibe zu kippen?

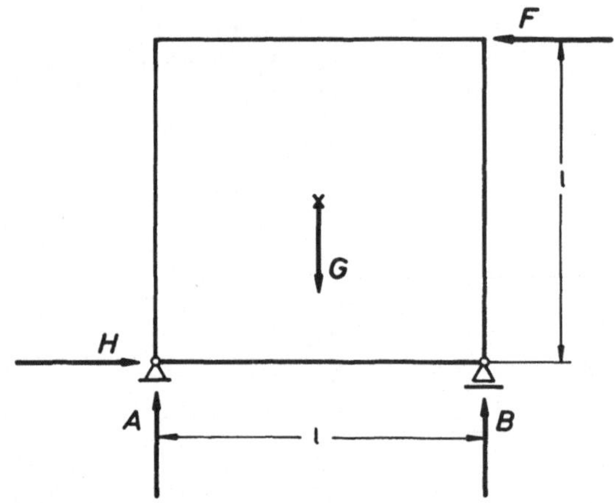

Bild 8.13 Kippen einer Scheibe

Aus Gleichgewichtsbetrachtungen folgt

$$B = \frac{G}{2} - F\,.$$

Kippen beginnt, wenn $B = 0$ wird, also für

$$F = \frac{G}{2}\,.$$

9 Schnittgrößen

9.1 Allgemeines

Wir betrachten einen gestützten, belasteten Körper (s. Bild 9.1). Die Belastung und die durch sie hervorgerufenen Auflager-Reaktionen, die wir auch als *äußere Reaktionen* bezeichnen können, führen zu

1. einer Beanspruchung der Körperelemente durch *innere Kräfte*,
2. Formänderungen des Körpers, die auf *Verzerrungen der Körperelemente* beruhen.

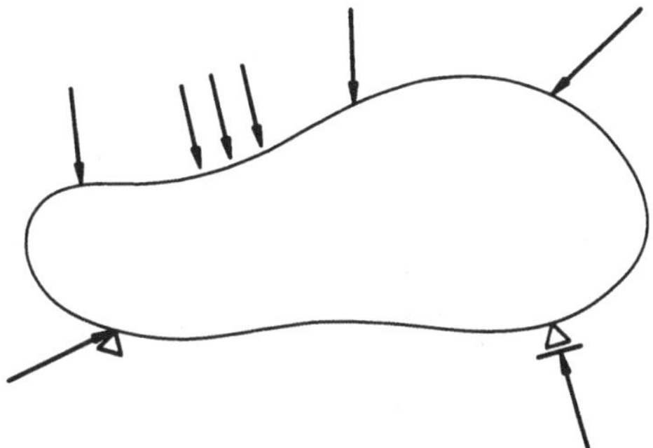

Bild 9.1
Belasteter Körper

Die inneren Kräfte, die – wie die Auflager-Reaktionen – als Antwort auf die eingeprägten Kräfte (Belastung) auftreten, betrachten wir als *flächenhaft verteilt* wirkend. Sie sind mit den in Abschnitt 6.2 erörterten inneren, flächenhaft verteilt wirkenden Kräfte identisch. Beim starren Körper können wir sie als *innere Reaktionen* bezeichnen, beim deformierbaren Körper stellen sie *eingeprägte Kräfte* dar, da sie aus physikalischen Gesetzen zu bestimmen sind. Die inneren, volumenhaft verteilt wirkenden Kräfte gehören aufgrund ihrer physikalischen Merkmale stets zu den eingeprägten Kräften.

Die Beanspruchung der Körperelemente können wir auch auf folgende Weise anschaulich machen. Wir betrachten einerseits die auf den Körper ausgeübten eingeprägten Kräfte, d.h. seine Belastung, und andererseits die Kräfte, die der Körper auf die Auflager ausübt (s. Bild 9.2). Diese auf die Auflager ausgeübten Kräfte stellen ein Kräftesystem dar, das der gegebenen Belastung äquivalent ist, während die Auflager-Reaktionen mit der Belastung ein Gleichgewichtssystem bilden. Wir können davon sprechen, daß die Belastung vom Körper zu den Auflagern weitergeleitet oder abgeleitet wird und reden deshalb bildlich auch von einem *Kraftfluß* durch den Körper, der die Körperelemente beansprucht.

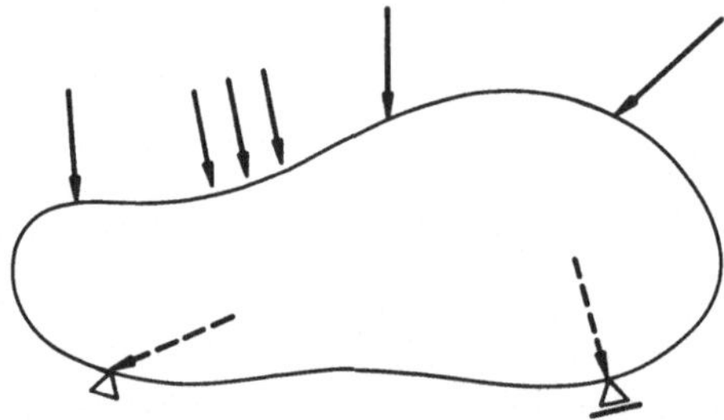

Bild 9.2
Kraftfluß durch den Körper

Bezüglich der *Formänderungen* des Körpers nehmen wir hier an, daß sie unter der gegebenen Belastung klein bleiben, und zwar so klein, daß wir bei der Ermittlung der Auflager-Reaktionen und der inneren Kräfte den Körper als unverformt betrachten können bzw. daß wir alle Kräfte am *unverformten Körper* ansetzen können. Deshalb werden wir uns vorerst nicht mit den Formänderungen des Körpers und der Verzerrung seiner Elemente befassen und uns nur den inneren Kräften zuwenden.

Um Aufschluß über die Kräfteverteilung im Inneren eines Körpers zu gewinnen, denken wir uns den Körper durch einen *Schnitt* in zwei Teilkörper (mit je einem *Schnittufer*) zerlegt (s. Bild 9.3). Damit machen wir die flächenhaft verteilt wirkenden, inneren Kräfte, die auf *Nahwirkung* beruhen, zu äußeren Kräften (Schnittprinzip). Für sie gilt: *actio = reactio*. Die Wirkung der volumenhaft verteilt angreifenden, inneren Kräfte wird durch den gedachten Schnitt nicht gestört, da diese Kräfte durch *Fernwirkung* übertragen werden.

Jedem Punkt eines Schnittufers können wir, wie bei äußeren, flächenhaft verteilt wirkenden Kräften (vgl. Abschnitt 2.4) einen *Spannungsvektor* $\boldsymbol{p}$ zuordnen und damit die Verteilung der inneren Kräfte über das betreffende Schnittufer beschreiben. Aufgrund des Gegenwirkungsprinzips genügt die Kenntnis der Verteilung für *ein* Schnittufer; die Verteilung auf dem Gegenufer liegt dann zugleich mit fest. Deshalb sprechen wir auch meist nur von der Spannungsverteilung in der Schnittfläche und lassen dabei offen, welches Schnittufer wir meinen.

Wir können durch einen Körperpunkt Schnitte mit verschiedenen Schnittrichtungen legen (s. Bild 9.4). Im allgemeinen werden wir für den gleichen Punkt bei unterschiedlicher Schnittrichtung (in diesem Punkt) auch verschiedene Spannungsvektoren erhalten. Der Spannungsvektor, den wir einem Körperpunkt zuordnen,

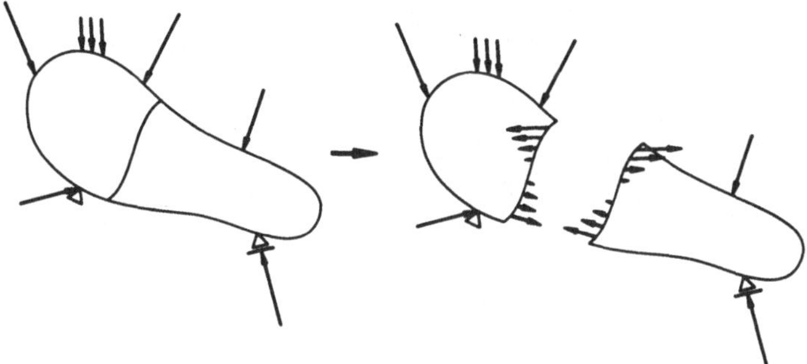

Bild 9.3 Das Schnittprinzip

ist also abhängig von der Lage dieses Punktes im Körper *und* von der gedachten Schnittrichtung durch diesen Punkt.

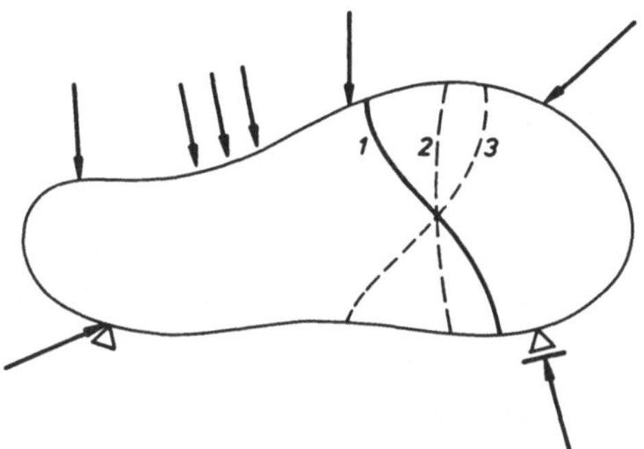

Bild 9.4
Unterschiedliche Schnittrichtungen

Die auf einem Schnittufer flächenhaft verteilt angreifenden inneren Kräfte können wir formal nach dem allgemeinen Äquivalenzsatz 4.7 zusammenfassen zu einer resultierenden *Schnittkraft* $\boldsymbol{F}_S$ und einem resultierenden *Schnittmoment* $\boldsymbol{M}_S$ (s. Bild 9.5). Das sich ergebende Schnittmoment hängt dabei natürlich davon ab, welchen Angriffspunkt wir der Schnittkraft zuordnen. Schnittkraft und Schnittmoment fassen wir zusammen unter der Bezeichnung *Schnittgrößen*. Bei einem räumlichen System haben wir demnach sechs skalare Schnittgrößen, bei einem ebenen System drei. Ob und unter welchen Bedingungen die Reduktion der inneren Kräfte auf die äquivalenten Schnittgrößen physikalisch sinnvoll ist, hängt jeweils von dem vorliegenden Problem und der Fragestellung ab. Wir werden sehen, daß insbesondere bei der Betrachtung der inneren Beanspruchung von Stäben und flächenhaften Körpern die Reduktion der inneren Kräfte zu Schnittgrößen hilfreich ist.

Für die Berechnung der Schnittgrößen bildet den Ausgangspunkt der

---

Satz 9.1: Ein Körper ist nur im Gleichgewicht, wenn jeder Teilkörper, der sich durch gedachte Schnitte bilden läßt, im Gleichgewicht ist, d.h. wenn die an ihm angreifenden Kräfte jeweils ein Gleichgewichtssystem bilden.

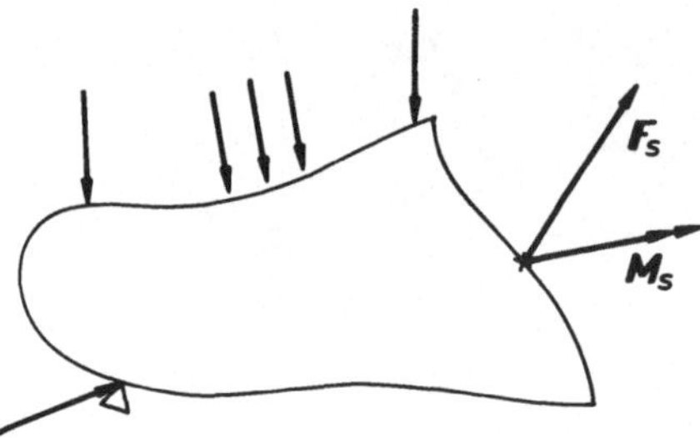

Bild 9.5
Schnittgrößen

Die an den einzelnen Teilkörpern angreifenden Kräfte setzen sich zusammen aus

- *eingeprägten Kräften* (Belastung),
- *Auflager-Reaktionen* (äußere Reaktionen) und
- *Schnittgrößen* (innere Kräfte bzw. Reaktionen).

Zu beachten ist, daß in die Gleichgewichtsbetrachtungen für einen Teilkörper immer nur die Kräfte eingehen, die tatsächlich an diesem Teilkörper angreifen, d.h. es darf bei solchen Gleichgewichtsbetrachtungen für einen Teilkörper keine Kraft (unter Berufung auf den 2. Äquivalenzsatz) über eine gedachte Schnittstelle hinaus verschoben werden. Deshalb werden nicht jeweils alle drei Kräftearten an jedem denkbaren Teilkörper auftreten.

Zu untersuchen ist noch, in welchen Fällen die Gleichgewichtsbedingungen, angewendet auf beliebige, durch gedachte Schnitte entstehende Teilkörper, ausreichen, die Schnittgrößen allgemein, d.h. nicht nur für spezielle Schnittverläufe, zu berechnen. Dazu betrachten wir als Beispiel einen Körper, dessen Auflagersystem statisch und kinematisch bestimmt ist. Teilen wir diesen Körper durch einen gedachten Schnitt in zwei Teile, so kommen die Schnittgrößen (6 bei räumlichen Systemen, 3 bei ebenen) als unbekannte Größen hinzu (s. Bild 9.6). Gleichzeitig gewinnen wir aber auch 6 bzw. 3 neue Gleichgewichtsbedingungen, weil wir jetzt für jeden Teilkörper die Gleichgewichtsbedingungen anschreiben können. Die Schnittgrößen sind also in diesem Falle zusammen mit den Auflager-Reaktionen aus den insgesamt 12 bzw. 6 Gleichgewichtsbedingungen zu berechnen.

Eine Einschränkung müssen wir jedoch machen. Der Körper muß *einfach zusammenhängend* sein, d.h. jeder gedachte Schnitt muß den Körper in zwei Teile zerlegen. Ein einfaches Beispiel, bei dem das nicht gilt, ist der in sich geschlossene Ring. Durchschneiden wir den Ring an einer Stelle, so haben wir an der Schnittstelle die Schnittgrößen als unbekannte Größen einzuführen; uns stehen aber zu ihrer Berechnung keine neuen Gleichgewichtsbedingungen zur Verfügung, weil der Schnitt nicht zwei getrennte Teilkörper erzeugt hat. Der Ring ist zweifach zusammenhängend. Die vorstehenden Feststellungen fassen wir zusammen in dem

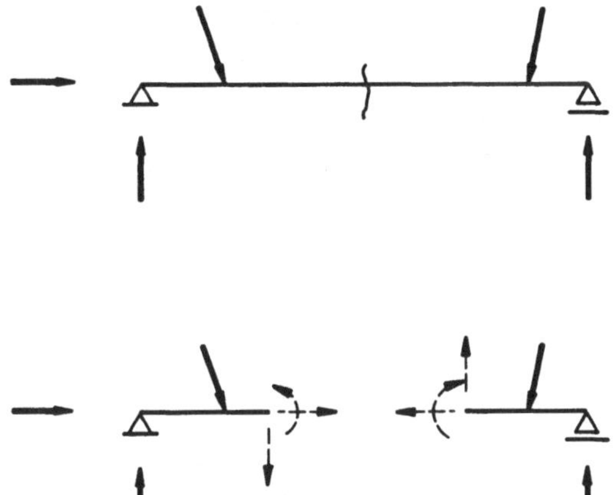

Bild 9.6 Schnittgrößen bei ebenen Systemen

Satz 9.2: Bei einem einfach zusammenhängenden Körper, der statisch und kinematisch bestimmt gelagert ist, sind auch die Schnittgrößen für jeden beliebigen Schnitt statisch bestimmbar, d.h. das System ist äußerlich und innerlich statisch bestimmt.

9.2 Schnittgrößen bei Stäben; Benennungen und Bezeichnungen

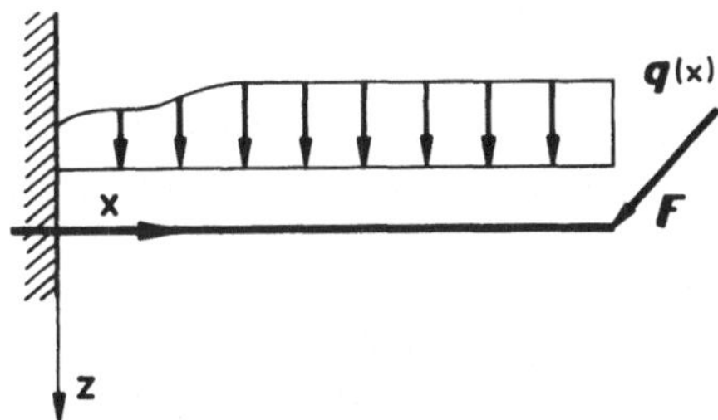

Bild 9.7
Gerader Stab mit Belastung

Wir betrachten zunächst *gerade* Stäbe. Die Stabachse identifizieren wir mit der x-Achse eines kartesischen Bezugssystems. Im übrigen orientieren wir das Bezugssystem entsprechend Bild 9.7. Durch einen ebenen Schnitt senkrecht zur Stabachse entstehen ein

- *positives Schnittufer*, dessen nach außen zeigende Flächen-Normale mit der positiven Richtung der x-Achse übereinstimmt, und ein
- *negatives Schnittufer*, dessen nach außen zeigende Flächen-Normale der positiven Richtung der x-Achse entgegengesetzt ist (s. Bild 9.8).

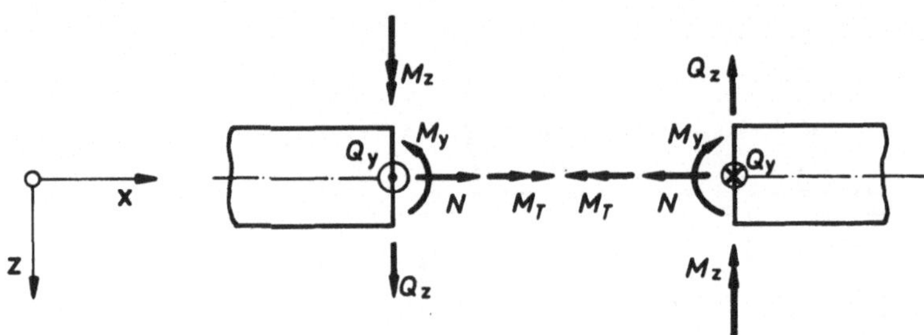

Bild 9.8 Schnittgrößen

Für die Schnittgrößen, die jeweils dem Schwerpunkt der Schnittfläche (Durchstoß-Punkt der Stabachse) zugeordnet sind, führen wir folgende Benennungen und Bezeichnungen ein

Schnittkraft $\begin{cases} F_{S_x} = N & : \textit{Normalkraft} \\ F_{S_y} = Q_y & : \textit{Querkraft} \text{ in } y\text{-Richtung} \\ F_{S_z} = Q_z & : \textit{Querkraft} \text{ in } z\text{-Richtung} \end{cases}$

Schnittmoment $\begin{cases} M_{S_x} = M_T & : \textit{Torsionsmoment} \\ M_{S_y} = M_y & : \textit{Biegemoment} \text{ um } y\text{-Achse} \\ M_{S_z} = M_z & : \textit{Biegemoment} \text{ um } z\text{-Achse} \end{cases}$

Die Vorzeichen der Schnittgrößen legen wir nach folgender Definition fest:

Def. 9.1: *Vorzeichenregel für Schnittgrößen*
Schnittgrößen sind positiv, wenn sie am positiven Schnittufer in positiver Koordinatenrichtung bzw. am negativen Schnittufer in negativer Koordinatenrichtung wirken.

Durch diese Vorzeichenregelung erreichen wir, daß wir unabhängig davon, von welchem Schnittufer wir ausgehen, stets ein eindeutiges Vorzeichen erhalten, das für beide Schnittufer gilt.

Bei *ebenen Systemen* benutzen wir vielfach eine vereinfachte Bezeichnungsweise. Wir führen nur eine laufende Koordinate x längs der Stabachse ein und kennzeichnen eine Seite des Stabes durch Strichelung (s. Bild 9.9). Bei den Schnittgrößen können wir nun die Indizes fortlassen und schreiben einfach N, Q, M. Dabei gelten folgende Vorzeichenregeln:

N: wie Definition 9.1;

Q: positiv, wenn am positiven Schnittufer zur gestrichelten Zone weisend bzw. am negativen Schnittufer von der gestrichelten Zone weg;

M: positiv, wenn Biegung die gestrichelte Zone auf Zug beansprucht.

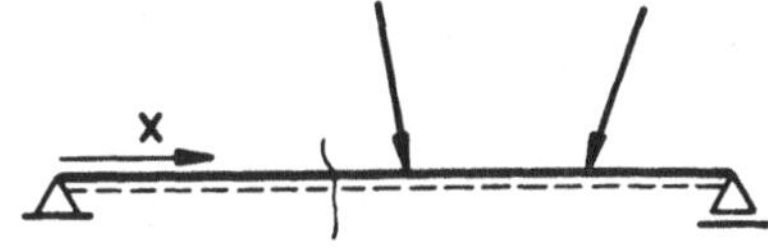

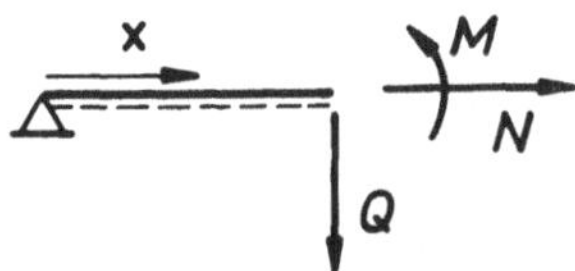

Bild 9.9
Schnittgrößen bei ebenen Systemen

Ist die Laufrichtung für x von links nach rechts und liegt die gestrichelte Zone unten, so ergeben sich die gleichen Vorzeichen wie bei einer Orientierung des Koordinatensystems entsprechend Bild 9.8.

Bei *abknickenden* Stabachsen verwenden wir häufig für jeden Teilbereich ein eigenes Bezugssystem (s. Bild 9.10).

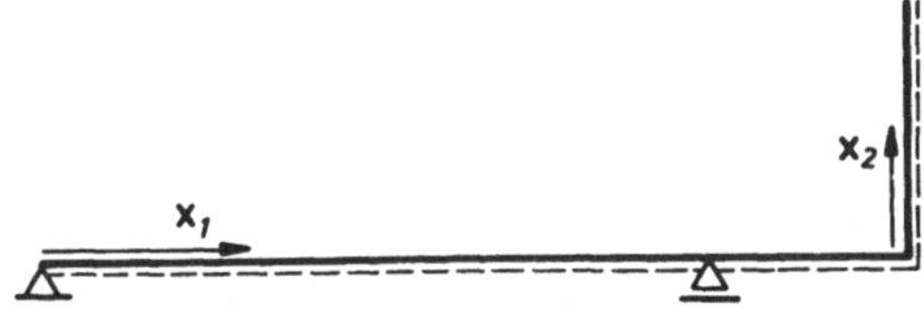

Bild 9.10
Abknickende Stabachse

Bei *gekrümmten Stäben* ist eine Zerlegung der Schnittgrößen in einem kartesischen Bezugssystem physikalisch nicht sinnvoll. Zu einer in vielen Fällen sinnvollen Zerlegung gelangen wir dagegen, wenn wir die natürliche Basis (begleitendes Dreibein) mit den Basisvektoren:

Tangentenvektor	e_t
Normalenvektor	e_n
Bi-Normalenvektor	e_b

benutzen (vgl. Abschnitt 5.1). Wir erhalten dann die folgende Zerlegung (s. Bild 9.11):

Normalkraft	:	N
Querkräfte	:	Q_n, Q_b
Biegemomente	:	M_b, M_n
Torsionsmoment:		M_T .

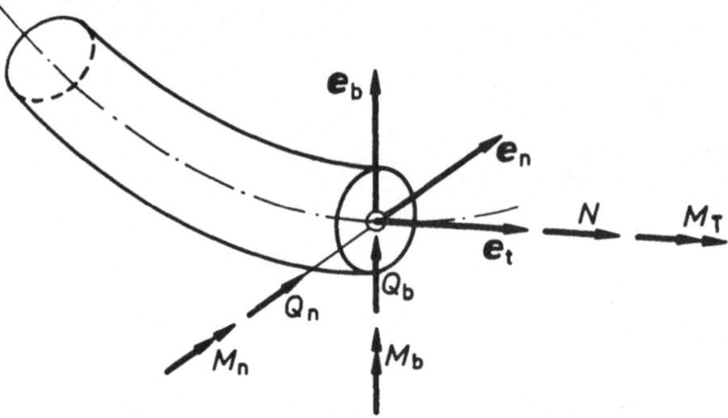

Bild 9.11 Gekrümmte Stabachse

In manchen Fällen werden wir jedoch auch spezielle Koordinatensysteme mit den entsprechenden Basisvektoren einführen. Bei *ebenen Systemen* können wir ferner die Bezeichnung dadurch vereinfachen, daß wir lediglich eine Laufrichtung längs der Stabachse und eine gestrichelte Zone einführen (s. Bild 9.12). Die Vorzeichenfestsetzung übernehmen wir dabei von den geraden Stäben.

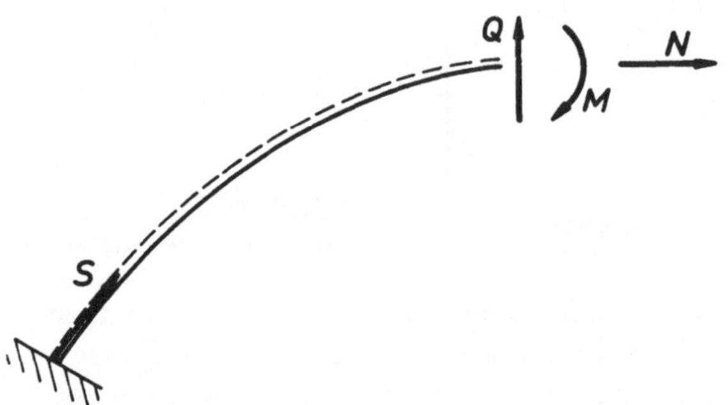

Bild 9.12 Ebene gekrümmte Stäbe

Statt die Gleichgewichtsbedingungen für jeden der beiden durch den gedachten Schnitt entstandenen Teilkörper anzuschreiben, können wir auch so vorgehen, daß wir einzelne (maximal 6 bzw. 3) dieser Gleichgewichtsbedingungen durch solche für den ganzen (unzerschnittenen) Körper ersetzen. Wir werden diese Möglichkeit häufig benutzen, um vorab die Auflager-Reaktionen zu berechnen. In vielen Fällen läßt sich dadurch die Ermittlung der Schnittgrößen vereinfachen.

9.3 Beispiele für die Berechnung der Schnittgrößen bei Stäben und Darstellung in Zustandslinien

Wir wählen hier einfache Beispiele, um den Blick stärker auf das Wesentliche zu lenken. Für die ersten beiden Beispiele führen wir ein räumliches kartesisches Bezugssystem ein, obwohl das für ebene Probleme nicht erforderlich ist. Es lassen sich aber in diesem Bezugssystem einige allgemeine Erkenntnisse, die wir aus diesen Beispielen gewinnen können, systematischer formulieren. Bei den übrigen Beispielen wählen wir unser Bezugssystem zur Festlegung der Schnittgrößen jeweils vorwiegend unter dem Gesichtspunkt, daß die benötigten Angaben möglichst einfach zu gewinnen und darzustellen sein sollen.

1. Beispiel: (Bild 9.13)

Wir berechnen zuerst die Auflagerreaktionen aus Gleichgewichtsbetrachtungen am unzerschnittenen System und finden

$$H = -F_x$$

$$\left.\begin{aligned} A &= F_z \frac{l-l_1}{l} \\ B &= F_z \frac{l_1}{l} \end{aligned}\right\} \quad \text{Kontrolle:} \quad A + B = F_z\,!$$

Zur Berechnung der Schnittgrößen im Bereich $0 \leqslant x < l_1$ betrachten wir jeweils den linken Teil, der den Angriffspunkt von $\boldsymbol{F}$ nicht enthält, und finden

$$\begin{aligned} \sum_i F_{ix} &= 0 \quad \rightarrow \quad N = -H = F_x \\ \sum_i F_{iz} &= 0 \quad \rightarrow \quad Q_z = A = F_z \frac{l-l_1}{l} \\ \sum_i M_{iy(1)} &= 0 \quad \rightarrow \quad M_y = Ax = F_z \frac{l-l_1}{l}\, x\,. \end{aligned}$$

Für die Berechnung der Schnittgrößen im Bereich $l_1 < x \leqslant l$ ist es zweckmäßiger, die Gleichgewichtsbedingungen für den rechten Teil heranzuziehen. Wir vereinfachen damit die Rechnung, weil bei einem Schnitt in diesem Bereich nunmehr der rechte Teil den Angriffspunkt von $\boldsymbol{F}$ nicht mehr enthält. Wir erhalten als Ergebnis

$$\begin{aligned} \sum_i F_{ix} &= 0 \quad \rightarrow \quad N = 0 \\ \sum_i F_{iz} &= 0 \quad \rightarrow \quad Q_z = -B = -F_z \frac{l_1}{l} \\ \sum_i M_{iy(2)} &= 0 \quad \rightarrow \quad M_y = B\,(l-x) = F_z \frac{l_1}{l}\,(l-x)\,. \end{aligned}$$

Die Abhängigkeit der Schnittgrößen von der Lage der Schnittstelle können wir in einem Schaubild durch sogenannte ***Zustandslinien*** darstellen (s. Bild 9.13). Dabei ist es üblich, positive Größen nach unten aufzutragen. Vielfach kennzeichnet man auch positive Zustandsgrößen mit blauer Farbe, negative mit roter.

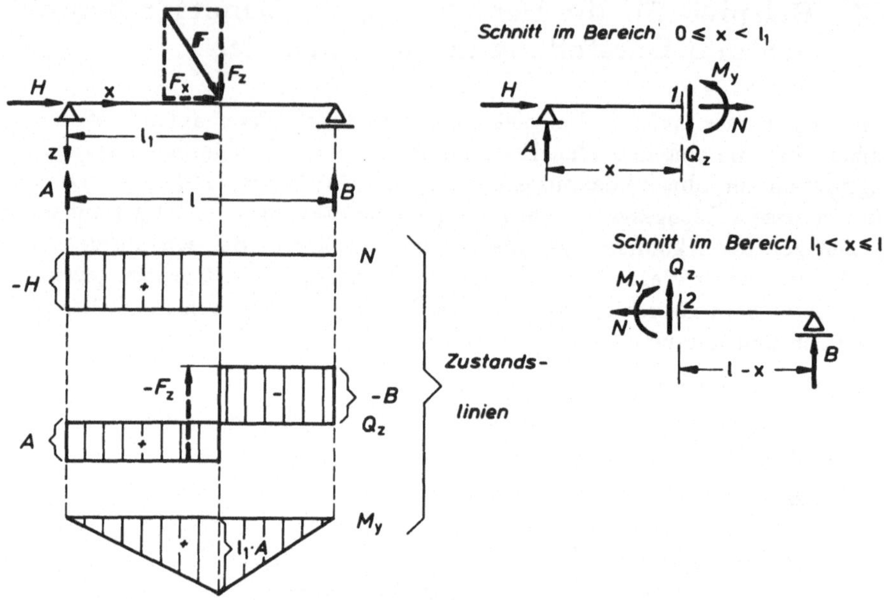

Bild 9.13 Balken auf zwei Stützen unter Einzellast

Aus der Betrachtung der Zustandslinien dieses Beispiels leiten wir den nachstehenden Satz ab:

Satz 9.3: An der Angriffsstelle einer Einzelkraft $\boldsymbol{F}_i$ springt die Schnittkraft $\boldsymbol{F}_S(N, Q_y, Q_z)$ um $-\boldsymbol{F}_i$. Das Schnittmoment $\boldsymbol{M}_S(M_T, M_y, M_z)$ ist stetig. Springt Q_y bzw. Q_z, so ändert die Zustandslinie für M_z bzw. M_y ihre Steigung unstetig.

An der Angriffsstelle einer Einzelkraft verliert die Schnittkraft $\boldsymbol{F}_S$ ihre Eindeutigkeit. Für die Betrachtung der Beanspruchung und der Deformationen in der Nähe einer Krafteinleitungsstelle müssen wir aber ohnehin von der wirklichen Kräfteverteilung ausgehen. Der Ersatz der flächenhaft bzw. volumenhaft verteilt angreifenden Kräfte durch eine nur *statisch äquivalente* Einzelkraft ist für den *Nahbereich* nicht möglich (vgl. Abschnitt 4.8). Deshalb ist die auftretende Unstetigkeit der Schnittkraft nur insofern von Belang, als sie die Unzulässigkeit der Betrachtungsweise an solchen singulären Stellen anzeigt.

2. Beispiel: (Bild 9.14)

Gleichgewichtsbetrachtungen für das unzerschnittene System ergeben die Auflager-Reaktionen

$$H = 0$$

$$\left.\begin{aligned} A &= \frac{M_0}{l} \\ B &= -\frac{M_0}{l} \end{aligned}\right\} \quad \text{Kontrolle:} \quad A + B = 0\,!$$

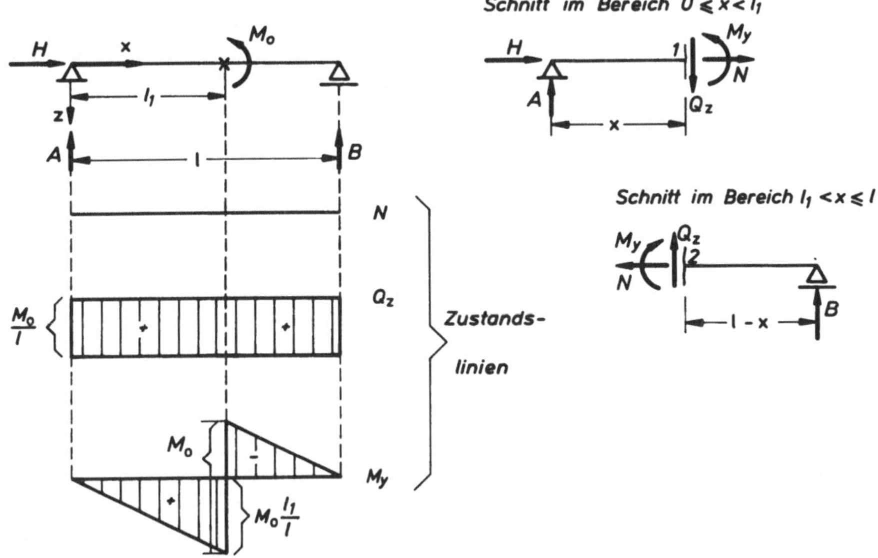

Bild 9.14 Balken auf zwei Stützen unter Momentenbelastung

Die Schnittgrößen im Bereich $0 \leqslant x < l_1$ finden wir am einfachsten aus Gleichgewichtsbetrachtungen für den linken Teil. Wir erhalten

$$\begin{aligned} N &= 0 \\ Q_z &= A = \frac{M_0}{l} \\ M_y &= Ax = M_0 \frac{x}{l} \,. \end{aligned}$$

Im Bereich $l_1 < x \leqslant l$ ergibt sich aus Gleichgewichtsbetrachtungen am rechten Teil

$$\begin{aligned} N &= 0 \\ Q_z &= -B = \frac{M_0}{l} \\ M_y &= B\,(l - x) = -M_0 \frac{l - x}{l} \,. \end{aligned}$$

Aus der Betrachtung der Zustandslinien leiten wir unter entsprechender Verallgemeinerung ab:

Satz 9.4: An der Angriffsstelle eines Momentes $\boldsymbol{M}_0$ springt das Schnittmoment

$\boldsymbol{M}_S(M_T, M_y, M_z)$ um $-\boldsymbol{M}_0$. Die Schnittkraft $\boldsymbol{F}_S(N, Q_y, Q_z)$ ändert sich nicht.

---

3. Beispiel: (Bild 9.15)

Wir führen hier die Gleichgewichtsbetrachtungen zur Ermittlung der Schnittgrößen zweckmäßig jeweils am rechten Teil durch und wählen dementsprechend auch die Laufrichtung von x. Die Auflager-Reaktionen gehen in diese Gleichgewichtsbedingung nicht ein. Auf ihre Berechnung können wir deshalb, wenn nur die Schnittgrößen gesucht sind, verzichten. Wir erhalten

$$N = 0$$

$$Q = -\int_0^x q \, d\xi = -qx$$

$$M = -\int_0^x (x - \xi)\, q \, d\xi = -q \frac{x^2}{2} .$$

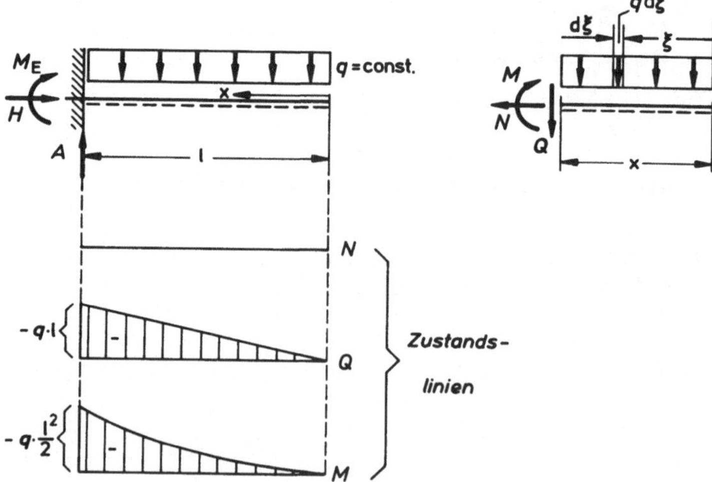

Bild 9.15 Kragträger

4. Beispiel: (Bild 9.16)

Teil 1 des Körpers können wir als ebenes System betrachten. Teil 2 ist dagegen ein räumliches System. Dementsprechend wählen wir auch die Bezugssysteme. Auf die vorhergehende Berechnung der Auflager-Reaktionen können wir hier wiederum verzichten. Wir erhalten

Teil 1: $N = -F_2$

$Q = F_1$

$M = -F_1\,(l_1 - x_1)$

Teil 2: $N = 0$ $\qquad M_T = -F_1\,l_1$

$Q_y = F_2$ $\qquad M_y = -F_1(l_2 - x_2)$

$Q_z = F_1$ $\qquad M_z = F_2\,(l_2 - x_2)\,.$

Beim Übergang von Teil 1 zu Teil 2 wird

N zu $-Q_y$

M zu M_T.

Q bleibt in seiner Bedeutung unverändert, erhält aber zur Unterscheidung den Index z. Auf eine Darstellung der Zustandslinien soll hier verzichtet werden.

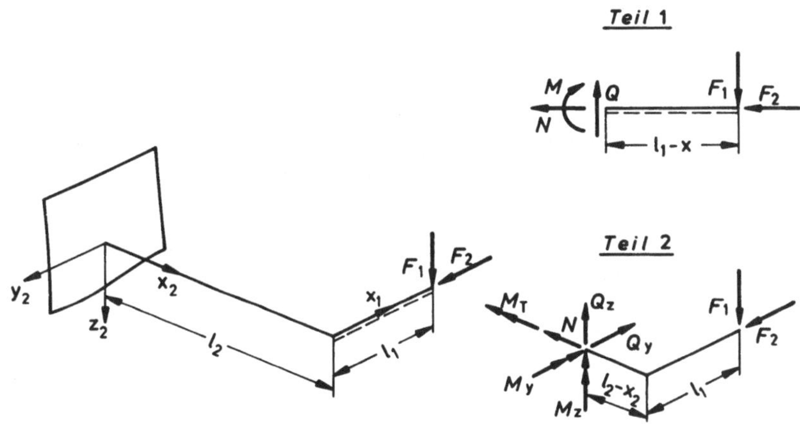

Bild 9.16 Räumliches System

5. Beispiel: (Bild 9.17)

Wir erkennen sofort, daß die Auflager-Reaktion $A = F$ wird, während H und M_E verschwinden. Darum macht es keinen Unterschied, ob wir bei der Ermittlung der Schnittgrößen vom oberen oder vom unteren Teil ausgehen. Wir betrachten den oberen Teil, führen als laufende Koordinate längs der Stabachse den zugehörigen Zentri-Winkel φ ein und finden, wenn die gestrichelte Zone wie in Bild 9.17 außen liegt,

$$N = F\sin\varphi$$

$$Q = -F\cos\varphi$$

$$M = -RF\sin\varphi .$$

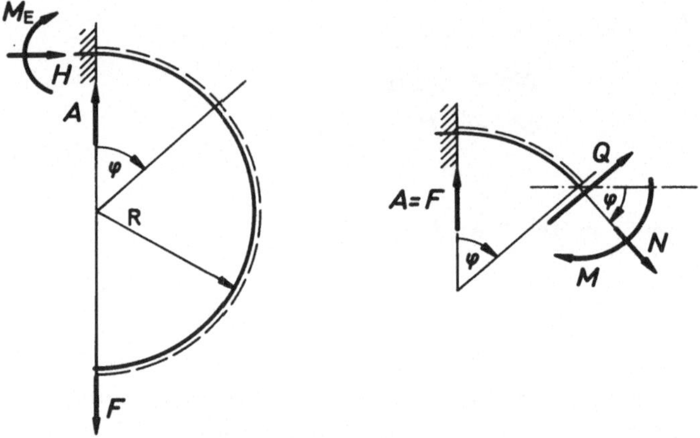

Bild 9.17 Kreisbogenträger

6. Beispiel: (Bild 9.18)
Für jede Schnittstelle finden wir eine Schnittkraft $F_S = F$ parallel zur Achse der Schraubenfeder und ein Schnittmoment $M_S = RF$ senkrecht dazu. Die Zerlegung entsprechend der natürlichen Basis ergibt

$$\begin{aligned} N &= F\sin\alpha & M_T &= RF\cos\alpha \\ Q_b &= F\cos\alpha & M_b &= -RF\sin\alpha \\ Q_n &= 0 & M_n &= 0 . \end{aligned}$$

Wir erkennen daraus inbesondere, daß bei den üblichen Steigungswinkeln α das Torsionsmoment M_T dem Betrage nach wesentlich größer ist als das Biegemoment M_b.

9.4 Die Beziehungen zwischen den Schnittgrößen und der Belastung bei Stäben

9.4.1 Gerade Stäbe

Wir betrachten ein Stabelement von der Länge dx. Die Belastung denken wir uns – unter Benutzung der Äquivalenzsätze der Statik – der Stabachse zugeordnet, ebenso die Schnittgrößen. In Bild 9.19 sind die Belastung und die Schnittgrößen schematisch eingetragen; um die Zeichnung nicht zu überladen, sind nur die in die Zeichenebene fallenden Kräfte bzw. die Momente senkrecht dazu dargestellt.

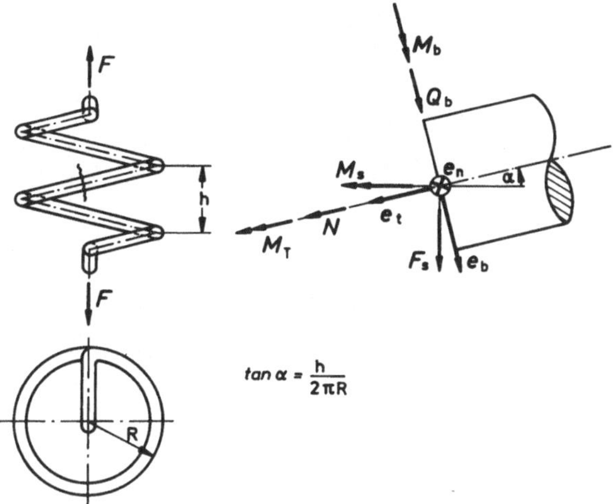

Bild 9.18 Schraubenfeder

Die Schnittgrößen in der rechten Schnittfläche unterscheiden sich von denen in der linken durch den differentiellen Zuwachs, den sie beim Fortschreiten um dx längs der Stabachse erfahren. Diesen Zuwachs beschreiben wir in der üblichen Weise als Differential-Ausdruck. Dabei bringen wir in unserer Schreibweise zum Ausdruck, daß dx das unabhängige Differential ist und die Differentiale der Schnittgrößen als abhängige Differentiale zu betrachten sind.

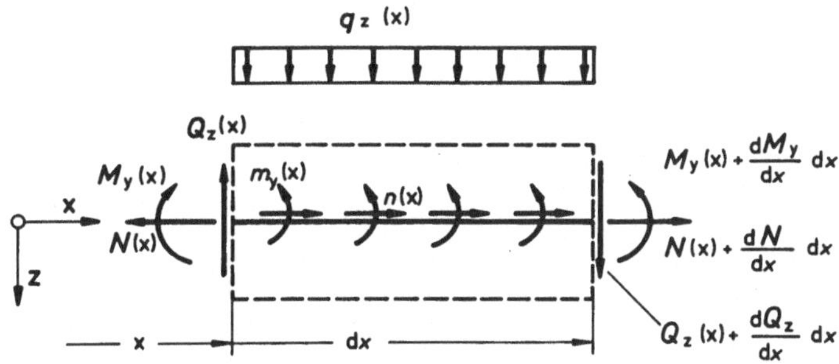

Bild 9.19 Schnittgrößen am geraden Stab

Die Gleichgewichtsbedingungen für das Element ergeben nun

$$\sum_i F_{ix} = 0 \quad \rightarrow \quad N(x) + \frac{\mathrm{d}N}{\mathrm{d}x}\,\mathrm{d}x - N(x) + n(x)\,\mathrm{d}x = 0$$
$$\sum_i F_{iz} = 0 \quad \rightarrow \quad Q_z(x) + \frac{\mathrm{d}Q_z}{\mathrm{d}x}\,\mathrm{d}x - Q_z(x) + q_z(x)\,\mathrm{d}x = 0$$
$$\sum_i M_{iy} = 0 \quad \rightarrow \quad M_y(x) + \frac{\mathrm{d}M_y}{\mathrm{d}x}\,\mathrm{d}x - M_y(x) - Q_z(x)\,\mathrm{d}x + m_y(x)\,\mathrm{d}x = 0\,.$$

Für die Aufstellung der Momentenbedingung kann ein beliebiger Punkt auf der Stabachse als Bezugspunkt gewählt werden. Im übrigen sind hierbei alle Ausdrücke fortgelassen worden, die von höherer Ordnung klein sind und deshalb beim Übergang zu Differential-Quotienten herausfallen. Dieser Übergang ergibt die folgenden Beziehungen

$$\frac{\mathrm{d}N(x)}{\mathrm{d}x} = -n(x)$$
$$\frac{\mathrm{d}Q_z(x)}{\mathrm{d}x} = -q_z(x)$$
$$\frac{\mathrm{d}M_y(x)}{\mathrm{d}x} = Q_z(x) - m_y(x)\,.$$

Differenzieren wir die letzte Gleichung noch einmal nach x, so folgt daraus als weitere Gleichung (nach Elimination von $Q_z(x)$ mit Hilfe der zweiten Gleichung)

$$\frac{\mathrm{d}^2 M_y(x)}{\mathrm{d}x^2} = -q_z(x) - \frac{\mathrm{d}m_y(x)}{\mathrm{d}x}\,.$$

Ergänzen wir diese Beziehungen noch durch die Aussagen, die sich bei einem allgemeinen räumlichen System für die Ableitungen von M_T, Q_y und M_z ergeben, so erhalten wir

---

Satz 9.5: Zwischen den Schnittgrößen und der Belastung eines geraden Stabes bestehen die folgenden Beziehungen:

$$\frac{\mathrm{d}N(x)}{\mathrm{d}x} = -n(x) \quad , \quad \frac{\mathrm{d}M_T(x)}{\mathrm{d}x} = -m_T(x)$$
$$\frac{\mathrm{d}Q_z(x)}{\mathrm{d}x} = -q_z(x) \quad , \quad \frac{\mathrm{d}Q_y(x)}{\mathrm{d}x} = -q_y(x)$$
$$\frac{\mathrm{d}M_y(x)}{\mathrm{d}x} = Q_z(x) - m_y(x) \quad , \quad \frac{\mathrm{d}M_z(x)}{\mathrm{d}x} = -Q_y(x) - m_z(x)$$

- -

$$\frac{\mathrm{d}^2 M_y(x)}{\mathrm{d}x^2} = -q_z(x) - \frac{\mathrm{d}m_y(x)}{\mathrm{d}x} \,, \quad \frac{\mathrm{d}^2 M_z(x)}{\mathrm{d}x^2} = q_y(x) - \frac{\mathrm{d}m_z(x)}{\mathrm{d}x}$$

Bei den beiden letzten Gleichungen tritt ein Vorzeichenwechsel für Q bzw. q ein, wenn man von einer Gleichung der linken Spalte zu der entsprechenden der rechten Seite übergeht. Diese Erscheinung läßt sich anschaulich erklären, wenn man in einer Skizze die Schnittgrößen der x-y-Ebene einzeichnet und sie mit denen aus Bild 9.19 vergleicht.

Haben wir es nur mit einem *ebenen System* zu tun, so lassen wir die Indizes fort und erhalten

$$\frac{\mathrm{d}N(x)}{\mathrm{d}x} = -n(x) \qquad \frac{\mathrm{d}M(x)}{\mathrm{d}x} = Q(x) - m(x)$$
$$\frac{\mathrm{d}Q(x)}{\mathrm{d}x} = -q(x) \qquad \frac{\mathrm{d}^2M(x)}{\mathrm{d}x^2} = q(x) - \frac{\mathrm{d}m(x)}{\mathrm{d}x} \,.$$

Diese Formeln gelten mit diesen Vorzeichen unabhängig davon, wie wir die Laufrichtung x und die gestrichelte Zone gewählt haben. Wegen dieser Vorzeichen-Unabhängigkeit verfährt man in praxi manchmal auch so, daß man räumliche Systeme gewissermaßen in zwei voneinander unabhängige Systeme (x-z-Ebene und x-y-Ebene) zerlegt und für jede Ebene eine eigene Vorzeichenregelung trifft (Laufrichtung x und gestrichelte Zone). Man vermeidet so den Vorzeichenwechsel in den Beziehungen zwischen den Schnittgrößen und der Belastung. Bei einer eingehenderen Betrachtung dieser Zusammenhänge erweist sich solch ein Vorgehen jedoch als nachteilig. Deshalb halten wir bei räumlichen Systemen an der systematischen Bezeichnungsweise fest und nehmen den Vorzeichenwechsel in Kauf.

Wir können die vorstehenden Beziehungen zwischen den Schnittgrößen und der Belastung auch in integrierter Form schreiben. Der Einfachheit halber beschränken wir uns dabei hier auf ebene Systeme und setzen ferner $m_y(x) = m(x) = 0$. Dann erhalten wir

$$\begin{aligned}
N(x) &= N(0) - \int_0^x n(\xi)\,\mathrm{d}\xi \\
Q(x) &= Q(0) - \int_0^x q(\xi)\,\mathrm{d}\xi \\
M(x) &= M(0) + \int_0^x Q(\xi)\,\mathrm{d}\xi \\
&= M(0) + Q(0)\,x - \int_0^x \int_0^x q(\xi)\,\mathrm{d}\xi\,\mathrm{d}x \,.
\end{aligned}$$

Wir können diese Beziehungen, die aus Gleichgewichtsbetrachtungen an einem *Stabelement* abgeleitet sind, dazu benutzen, um die Schnittgrößen in ihrer Abhängigkeit von x formal zu berechnen, ohne Gleichgewichtsbetrachtungen an endlichen, durch Schnitte erzeugten Teilen eines Stabes durchführen zu müssen. Bei der Integration über die Angriffsstelle einer Einzelkraft bzw. eines Momentes hinweg ist das Integral nicht im *Riemann*'schen Sinne, sondern entsprechend verallgemeinert zu interpretieren, d.h. daß wir Einzelkräfte bzw. Momente einfach mit aufaddieren, wenn wir über sie hinwegintegrieren. So erhalten wir z.B. im ersten Beispiel des Abschnittes 9.3 (Bild 9.13) mit $Q(0) = A$ und bei vereinfachter Bezeichnungsweise

$$0 \leqslant x < l_1: \quad Q(x) = Q(0) - \int_0^x q(\xi)\, \mathrm{d}\xi = A$$

$$l_1 < x \leqslant l: \quad Q(x) = Q(0) - \int_0^x q(\xi)\, \mathrm{d}\xi = A - F_z\,.$$

In der Praxis werden wir häufig so vorgehen, daß wir bei Angriff von Einzelkräften bzw. -momenten sowie bei Unstetigkeiten in den Belastungsfunktionen den gesamten Integrationsbereich in unterschiedliche Intervalle aufteilen. An den Intervallgrenzen sind dann Übergangsbedingungen zu formulieren, die wir jeweils aus Gleichgewichtsbetrachtungen an der herausgeschnittenen Intervallgrenze ableiten können. So erhalten wir beispielsweise für die Schnittgrößen in der x-z-Ebene (s. Bild 9.20):

$$\sum_i F_{ix} = 0 \quad \rightarrow \quad N_{(r)} = N_{(l)} - F_x$$

$$\sum_i F_{iz} = 0 \quad \rightarrow \quad Q_{z(r)} = Q_{z(l)} - F_z$$

$$\sum_i M_{iy} = 0 \quad \rightarrow \quad M_{y(r)} = M_{y(l)} - M_0\,.$$

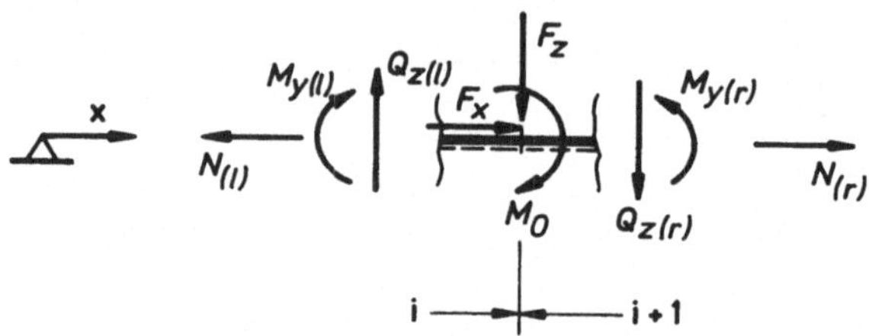

Bild 9.20 Übergangsbedingungen beim geraden Stab

In entsprechender Weise lassen sich dann auch die Übergangsbedingungen für die Schnittgrößen in den verschiedenen Integrationsbereichen bei abknickenden Stabachsen bestimmen, z.B. in der x-z-Ebene (s. Bild 9.21):

$$\sum_i F_{ix} = 0 \quad \rightarrow \quad N_{(r)} = N_{(l)} \cos\alpha + Q_{z(l)} \sin\alpha$$

$$\sum_i F_{iz} = 0 \quad \rightarrow \quad Q_{z(r)} = -N_{(l)} \sin\alpha + Q_{z(l)} \cos\alpha$$

$$\sum_i M_{iy} = 0 \quad \rightarrow \quad M_{y(r)} = M_{y(l)}\,.$$

Aus den differentiellen bzw. integralen Beziehungen zwischen den Schnittgrößen und der Belastung können wir noch allgemein folgende Zusammenhänge ableiten, die wir der Einfachheit halber wiederum nur für ebene Systeme und für $m_y(x) = m(x) = 0$ formulieren:

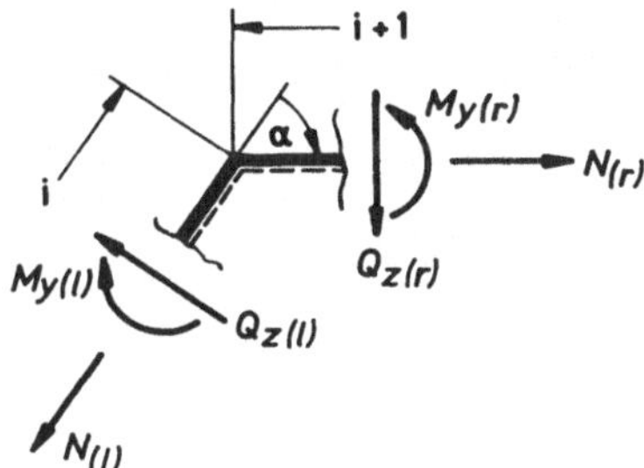

Bild 9.21
Übergangsbedingungen bei abknickender Stabachse

1. In einem Abschnitt, in dem $n(x)$ bzw. $q(x)$ verschwindet, ist $N(x)$ bzw. $Q(x)$ konstant.
2. In einem Punkt, in dem $n(x)$ bzw. $q(x)$ durch Null geht, hat $N(x)$ bzw. $Q(x)$ ein Extremum.
3. In einem Punkt, in dem $n(x)$ bzw. $q(x)$ unstetig ist, hat die Zustandslinie für $N(x)$ bzw. $Q(x)$ einen Knick.

Analoge Betrachtungen gelten zwischen $Q(x)$ und $M(x)$.

Wir können im übrigen die vorstehenden Aussagen zur Kontrolle des Verlaufs der Zustandslinien benutzen, wenn wir die Schnittgrößen zuvor auf andere Weise berechnet haben. Eine weitere spezielle Kontrolle erhalten wir, wenn wir die Schnittgrößen am Stabende und am Stabanfang miteinander vergleichen. Das bedeutet, daß wir in den integralen Beziehungen die Integration über die ganze Stablänge auszuführen haben. So gilt z.B.

$$M(l) - M(0) = \int_0^l Q(x)\,\mathrm{d}x\,.$$

Für das 1. Beispiel in Abschnitt 9.3 folgt daraus, da $M(l) = M(0) = 0$ ist, daß

$$\int_0^l Q(x)\,\mathrm{d}x = 0$$

sein muß, oder anders ausgedrückt, daß die positiv zu zählende Fläche unter der Zustandslinie $Q(x)$ gleich der negativ zu zählenden Fläche sein muß. Im 3. Beispiel des Abschnittes 9.3 wird hingegen

$$\int_0^l Q(x)\,\mathrm{d}x = -M(0)\,,$$

was leicht zur Kontrolle heranzuziehen ist.

9.4.2 Eben gekrümmte Stäbe

Wir beschränken uns auf solche Systeme, bei denen auch die Belastung in der Ebene des Stabes liegt, d.h. auf *ebene Systeme*. Die längs der Stabachse laufende Koordinate bezeichnen wir mit s. Der örtliche Krümmungsradius $R(s)$ ist positiv, wenn die gestrichelte Zone auf der Außenseite liegt (s. Bild 9.22). Für die Schnittgrößen gelten die in Abschnitt 9.2 formulierten Vorzeichenregeln für ebene Systeme.

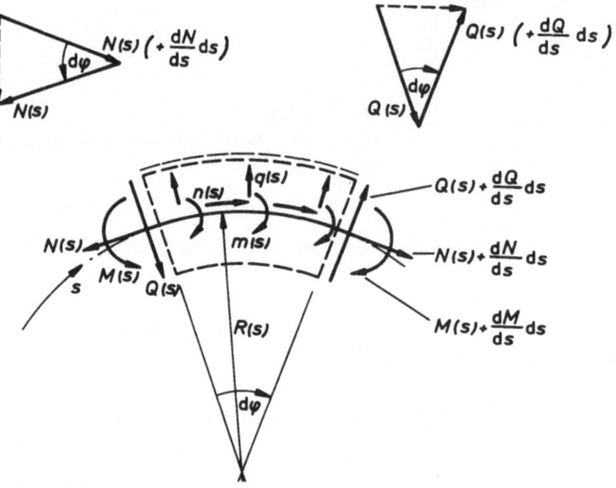

Bild 9.22 Der eben gekrümmte Stab

Bei den Gleichgewichtsbetrachtungen ist zu beachten, daß infolge der gegenseitigen Neigung der beiden Schnittflächen die Querkraft $Q(s)$ einen Beitrag in Längsrichtung ergibt und die Normalkraft $N(s)$ einen Beitrag in Querrichtung, wie es die erläuternden Skizzen in Bild 9.22 zeigen. Bei der Berechnung dieses Beitrages können wir die differentiellen Zuwächse $\frac{\mathrm{d}N}{\mathrm{d}s}\,\mathrm{d}s$ bzw. $\frac{\mathrm{d}Q}{\mathrm{d}s}\,\mathrm{d}s$ (in den Skizzen bereits eingeklammert) außer acht lassen, da ihr Beitrag von höherer Ordnung klein ist und im Grenzübergang verschwindet.

Aus den drei Gleichgewichtsbedingungen

$$\sum_i F_{it} = 0 = N(s) + \frac{\mathrm{d}N(s)}{\mathrm{d}s}\,\mathrm{d}s - N(s) + Q(s)\,\mathrm{d}\varphi + n(s)\,\mathrm{d}s$$

$$\sum_i F_{in} = 0 = Q(s) + \frac{\mathrm{d}Q(s)}{\mathrm{d}s}\,\mathrm{d}s - Q(s) - N(s)\,\mathrm{d}\varphi + q(s)\,\mathrm{d}s$$

$$\sum_i M_i = 0 = M(s) + \frac{\mathrm{d}M(s)}{\mathrm{d}s}\,\mathrm{d}s - M(s) - Q(s)\,\mathrm{d}\varphi + m(s)\,\mathrm{d}s$$

leiten wir unter Beachtung, daß

$$\mathrm{d}\varphi = \frac{\mathrm{d}s}{R(s)}$$

ist, die folgenden Beziehungen zwischen den Schnittgrößen und der Belastung ab:

Satz 9.6: Bei einem eben gekrümmten Stab, dessen Belastung in seiner Ebene liegt, bestehen die folgenden Beziehungen zwischen den Schnittgrößen und der Belastung:

$$\begin{aligned}
\frac{\mathrm{d}N(s)}{\mathrm{d}s} &= -\frac{Q(s)}{R(s)} - n(s) \\
\frac{\mathrm{d}Q(s)}{\mathrm{d}s} &= \frac{N(s)}{R(s)} - q(s) \\
\frac{\mathrm{d}M(s)}{\mathrm{d}s} &= Q(s) - m(s)\,.
\end{aligned}$$

Wir sehen, daß diese Beziehungen mit $R(s) \to \infty$ in die für gerade Stäbe bei ebener Belastung geltenden Gleichungen übergehen. Wir können im übrigen die vorstehenden Betrachtungen verhältnismäßig einfach auf eben gekrümmte Stäbe unter räumlicher Belastung ausdehen. Die Erweiterung auf räumlich gekrümmte Stäbe ist hingegen nicht so einfach zu vollziehen. Wir benötigen dazu weitere Hilfsmittel aus der Differential-Geometrie der Raumkurven.

Führen wir bei einem Kreisbogenstab, der durch $R(s)$ = konst. gekennzeichnet ist, Zylinderkoordinaten r, φ, z ein, so erhalten wir dieselben Vorzeichen für die Schnittgrößen und die Belastung, wie wir sie hier benutzt haben. Die obigen Gleichungen gelten daher in diesem Falle unverändert weiter. Ändern wir hingegen, was in besonderen Fällen vorteilhaft sein kann, die Laufrichtung oder die Lage der gestrichelten Zone, so treten auch Änderungen in den Gleichungen ein, die jedoch leicht zu überblicken sind.

10 Systeme von Körpern

10.1 Allgemeines

Neben Körpern, die wir als ein einheitliches Gebilde betrachten können, begegnen uns vielfach auch solche Strukturen, die wir sinnvoll als *Systeme von Körpern* bezeichnen. Das Zusammenfügen von Körpern zu Systemen kann auf mannigfaltige Weise geschehen. Bild 10.1 zeigt nur einige Beispiele. Die Systeme a) bis d) sind in sich starr, sofern wir die einzelnen Körper als starr und ihre gegenseitigen kinematischen Bindungen als unnachgiebig betrachten können. Wir können uns vorstellen, daß sie nach dem Zusammenbau als Ganzes gelagert wurden. Die Systeme e) und f) hingegen werden erst durch Hinzufügung weiterer Auflager unverschieblich. Die beiden Systeme unterscheiden sich schließlich noch untereinander insofern, als wir bei e) Teil 1 zunächst unverschieblich lagern und dann Teil 2 mittels eines Gelenkes und eines weiteren Auflagers anbauen können, während bei f) zunächst Teil 1 und 2 für sich beweglich sind und erst durch den Zusammenschluß unverschiebbar werden.

Bei Systemen von Körpern haben wir deshalb zu unterscheiden zwischen

1. kinematischen Bindungen an die Umgebung, die *Auflager-Reaktionen* hervorrufen und

2. kinematischen Bindungen zwischen den Körpern, die mit *Zwischen -Reaktionen* verknüpft sind.

Eine kinematische Bindung eines Körpers an die Umgebung schränkt – für sich allein betrachtet – die *Absolutbewegung* ein: eine kinematische Bindung zwischen zwei Körpern verringert ihre *relative Bewegungsmöglichkeit*.

Um den verbleibenden Freiheitsgrad eines Systems von Körpern zu ermitteln, müssen wir das Zusammenwirken des gesamten Systems von Auflager- und Zwischen-Reaktionen betrachten. Der Freiheitsgrad eines Systems von Körpern ist dabei definiert durch:

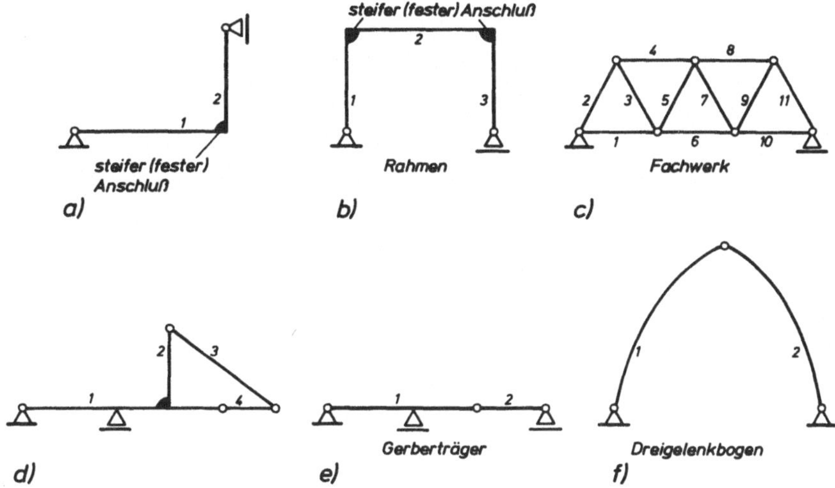

Bild 10.1 Verschiedene Systeme von Körpern

Def. 10.1: Der Freiheitsgrad λ eines Systems von Körpern ist gleich der Mindestanzahl von Zahlenangaben, die erforderlich ist, um die Lage eines jeden Körpers des Systems unter Beachtung aller kinematischen Bindungen eindeutig festlegen zu können.

Im übrigen ist alles das, was in Abschnitt 8.1 über kinematische Bindungen und Auflager-Reaktionen gesagt wurde, sinngemäß auch auf Zwischen-Reaktionen zu übertragen, insbesondere auch die Aussage (Satz 8.1), daß eine Reaktion bei keiner – nach Lösung aller übrigen Bindungen – möglichen Bewegung Arbeit leistet.

10.2 Bedingungen für kinematische und statische Bestimmtheit bei Systemen von Körpern

Wenn wir ein System von n starren Körpern haben, das ohne kinematische Bindungen ist, so ist sein Freiheitsgrad $\lambda = 6n$ bei räumlichen Systemen bzw. $\lambda = 3n$ bei ebenen Systemen. Soll ein solches System unverschiebbar, d.h. kinematisch bestimmt sein, so muß die Zahl aller Bindungen mindestens gleich λ sein. Bezeichnen wir die Zahl der Auflager-Reaktionen mit r und die Zahl der Zwischen-Reaktionen mit z, so gilt also

---

Satz 10.1: *Notwendige Bedingung für kinematische Bestimmtheit eines Systems von Körpern*

$$r + z \geqslant \begin{cases} 6\,n & \text{bei räumlichen Systemen} \\ 3\,n & \text{bei ebenen Systemen}\,. \end{cases}$$

Eine notwendige und hinreichende Bedingung für die kinematische Bestimmtheit eines Systems von Körpern erhalten wir jedoch erst, wenn wir Vollständigkeit des Systems der Bindungen fordern. Das führt uns zu

---

Satz 10.2: *Notwendige und hinreichende Bedingung für kinematische Bestimmtheit eines Systems von Körpern*

Ein System von starren Körpern ist kinematisch bestimmt, d.h. das System seiner Bindungen ist vollständig, wenn es mindestens ein Teilsystem von Bindungen gibt, das $6n$ (bei ebenen Systemen: $3n$) voneinander unabhängige Bindungen enthält.

Die Abhängigkeit einer kinematischen Bindung von den übrigen Bindungen können wir in gleicher Weise definieren, wie es in Definition 8.1 geschehen ist, sofern wir unter Freiheitsgrad den Freiheitsgrad des Systems verstehen. Definition 8.2 hingegen, die von den Reaktionskräften ausgeht, läßt sich in dieser Form nicht unmittelbar auf Systeme übertragen. Wir können z.B. nicht einen einzelnen Körper aus seinen Bindungen lösen, die Auflager- und Zwischen-Reaktionen als äußere Kräfte einführen und dann auf sie die Definition 8.2 zur Prüfung der gegenseitigen Abhängigkeit anwenden. Wir müssen vielmehr das gesamte System der Auflager- und Zwischen-Reaktionen betrachten.

Denken wir uns alle Bindungen gelöst und an ihrer Stelle die Auflager- und Zwischen-Reaktionen als äußere Kräfte eingeführt (Befreiungsprinzip), so können wir für jeden Körper 6 (bei ebenen Systemen: 3) Gleichgewichtsbedingungen aufstellen, insgesamt also $6n$ (bzw. $3n$); denn es gilt

---

Satz 10.3: Ein System von Körpern ist nur im Gleichgewicht, wenn jeder Körper für sich im Gleichgewicht ist, d.h. wenn die an ihm angreifenden Kräfte ein Gleichgewichtssystem bilden.

Die $6n$ (bzw. $3n$) Gleichgewichtsbedingungen reichen aus, die Auflager- und Zwischen-Reaktionen zu berechnen, wenn das System gerade $6n$ (bzw. $3n$) voneinander unabhängige kinematische Bindungen enthält. In diesem Falle ist das System dann zugleich auch kinematisch bestimmt, weil die Bedingung des Satzes 10.2 erfüllt ist. Es gilt also

---

Satz 10.4: Ein System von Körpern mit $6n$ (bei ebenen Systemen: $3n$) voneinander unabhängigen kinematischen Bindungen bzw. Auflager- und Zwischen-Reaktionen ist kinematisch und statisch bestimmt.

Durch Anwendung des Schnittprinzips (vgl. Satz 9.1) sind in diesem Falle auch die Schnittgrößen mit Hilfe der Gleichgewichtsbedingungen für jeden beliebigen Schnitt bestimmbar, sofern alle Körper einfach zusammenhängend sind. Es gilt also Satz 9.2 sinngemäß auch für Systeme von Körpern.

Der Weg versagt, wenn das System der Bindungen abhängige Bindungen enthält. Dann ist jeweils die ganze Gruppe der voneinander abhängigen Reaktionen nicht mehr aus den Gleichgewichtsbedingungen zu berechnen; es müssen dann Aussagen über die Deformationen der Körper zur Ermittlung der Reaktionen mit herangezogen werden.

Den *Grad a der statischen Unbestimmtheit*, d.h. die *Anzahl der überzähligen Reaktionen* können wir zahlenmäßig leicht ermitteln, wenn wir den Freiheitsgrad λ des Systems kennen. Es ist

$$a = \begin{cases} r + z - 6n + \lambda & \text{bei räumlichen Systemen} \\ r + z - 3n + \lambda & \text{bei ebenen Systemen}\,. \end{cases}$$

Damit wissen wir aber immer noch nicht, welche Reaktionen jeweils eine Gruppe voneinander abhängiger Reaktionen bilden, wobei ja auch mehrere voneinander verschiedene Gruppen gleichzeitig auftreten und die Gruppen verschieden groß sein können. Darüber kann nur eine Analyse des gesamten Systems der Bindungen Aufschluß geben. Eine solche Analyse kann freilich insbesondere bei großen Systemen von Körpern recht aufwendig werden.

Wollen wir nur feststellen, ob ein System von Körpern kinematisch und statisch bestimmt ist, so steht dafür noch ein anderer Weg zur Verfügung. Alle kinematisch und statisch bestimmten Systeme von Körpern lassen sich nämlich auf einfache *Bildungsgesetze* zurückführen, deren Einhaltung bzw. Nicht-Einhaltung in der Regel leicht nachzuweisen ist.

Satz 10.5: *1. Bildungsgesetz für kinematisch und statisch bestimmte Systeme von Körpern*

Ein kinematisch und statisch bestimmtes System von Körpern bleibt kinematisch und statisch bestimmt, wenn wir einen weiteren Körper so anschließen, daß für diesen Körper das System seiner Bindungen (bestehend aus Verbindungen und – gegebenenfalls – Auflagern) kinematisch und statisch bestimmt ist.

Beispiele für Systeme, die nach diesem Bildungsgesetz aufgebaut sind, zeigt Bild 10.2. Ein weiteres Beispiel ist der Gerberträger (Bild 10.1e).

Satz 10.6: *2. Bildungsgesetz für kinematisch und statisch bestimmte Systeme von Körpern*

Zwei kinematisch unbestimmte Teilsysteme lassen sich unter der Voraussetzung, daß

1. kein Teilsystem überzählige Bindungen enthält und

2. die Auflager beider Teilsysteme zusammengenommen für *einen* Körper vollständig wären (d.h. ausreichen würden, einen starren Körper unverschieblich zu lagern)

zu einem kinematisch und statisch bestimmten System zusammenschließen. Die dabei vorzunehmenden Verbindungen müssen unabhängig voneinander sein und das Gesamtsystem der Bindungen vervollständigen (*Zusammenschlußbedingung*).

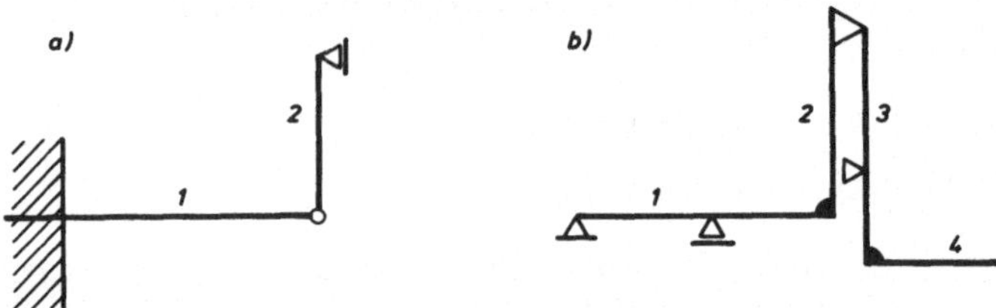

Bild 10.2 Beispiele für Systeme nach dem 1. Bildungsgesetz

Während das 1. Bildungsgesetz den *Anschluß* eines weiteren Körpers an ein kinematisch und statisch bestimmtes Teilsystem betrifft, bezieht sich das zweite auf den *Zusammenschluß* zweier kinematisch unbestimmter Teilsysteme.

Bild 10.3 zeigt Beispiele für Systeme, die aus zwei verschiebbaren Teilsystemen (1 und 2) bestehen und nach diesem Bildungsgesetz zu einem kinematisch und statisch bestimmten System zusammengeschlossen sind. Ein weiteres Beispiel ist der Dreigelenkbogen (Bild 10.1f). In allen diesen Beispielen hat jedes der Teilsysteme vor dem Zusamenschluß den Freiheitsgrad $\lambda_i = 1 \quad (i = 1, 2)$. Der Zusammenschluß erfordert deshalb jeweils 2 Bindungen, die durch einen Gelenkanschluß realisiert werden können. Beispiele, in denen eine der beiden Voraussetzungen des Satzes 10.6 verletzt sind, lassen sich leicht angeben. Bild 10.4 zeigt zwei solcher Beispiele.

Satz 10.7: *3. Bildungsgesetz für kinematisch und statisch bestimmte Systeme von Körpern*

Ein kinematisch und statisch bestimmtes System von Körpern bleibt kinematisch und statisch bestimmt, wenn wir eine Bindung lösen und dafür an anderer Stelle eine Bindung so einfügen, daß die entstandene kinematische Unbestimmtheit wieder aufgehoben wird.

Dieses Bildungsgesetz bezieht sich im Gegensatz zum 1. und 2. Bildungsgesetz, bei denen Teilsysteme zusammengefügt werden, auf die *Umwandlung* eines kinematisch und statisch bestimmten Systems von Körpern in ein anderes derartiges System, das aus denselben Körpern besteht. Man erhält dabei freilich stets wieder Systeme, die sich auch nach dem 1. oder 2. Bildungsgesetz aufbauen lassen (vgl.

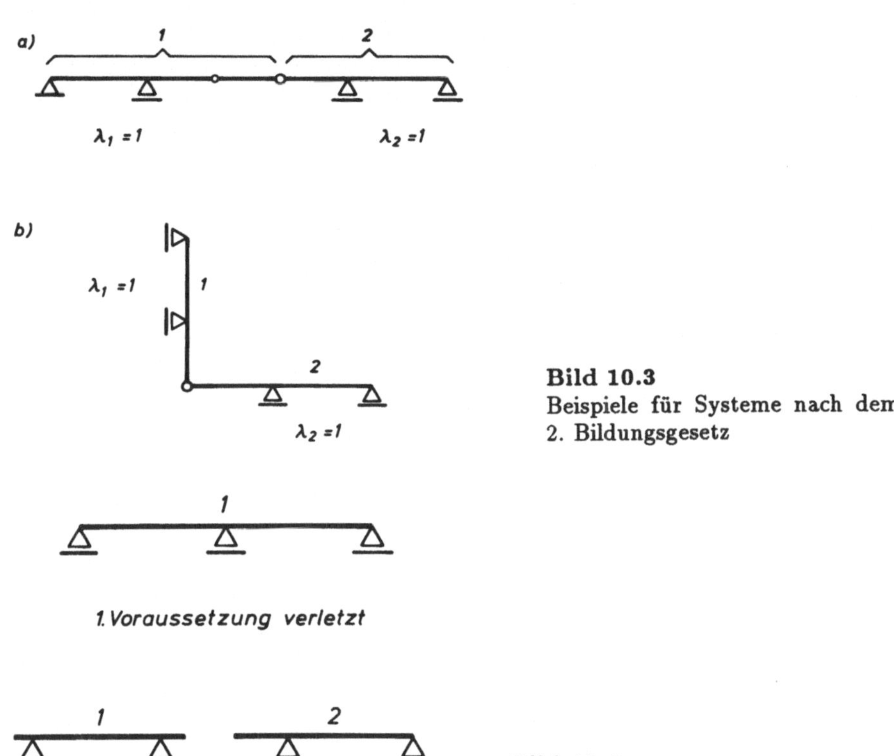

Bild 10.3
Beispiele für Systeme nach dem 2. Bildungsgesetz

Bild 10.4
Beispiele für verletzte Voraussetzungen

Bild 10.5). Das 3. Bildungsgesetz hat deshalb nur die Bedeutung eines *Hilfssatzes*, der allerdings manchmal sehr nützlich sein kann, eine gegebene Struktur auf eine einfachere zurückzuführen.

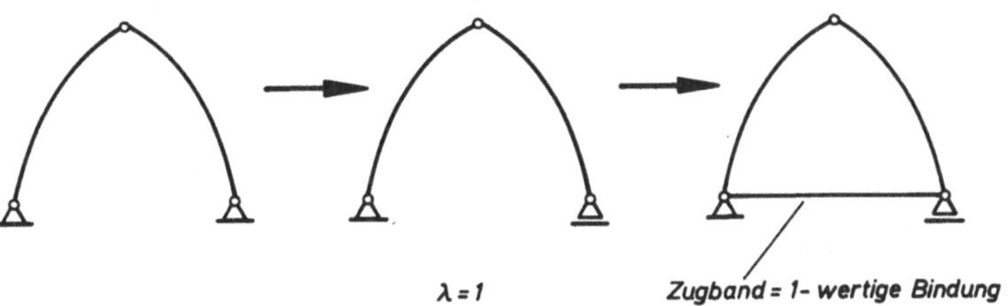

Bild 10.5 System gemäß 3. Bildungsgesetz

Die Richtigkeit der vorstehenden Behauptungen erkennt man – unter Umkehrung des Gedankenganges – leicht daran, daß bei jeder *vollständigen* Trennung eines kinematisch und statisch bestimmten Systems in zwei Teilsysteme entweder ein Teilsystem kinematisch bestimmt und das andere kinematisch unbestimmt ist (Bildungsgesetz 1) oder beide kinematisch unbestimmt sind (Bildungsgesetz 2). Statisch unbestimmt kann dabei kein Teilsystem sein, weil ja überzählige Bindungen schon vor der Auftrennung des Gesamtsystems nicht vorhanden sind.

10.3 Beispiele für die Berechnung der Auflager- und Zwischen-Reaktionen bei Systemen von Körpern

Wir beschränken uns bei den folgenden Beispielen auf die Berechnung von Auflager- und Zwischen-Reaktionen. Die nachträgliche Ermittlung der Schnittgrößen bereitet bei den *Stabwerken*, auf die sich die drei ersten Beispiele beziehen, keine Schwierigkeiten und kann deshalb übergangen werden. Bei *Flächentragwerken* (4. Beispiel) müssen wir ohnehin einen anderen Weg zur Ermittlung der inneren Beanspruchung wählen. Wir werden dort später auf die Mittelfläche bezogene Schnittgrößen (Resultanten) einführen.

Zur systematischen Berechnung der Auflager- und Zwischen-Reaktionen löst man alle Bindungen (Verbindungen und Auflager), führt die entsprechenden Reaktionen als äußere Kräfte ein und schreibt dann für jeden der (nunmehr freien) Teilkörper die allgemeinen Gleichgewichtsbedingungen an. Dieses Vorgehen läßt sich gut programmieren. Wo man es mit großen, unübersichtlichen Systemen zu tun hat und aus diesem Grunde Rechenanlagen als Hilfsmittel einschalten möchte, wird man auch so verfahren. Bei überschaubaren Systemen können wir jedoch häufig durch geschickte Auswahl der Gleichgewichtsbedingungen den Rechengang wesentlich vereinfachen. Dabei können wir auch Gleichgewichtsbedingungen für das gesamte System oder für mehrere Körper umfassende Teilsysteme aufstellen. Wir haben nur darauf zu achten, daß das Gesamtsystem der Gleichungen linear unabhängig bleibt. Überzählige Gleichgewichtsbedingungen können wir als Rechenkontrolle benutzen.

1. Beispiel: Gerberträger (Bild 10.6)

Gesamtsystem: $\sum_i F_{iH} = 0 \quad \rightarrow \quad H = F_2$

Teil 2: $\sum_i M_{i(1)} = 0 \quad \rightarrow \quad V_2 = q\,\frac{l_2}{2}$

$\sum_i M_{i(2)} = 0 \quad \rightarrow \quad V_1 = q\,\frac{l_2}{2}$

Teil 3: $\sum_i F_{iH} = 0 \quad \rightarrow \quad H_2 = 0$

$\sum_i M_{i(b)} = 0 \quad \rightarrow \quad C = \frac{F_1}{2} - V_2\,\frac{l_3}{l_4} = \frac{F_1}{2} - q\,\frac{l_2}{2}\,\frac{l_3}{l_4}$

$$\sum_i M_{i(c)} = 0 \quad \rightarrow \quad B \;=\; \frac{F_1}{2} + V_2\,\frac{l_3 + l_4}{l_4}$$

$$= \frac{F_1}{2} + q\,\frac{l_2}{2}\,\frac{l_3 + l_4}{l_4}$$

Teil 1: $$\sum_i F_{iH} \;= 0 \quad \rightarrow \quad H_1 \;= -H = -F_2$$

$$\sum_i F_{iV} \;= 0 \quad \rightarrow \quad A = q\,l_1 + V_1 = q\,(l_1 + \frac{l_2}{2})$$

$$\sum_i M_{i(a)} = 0 \quad \rightarrow \quad M_E = -q_1\,\frac{l_1^2}{2} - V_1 l_1 = -q\,\frac{l_1}{l}\,(l_1 + l_2)$$

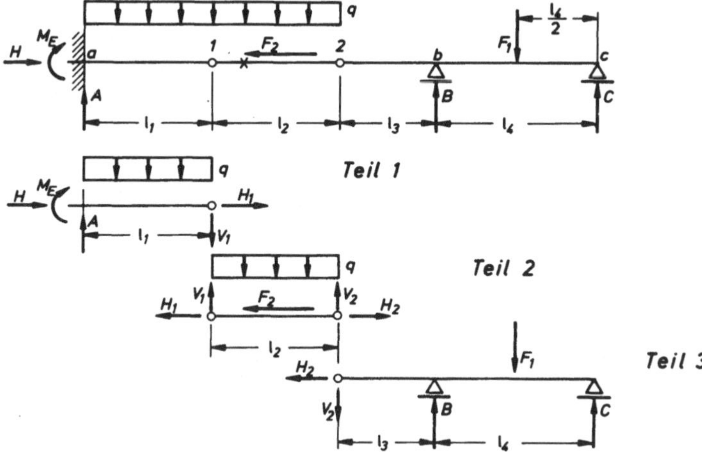

Bild 10.6 Gerberträger

2. Beispiel: Dreigelenkogen (Bild 10.7)

Gesamtsystem: $$\sum_i M_{i(a)} = 0 \quad \rightarrow \quad B \;=\; \frac{1}{4}\,F_1 + \frac{3}{4}\,F_2 + F_3$$

$$\sum_i M_{i(b)} = 0 \quad \rightarrow \quad A \quad \frac{3}{4}\,F_1 + \frac{1}{4}\,F_2 - F_3$$

Teil 1: $$\sum_i M_{i(g)} = 0 \quad \rightarrow \quad H_a \;=\; \frac{A}{2} - \frac{F_1}{4} = \frac{1}{8}\,(F_1 + F_2) - \frac{1}{2}\,F_3$$

$$\sum_i F_{iH} \;= 0 \quad \rightarrow \quad H \;= F_3 + H_a = \frac{1}{8}\,(F_1 + F_2) + \frac{1}{2}\,F_3$$

$$\sum_i F_{iV} \;= 0 \quad \rightarrow \quad V \;= F_1 - A = \frac{1}{4}\,(F_1 - F_2) + F_3$$

Teil 2: $\sum_i M_{i(g)} = 0 \quad \rightarrow \quad H_b = \frac{B}{2} - \frac{F_2}{4} = \frac{1}{8}(F_1 + F_2) + \frac{1}{2} F_3$

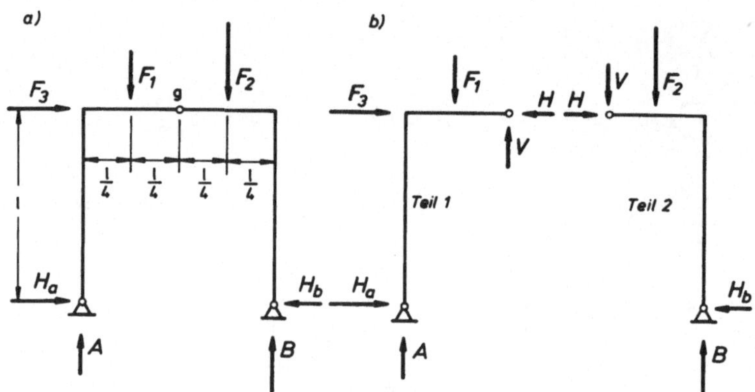

Bild 10.7 Dreigelenkbogen

3. Beispiel: Rahmen mit Zugband (Bild 10.8)

Bei überschaubaren Systemen verzichtet man häufig auf die Lösung aller Bindungen und versucht, durch geschickte Schnittführung und Auswahl der Gleichgewichtsbedingungen schneller zum Ziel zu kommen. Schwierigkeiten können dabei gelegentlich sogenannte geschlossene Systeme bereiten (s. Abschnitt 9.1). Dieser Schwierigkeit begegnen wir durch folgende Überlegung: Da das Zugband nur Normalkräfte übertragen kann (s. Abschnitt 9.4.1) zerlegen wir das System durch einen Schnitt durch das Gelenk g und das gegenüberliegende Zugband in zwei Teilsysteme. Auf diese Weise erhalten wir unmittelbar

Gesamtsystem: $\sum_i M_{i(b)} = 0 \quad \rightarrow \quad A = \frac{1}{2} F_1 - F_2$

$\sum_i F_{iH} = 0 \quad \rightarrow \quad H_b = F_2$

$\sum_i F_{iV} = 0 \quad \rightarrow \quad B = \frac{1}{2} F_1 + F_2$

Teil 1: $\sum_i M_{i(g)} = 0 \quad \rightarrow \quad N = \frac{A}{2} = \frac{1}{4} F_1 - \frac{1}{2} F_2$

4. Beispiel: Zwei durch Scharnier verbundene Platten (Bild 10.9)

Zur besseren Verdeutlichung der Bindungen sind die Auflager als Pendelstützen angedeutet. Die Zwischen-Reaktionskräfte sind mit V_x, V_y bzw. V_z bezeichnet entsprechend den jeweiligen Koordinatenrichtungen. Sie sind als positiv angenommen,

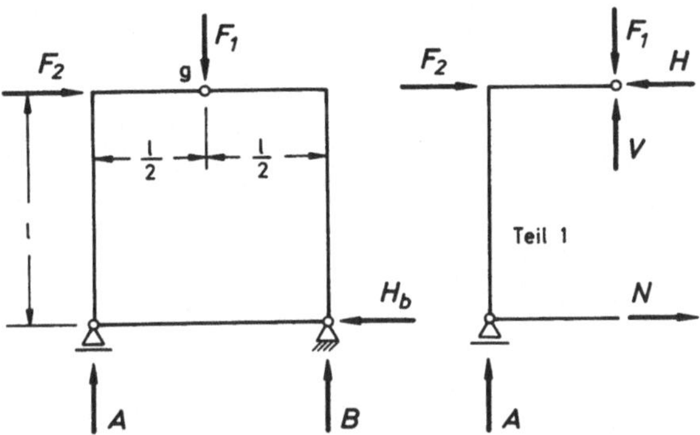

Bild 10.8 Rahmen mit Zugband

wenn sie an Teil 1 mit der positiven Koordinatenrichtung übereinstimmen. Entsprechendes gilt für die Zwischen-Reaktionsmomente M_x und M_z; M_y verschwindet. Mit diesen Bezeichnungen erhalten wir nach kurzer Zwischenrechnung

Gesamtsystem: $\sum_i F_{iy} = 0 \rightarrow A_y = 0$

$\sum_i M_{ix(b)} = 0 \rightarrow A_z = 0$

Teil 2: $\sum_i M_{iy(g)} = 0 \rightarrow C_x = F$

$\sum_i F_{iy} = 0 \rightarrow V_y = 0$

$\sum_i F_{ix} = 0 \rightarrow V_x = 0$

$\sum_i M_{iz(g)} = 0 \rightarrow M_z = -l\,F$

Teil 1: $\sum_i M_{iz(b)} = 0 \rightarrow A_x = F$

$\sum_i F_{ix} = 0 \rightarrow B_x = -F$

$\sum_i M_{iy(g)} = 0 \rightarrow B_z = 0$

$\sum_i F_{iz} = 0 \rightarrow V_z = 0$

$\sum_i M_{ix} = 0 \rightarrow M_x = 0$

Teil 2: $\sum_i F_{iz} = 0 \quad \rightarrow \quad C_z = 0$

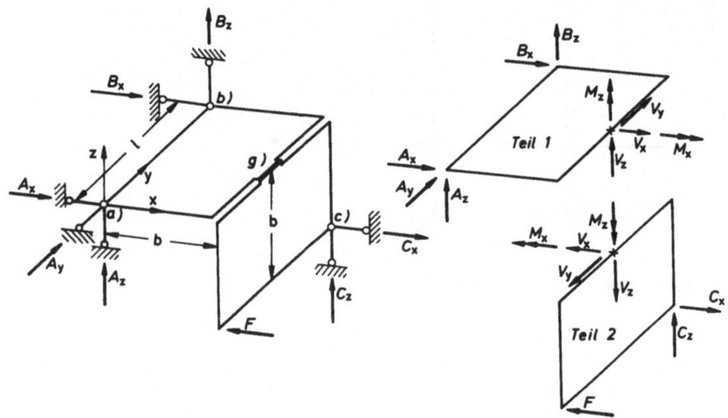

Bild 10.9 Zwei durch Scharnier verbundene Platten

10.4 Fachwerke

10.4.1 Allgemeines

Ein *Fachwerk* ist ein aus geraden Stäben bestehendes *Stabwerk*, bei dem alle Stäbe jeweils nur an den Stabenden miteinander verbunden sind. Die Verbindungsstellen heißen *Knoten* des Fachwerkes. Sie werden als *reibungsfreie Gelenke* betrachtet. Ferner wird angenommen, daß sich die Achsen der zu einem Knoten gehörenden Stäbe jeweils in *einem* Punkt schneiden und daß *alle Kräfte* (Belastungen und Auflager-Reaktionen) nur in den Knoten angreifen (s. Bild 10.10).

Aus den Voraussetzungen und Annahmen für ein solches *ideales Fachwerk* folgt, daß die Stäbe nur durch an den Stabenden angreifende, entgegengesetzt gleich große Kräfte beansprucht sind. Zur Kennzeichnung der Beanspruchung eines Stabes genügt deshalb eine skalare Größe, die Angabe der *Stabkraft* S_i. Wir legen dazu fest, daß S_i positiv sein soll, wenn der Stab auf Zug beansprucht wird (*Zugstab*). Dementsprechend ist in einem *Druckstab* S_i negativ.

Als Schnittgröße tritt in einem Fachwerkstab nur die Normalkraft auf; sie ist längs des Stabes konstant

$$N_i = S_i .$$

Mit der Ermittlung der Stabkräfte S_i sind deshalb auch zugleich die Schnittgrößen vollständig bestimmt.

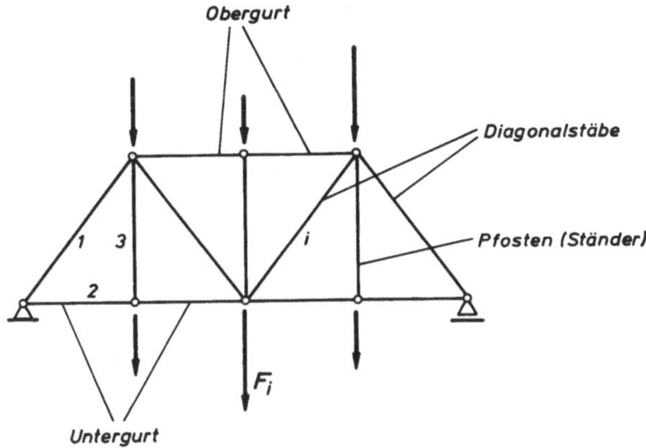

Bild 10.10 Fachwerk

Die Annahme. daß die Knoten eines Fachwerkes reibungsfreie Gelenke darstellen und daß die Belastung nur in den Knoten erfolge, ist eine Abstraktion (bzw. Idealisierung). Die Knoten sind in der Regel konstruktiv nicht als Gelenke ausgebildet: vielfach laufen die Gurte durch. Bei schlanken Fachwerkstäben ist jedoch der Anteil des Kraftflusses, der durch Biegung übertragen wird, klein gegen den Anteil, der durch Normalkräfte in den Stäben weitergeleitet wird.

Ferner wird die Belastung nicht nur in den Knoten in ein Fachwerk eingeleitet. So wirkt beispielsweise das Eigengewicht der Stäbe als verteilte Belastung zwischen den Knoten. Eine solche verteilte Belastung wirkt sich aber jeweils nur auf die Beanspruchung des betreffenden Stabes aus, sofern wir die Knoten als Gelenke betrachten können und das Fachwerk statisch bestimmt ist; die Weiterleitung der Kräfte erfolgt unter dieser Annahme von den angrenzenden Knoten ab durch Normalkräfte. Für reale Fachwerke gilt das natürlich entsprechend den vorstehenden Bemerkungen nur angenähert.

Zusammenfassend können wir festhalten, daß die Vorausetzungen und Annahmen, die der Berechnung einer Fachwerk-Konstruktion hinsichtlich ihrer Beanspruchung zugrunde liegen, im großen und ganzen doch recht brauchbar sind, obwohl dies zunächst bei oberflächlicher Betrachtung anders erscheint. Bei der konstruktiven Gestaltung der Einzelheiten eines Fachwerkes, z.B. eines Knotenanschlusses, muß man jedoch die realen Kräfteverhältnisse berücksichtigen.

10.4.2 Bedingungen für die kinematische und statische Bestimmtheit von Fachwerken

Eine kinematisch bestimmte, d.h. unverschiebbare Fachwerk-Konstruktion kann

1. *einteilig* sein, d.h. aus einem Fachwerk bestehen, das auch ohne die Auflager in sich unverschiebbar ist (s. Bild 10.11a),

2. *mehrteilig* sein, so daß erst im Zusammenwirken mit den Auflagern die Unverschiebbarkeit gewährleistet ist (s. Bild 10.11b).

Bei unseren Untersuchungen der kinematischen und statischen Bestimmtheit von Fachwerk-Konstruktionen können wir uns auf einteilige Fachwerke beschränken und dabei zugleich die Frage nach der kinematischen und statischen Bestimmtheit der Auflager abtrennen. Wir brauchen uns also nur den Bedingungen für die innere, kinematische und statische Bestimmtheit zuzuwenden. Die Frage, wie die Auflager eines einteiligen, in sich kinematisch und statisch bestimmten Fachwerkes angeordnet sein müssen, damit das ganze System statisch und kinematisch bestimmt ist, ist genauso zu beantworten wie die Frage nach den Bedingungen für die kinematisch und statisch bestimmte Lagerung eines einzelnen Körpers (s. Abschnitt 8.2). Ebenso gelten für den Aufbau eines kinematisch und statisch bestimmten mehrteiligen Fachwerkes aus mehreren einteiligen, in sich kinematisch und statisch bestimmten Fachwerken dieselben Bedingungen wie für Systeme von Körpern (s. Abschnitt 10.2).

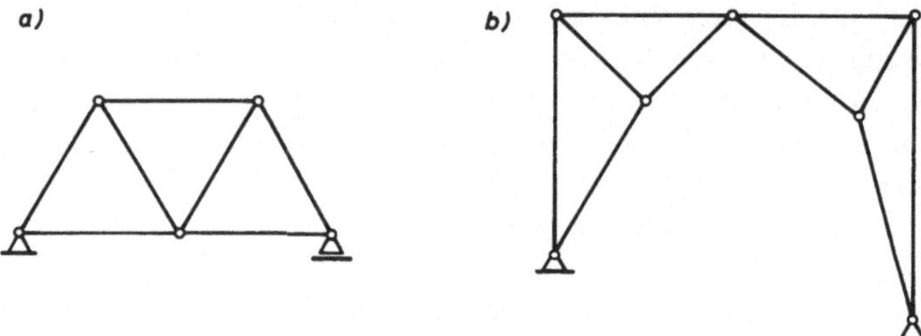

Bild 10.11 Kinematisch bestimmte Fachwerke

Um die notwendigen Bedingungen für die innere statische Bestimmtheit eines einteiligen Fachwerkes zu formulieren, gehen wir in folgender Weise vor. Wir betrachten die an einem Knoten j angreifenden Kräfte (s. Bild 10.12). Sie bilden ein zentrales Kräftesystem. Zur Ermittlung der s unbekannten Stabkräfte S_i sowie der nicht weiter betrachteten Auflager-Reaktionen ($r = 6$ bei räumlichen Fachwerken; $r = 3$ bei ebenen Fachwerken) stehen uns bei k Knoten die folgende Anzahl von Gleichgewichtsbedingungen zur Verfügung:

$3\,k$ für räumliche Fachwerke,

$2\,k$ für ebene Fachwerke.

Soll das Fachwerk in sich statisch bestimmt sein, dann muß die Anzahl der verfügbaren Gleichgewichtsbedingungen zumindest übereinstimmen mit der Anzahl der unbekannten Größen, das sind die s Stabkräfte S_i und die r (sonst nicht weiter betrachteten) Auflager-Reaktionen. Wir erhalten deshalb

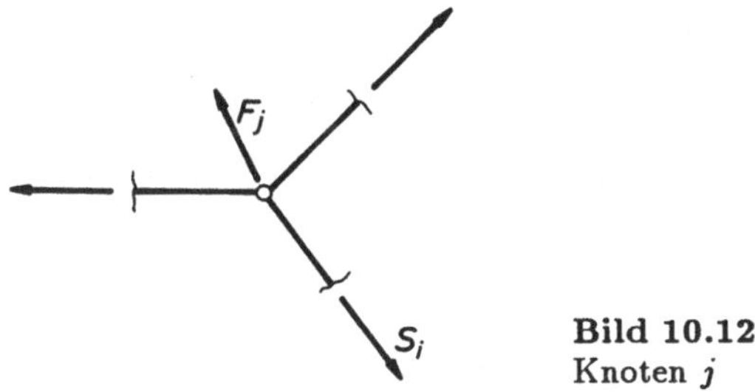

Bild 10.12
Knoten j

Satz 10.8: *Notwendige Bedingung für die innere, statische Bestimmtheit eines einteiligen Fachwerkes*

Die Zahl s der Stäbe eines einteiligen Fachwerkes mit k Knoten muß

$$s = \begin{cases} 3k - 6 & \text{bei räumlichen Fachwerken} \\ 2k - 3 & \text{bei ebenen Fachwerken} \end{cases}$$

sein, damit das Fachwerk in sich statisch bestimmt sein kann.

Wir können diese Bedingung natürlich auch aus Satz 10.1 herleiten, der die notwendige Bedingung für die *kinematische Bestimmtheit* eines Systems von Körpern allgemein formuliert. Dazu haben wir lediglich die Besonderheiten der Beanspruchung und Bindungen eines einteiligen Fachwerkes zu berücksichtigen.

Zu *hinreichenden* Bedingungen für die innere kinematische und statische Bestimmtheit eines einteiligen Fachwerkes gelangen wir erst – wie bei Systemen von Körpern – durch eine Strukturanalyse des ganzen Systems.

Eine solche Strukturanalyse kann bei größeren Fachwerken recht mühsam sein. Die Aufgabe wird uns dadurch erleichert, daß wir alle einteiligen Fachwerke, die in sich kinematisch und statisch bestimmt sind, auf drei einfache *Bildungsgesetze* zurückführen können.

Satz 10.9: *1. Bildungsgesetz für kinematisch und statisch bestimmte einteilige Fachwerke*

Ein kinematisch und statisch bestimmtes Fachwerk bleibt kinematisch und statisch bestimmt, wenn man jeweils einen neuen Knoten durch 3 Stäbe (bei räumlichen Fachwerken) bzw. durch 2 Stäbe (bei ebenen Fachwerken) anschließt, die bei räumlichen Fachwerken nicht in einer Ebene liegen bzw. bei ebenen Fachwerken keine Gerade bilden dürfen.

Der Satz läßt offen, ob wir von einem einzelnen Stab ausgehen oder ob wir ein gegebenes kinematisch und statisch bestimmtes Fachwerk weiter ausbauen. Im ersten Fall ist das entstehende Fachwerk durchgängig nach dem ersten Bildungsgesetz aufgebaut, im zweiten Falle kann es auch anders sein. Zwei Beispiele für durchgängig nach dem ersten Bildungsgesetz aufgebaute ebene Fachwerke zeigt Bild 10.13. Im ersten Beispiel kann jeder Stab als Ausgangsbasis dienen; im zweiten Beispiel kann hingegen der Aufbau nicht mit Stab 7 bzw. 8 begonnen werden.

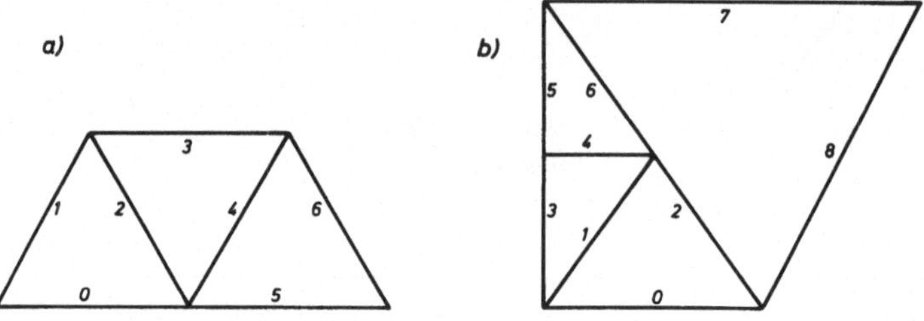

Bild 10.13 Fachwerke nach dem 1. Bildungsgesetz

Satz 10.10: *2. Bildungsgesetz für kinematisch und statisch bestimmte einteilige Fachwerke*

Zwei kinematisch und statisch bestimmte einteilige Fachwerksteile lassen sich zu einem einteiligen kinematisch und statisch bestimmten Fachwerk zusammenfügen, indem man sie bei räumlichen Fachwerken durch 6, bei ebenen Fachwerken durch 3 Stäbe so miteinander verbindet, daß die Anordnung der Verbindungsstäbe keinen Ausnahmefall bildet. Bei räumlichen Fachwerken können 3, bei ebenen Fachwerken 2 Stäbe durch einen Zusammenschluß in einem gemeinsamen Knoten ersetzt werden.

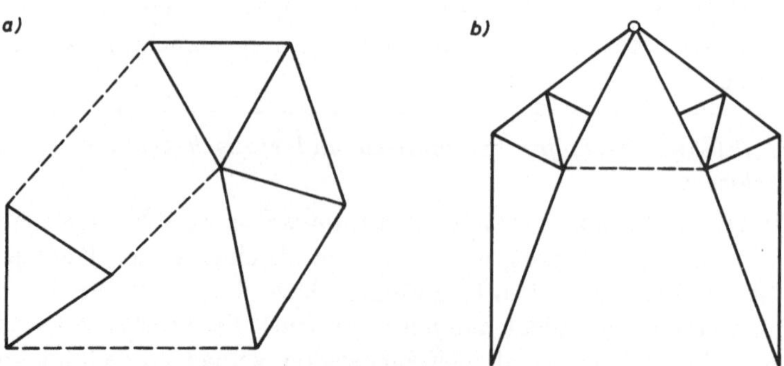

Bild 10.14 Fachwerke nach dem 2. Bildungsgesetz

Die Ausnahmefälle, die hier ausgeschlossen werden müssen, entsprechen genau den Ausnahmefällen, die bei der Wahl der Bezugsachsen zu vermeiden sind, wenn wir die Äquivalenzbedingung für allgemeine Kräftesystme in der Form von sechs Momentenbedingungen schreiben (vgl. Abschnitt 4.7.1). Beispiele für Fachwerke, bei denen zwei nach dem ersten Bildungsgesetz aufgebaute ebene Fachwerksteile entsprechend Satz 10.10 zu einem einteiligen Fachwerk vereinigt werden, zeigt Bild 10.14. In Bild 10.14a erfolgt die Verbindung durch drei Stäbe, deren Achsen sich nicht in *einem* Punkt schneiden dürfen; in Bild 10.14b sind zwei Stäbe durch einen Zusammenschluß in einem gemeinsamen Knoten ersetzt. Baut man in Beispiel 10.13a nachträglich weiter nach dem 1. Bildungsgesetz und überbaut dabei die Verbindungsstelle, so erhält man Fachwerke, die nicht durchgängig nach dem 1. Bildungsgesetz aufgebaut sind, aber auch nicht allein aus dem 2. Bildungsgesetz abzuleiten sind. Beide Bildungsgesetze gemeinsam reichen aber für solche Fachwerke aus, die kinematische und statische Bestimmtheit nachzuweisen. Daneben gibt es aber auch Fachwerke, bei denen selbst dieser Weg versagt. In diesen Fällen hilft uns

---

Satz 10.11: *3. Bildungsgesetz für kinematisch und statisch bestimmte einteilige Fachwerke*

Ein kinematisch und statisch bestimmtes Fachwerk bleibt kinematisch und statisch bestimmt, wenn wir einen Stab entfernen und ihn an anderer Stelle wieder so einfügen, daß die entstandene Verschieblichkeit wieder aufgehoben wird.

Ein Beispiel für ein Fachwerk, das nicht allein mit Hilfe des 1. und 2. Bildungsgesetzes aufzubauen ist, zeigt Bild 10.15.

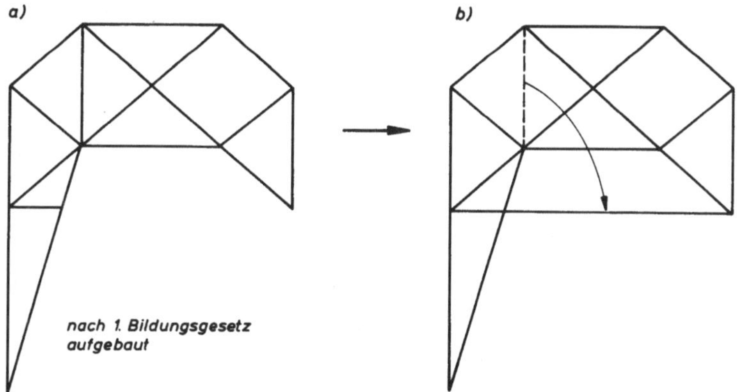

Bild 10.15 Fachwerk nach dem 3. Bildungsgesetz

10.4.3 Berechnungsverfahren für Fachwerke

Wir wollen uns hier auf einige oft gebrauchte Berechnungsverfahren für Fachwerke beschränken. Weitere Berechnungsverfahren werden üblicherweise im Rahmen des Bauingenieurwesens in der Baustatik behandelt.

Sofern die Belastung nicht an den Knoten selbst, sondern zwischen den Knoten angreift, teilen wir sie jeweils auf die benachbarten Knoten auf. Für Belastungen senkrecht zu einem Stab erfolgt die Aufteilung so, als ob der Stab auf zwei Stützen gelagert wäre (Bild 10.16a). Belastungen in Richtung der Stabachse können wir beliebig auf die benachbarten Knoten verteilen (Bild 10.16b).

10.4.3.1 Knoten-Schnittverfahren

Das Knoten-Schnittverfahren ist ein systematisches, numerisches Verfahren, das bei kinematisch und statisch bestimmten Fachwerken *immer* (sowohl bei räumlichen wie bei ebenen Fachwerken) zum Ziel führt. Der *Grundgedanke des Verfahrens* ist:

> Jeder Knoten wird für sich durch einen gedachten Schnitt befreit, der alle an diesem Knoten angeschlossenen Stäbe durchtrennt (s. Bild 10.17). Dann werden für jeden Knoten die 3 (bei räumlichen Problemen) bzw. 2 (bei ebenen Problemen) Gleichgewichtsbedingungen angeschrieben, die alle an dem betreffenden Knoten angreifenden Kräfte (Belastungen, Auflagerreaktionen, Stabkräfte) umfassen. Wir erhalten so $3k$ bzw. $2k$ Gleichungen für $s+6$ bzw. $s+3$ Unbekannte.

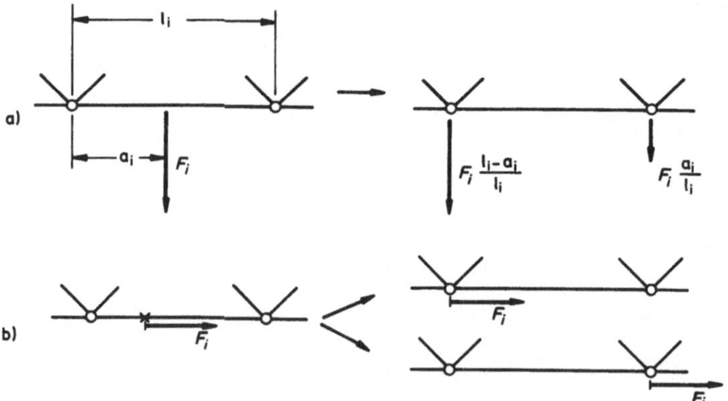

Bild 10.16 Aufteilung der Belastungen

Das aus den Gleichgewichtsbedingungen entstehende Gleichungssystem ist linear und bei kinematisch und statisch bestimmten Fachwerken eindeutig lösbar. Die Struktur des Gleichungssystems hängt ab von der Struktur des Fachwerkes. In vielen

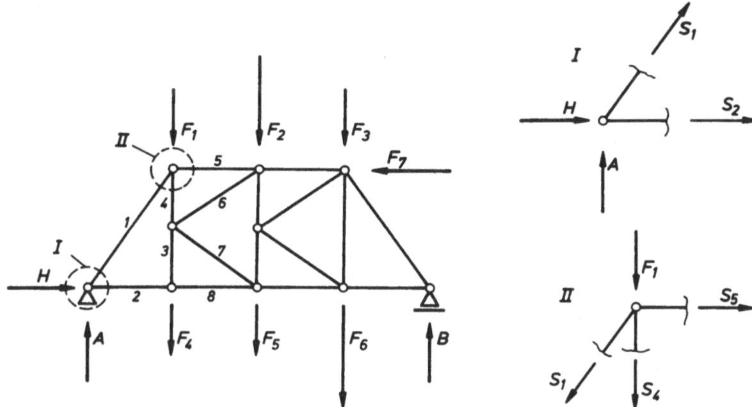

Bild 10.17 Knoten-Schnittverfahren

Fällen können wir das Gleichungssystem rekursiv, d.h. nacheinander lösen, sofern wir vorab eine oder mehrere Auflager-Reaktionen aus Gleichgewichtsbedingungen für das ganze Fachwerk ermittelt haben. Die in gleicher Anzahl dabei überzählig werdenden Knoten-Gleichgewichts bedingungen können wir zur Rechenkontrolle heranziehen. Die rekursive Lösung ist insbesondere dann stets möglich, wenn das Fachwerk durchgängig nach dem 1. Bildungsgesetz aufgebaut ist.

Beispiel: (Bild 10.18)

Stellen wir für jeden Knoten die Kräfte-Gleichgewichtsbedingungen

$$\sum_i F_{iV} = 0$$

$$\sum_i F_{iH} = 0$$

auf, so erhalten wir folgendes Gleichungssystem:

Knoten I: $$A + \frac{1}{2}\sqrt{2}S_1 = 0 \qquad (1)$$

$$H + \frac{1}{2}\sqrt{2}\,S_1 + S_2 = 0 \qquad (2)$$

Knoten II: $$-\frac{1}{2}\sqrt{2}\,S_1 - \frac{1}{2}\sqrt{2}\,S_3 = F_1 \qquad (3)$$

$$-\frac{1}{2}\sqrt{2}\,S_1 + \frac{1}{2}\sqrt{2}\,S_3 + S_4 = 0 \qquad (4)$$

Knoten III: $$\frac{1}{2}\sqrt{2}\,S_3 + \frac{1}{2}\sqrt{2}\,S_5 = F_2 \qquad (5)$$

$$-S_2 - \frac{1}{2}\sqrt{2}\,S_3 + \frac{1}{2}\sqrt{2}\,S_5 + S_6 = 0 \qquad (6)$$

$$\text{Knoten IV:} \quad -\frac{1}{2}\sqrt{2}\,S_5 - \frac{1}{2}\sqrt{2}\,S_7 = F_3 \qquad (7)$$

$$-S_4 - \frac{1}{2}\sqrt{2}\,S_5 + \frac{1}{2}\sqrt{2}\,S_7 = F_4 \qquad (8)$$

$$\text{Knoten V:} \quad +\frac{1}{2}\sqrt{2}\,S_7 + B = 0 \qquad (9)$$

$$S_6 + \frac{1}{2}\sqrt{2}\,S_7 = 0 \qquad (10)$$

Dieses Gleichungssystem ist, da das Fachwerk durchgängig nach dem 1. Bildungsgesetz aufgebaut ist, rekursiv lösbar, sofern wir vorab etwa die Auflager-Reaktionen A und H aus Gleichgewichtsbetrachtungen für das ganze System ermittelt haben. In diesem Falle stehen uns die Gleichungen (8) und (10) als Rechenkontrollen zur Verfügung. Haben wir vorab auch noch B bestimmt, so können wir die Gleichungen (8) bis (10) als Kontrollen benutzen. Es genügt jedoch, vorab lediglich B zu ermitteln, dann können wir das Gleichungssystem in umgekehrter Richtung rekursiv lösen bei leichter Umordnung der Reihenfolge: (9), (10), (7), (8) usw.

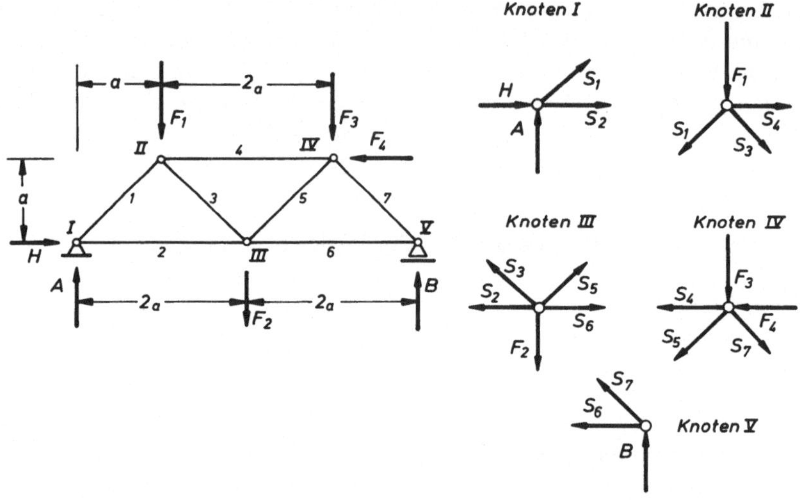

Bild 10.18 Beispiel

Bei ebenen und räumlichen Fachwerken, die durchgängig nach dem 1. Bildungsgesetz aufgebaut sind, können die Knoten-Gleichgewichtsbedingungen in *jedem* Falle durch entsprechende Wahl der Bezugsrichtungen so formuliert werden, daß eine rekursive Lösung des Gleichgewichts möglich ist, auch wenn der Aufbau des Fachwerkes unregelmäßiger ist als in unserem Beispiel. Bei verzweigtem Aufbau des Fachwerkes ist gegebenenfalls an mehreren Stelle mit der rekursiven Auflösung zu beginnen. Oft verzichtet man jedoch auf die strenge Einhaltung einer solchen Formulierungsmöglichkeit. Das Gleichungssystem bleibt auch dann bei solchen und anderen Strukturen nahezu *gestaffelt* und darum leicht auflösbar. Dieser Vorzug überwiegt insbesondere dann, wenn Rechenanlagen zur Auflösung des Gleichungssystems zur Verfügung stehen.

10.4.3.2 Der Cremona-Plan

Der *Cremona*-Plan ist ein graphisches Verfahren zur Ermittlung der Stabkräfte und als solches auf ebene Fachwerke beschränkt. Die Grundzüge dieses Verfahrens gehen auf *Maxwell* (1831-1879) zurück; die Ausgestaltung des Verfahrens verdanken wir *Cremona* (1830-1903).

Der *Grundgedanke des Verfahrens* ist der gleiche wie beim Knotenschnittverfahren:

> Wir zeichnen für jeden Knoten das Krafteck aller an diesem Knoten angreifenden Kräfte, das sich entsprechend der Gleichgewichtsbedingung schließen muß. Zeichnen wir alle diese Kraftecke gesondert, so kommt jede Stabkraft zweimal vor, weil jeder Stab zwischen zwei Knoten verläuft. Bei Einhaltung gewisser Regeln lassen sich diese Kraftecke so miteinander kombinieren, daß jede Stabkraft nur noch einmal vorkommt.

Ohne Zwischenschritte ist der *Cremona*-Plan eines ebenen Fachwerkes nur zu zeichnen, wenn dieses durchgängig nach dem 1. Bildungsgesetz aufgebaut ist; denn es besteht eine Analogie zwischen der rekursiven Lösung des Gleichungssystems beim Knoten-Schnittverfahren und dem Zeichnen des *Cremona*-Planes. Wir wollen hier voraussetzen, daß die zu betrachtenden Fachwerke durchgängig nach dem 1. Bildungsgesetz aufgebaut sind. Dann können wir beim Zeichnen des *Cremona*-Planes so verfahren, wie es im folgenden beschrieben ist.

Verfahren zum Zeichnen des Cremona-Planes bei ebenen Fachwerken, die durchgängig nach dem 1. Bildungsgesetz aufgebaut sind.

1. *Lageplan* zeichnen. Dabei äußere Kräfte (Belastungen und Auflagerreaktionen) stets außen am Knoten antragen (Bild 10.19a). Kräfte, die an einem Innenknoten angreifen, sind unter Einfügung eines in Kraftrichtung verlaufenden Stabes nach außen zu verlegen (Bild 10.19b).

2. Einen *einheitlichen Umlaufsinn* festlegen, in dem die Kräfte im Kräfteplan bei der Zeichnung der Kraftecke aufeinander folgen. Dieser Umlaufsinn gilt für alle Knoten-Kraftecke und für das Krafteck der äußeren Kräfte.

3. *Auflagerreaktionen* berechnen. Sie können auch graphisch bestimmt werden.

4. *Cremona*-Plan beginnen mit einem zweistäbigen Knoten und von Knoten zu Knoten so weitergehen, daß in jedem neuen Knoten nicht mehr als zwei unbekannte Stabkräfte zu bestimmen sind.

   Je Knoten wird ein Krafteck der angreifenden Kräfte (Stabkräfte, äußere Kräfte und Auflagerreaktionen) gezeichnet. Das Krafteck ist mit jener Kraft zu

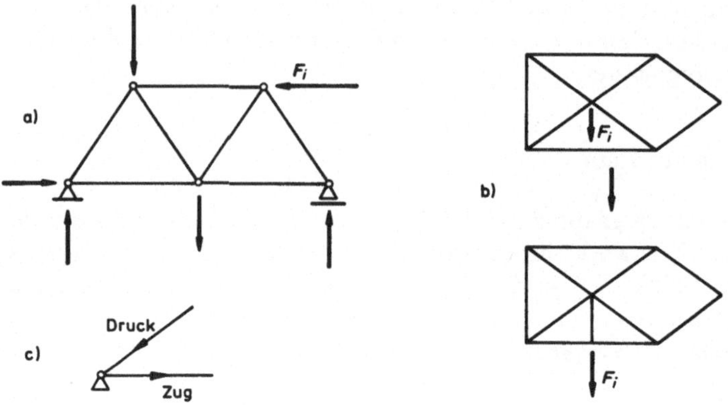

Bild 10.19 Cremona-Plan

beginnen, die beim Umkreisen des Knotens im festgelegten Umlaufsinn auf die beiden unbekannten Kräfte folgt. Die weiteren Kräfte in der Reihenfolge des Umlaufsinns aneinanderfügen.

Die in dem Krafteck sich ergebende Kraftrichtung übertragen wir in die Systemskizze. Führt die Richtung dort vom Knoten fort, so liegt ein Zugstab, führt sie auf den Knoten hin, so liegt ein Druckstab vor (Bild 10.19c). Das Krafteck für den nächsten Knoten tragen wir an die gezeichneten Kraftecke an, indem wir die bereits ermittelten Stabkräfte nun als bekannte Kräfte verwenden. Für das neue Krafteck ist die Richtung dieser Kräfte genau der zuvor im System vermerkten Richtung entgegengesetzt.

5. Ist der Plan richtig gezeichnet, so schließt er sich am Ende. Auch das Krafteck der äußeren Kräfte (Belastungen und Auflagerreaktionen) muß sich schließen. Dieses Krafteck kann auch schon am Anfang des Verfahrens gezeichnet werden (nach Punkt 3).

6. *Merkregeln*:

   - Einer Masche im *Cremona*-Plan entspricht ein Knoten im Fachwerk.
   - Einem Knoten im *Cremona*-Plan entspricht eine Masche im Fachwerk.
   - Daher werden *Cremona*-Pläne auch *reziproke Kräftepläne* genannt.

Beispiel: (Bild 10.20)
Wir legen für die Zeichnung der Kraftecke die Umlaufrichtung entsprechend dem Uhrzeigersinn fest. Die Berechnung der Auflager-Reaktionen ergibt

$$H = 2 \text{ kN}$$
$$A = 6.5 \text{ kN}$$
$$B = 6.5 \text{ kN}$$

Damit können wir das Krafteck der äußeren Kräfte zeichnen. Danach beginnen wir mit dem Krafteck für Knoten I und schreiten fort über II, III, IV bis V. Die Kraftecke für die Knoten IV (teilweise) und Knoten V (ganz) dienen dabei bereits als Kontrolle des Ergebnisses. Als Zugstäbe ergeben sich die Stäbe 2, 3, 5 und 6; Druckstäbe sind die Stäbe 1, 4 und 7. Oft legt man die Stäbe im *Cremona*-Plan auch farbig an: Zugstäbe blau, Druckstäbe rot.

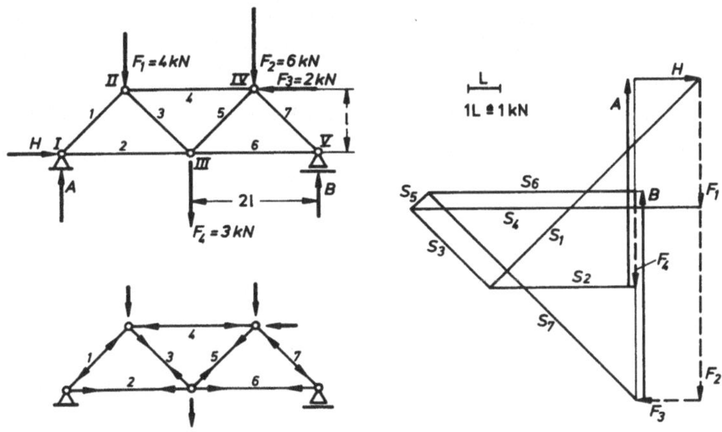

Bild 10.20 Beispiel

10.4.3.3 Ritter-Schnittverfahren

Dieses Schnittverfahren, das auf *Ritter* (1847-1906) zurückgeht, wird meist rechnerisch durchgeführt. Wir erläutern es zunächst für ebene *Fachwerke*; das Prinzip läßt sich jedoch auch auf räumliche Fachwerke anwenden.

Das *Ritter*-Schnittverfahren läßt sich oft einsetzen wenn

1. die rekursive Lösung des Gleichungssystems beim Knoten-Schnittverfahren bzw. die Zeichnung des *Cremona*-Planes steckenbleibt oder

2. einzelne Stabkräfte für sich allein ermittelt werden sollen.

Der *Grundgedanke des Verfahrens* ist:

> Wir führen einen Schnitt so, daß genau drei Stäbe, die nicht alle zum gleichen Knoten führen, durchtrennt und das Fachwerk dadurch in zwei Teile zerlegt wird (*Gesamtschnitt*). Haben wir zuvor die Auflager- Reaktionen durch Gleichgewichtsbetrachtungen für das ganze System ermittelt, so reichen die drei Gleichgewichtsbedingungen für einen durch den Schnitt entstandenen Teil gerade hin, die Stabkräfte der geschnittenen Stäbe zu bestimmen. Vorteilhaft schreiben wir diese Gleichgewichtsbedingungen als Momentenbedingungen in

bezug auf jene drei Punkte an, in denen sich jeweils zwei Stabachsen schneiden (sog. *Ritter*-Punkte); dann enthält jede der Gleichgewichtsbedingungen nur *eine* unbekannte Stabkraft.

Beispiel (Bild 10.21): Polonceau-Binder

Dieses Fachwerk ist nicht durchgängig nach dem 1. Bildungsgesetz aufgebaut; rechter und linker Binderteil sind nach dem 2. Bildungsgesetz zusammengefügt. Die rekursive Lösung des Gleichungssystems beim Knoten- Schnittverfahren bzw. das Zeichnen des *Cremona*-Planes fährt sich, wenn wir mit dem Knoten am linken Auflager beginnen, bei Knoten V (nach Stab 8) fest. Wir kommen weiter, wenn wir einen Schnitt durch die Stäbe 12, 13 und 14 führen und dann die Gleichgewichtsbedingungen für den linken Teil anschreiben. Wir erhalten

$$\sum_i M_{i(a)} = 0 \quad \rightarrow \quad S_{14}$$

$$\sum_i M_{i(b)} = 0 \quad \rightarrow \quad S_{12}$$

$$\sum_i M_{i(c)} = 0 \quad \rightarrow \quad S_{13}\,.$$

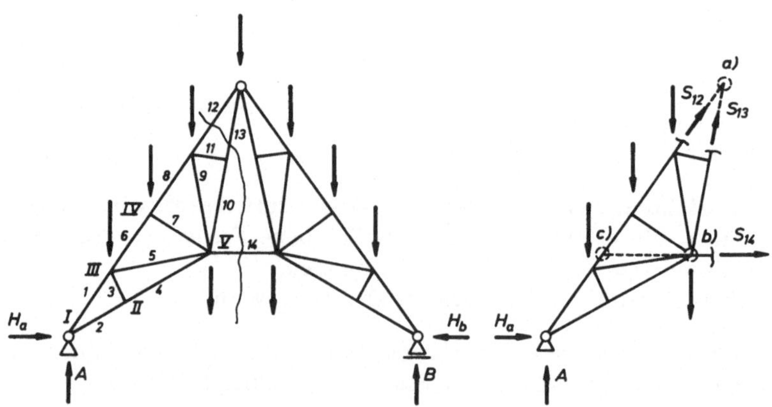

Bild 10.21 Polonceau-Binder

Es genügt, S_{14} zu bestimmen, um mit der rekursiven Lösung des aus dem Knoten-Schnittverfahren bestimmten Gleichungssystems bzw. mit dem Zeichnen des *Cremona*-Planes bis zum Ende fortfahren zu können.

Wir können die Stabkräfte beim *Ritter*-Schnittverfahren auch graphisch ermitteln. Dazu bedienen wir uns der Methode von *Culmann* (s. Abschnitt 4.5.3).

Das *Ritter*-Schnittverfahren ist nicht in jedem Falle anwendbar. Voraussetzung für die Anwendung dieses Verfahrens ist, daß mit einem Schnitt durch drei Stäbe das ebene Fachwerk in zwei Teile zerlegbar sein muß. Diese Voraussetzung kann – unabhängig davon, nach welchem Bildungsgesetz das Fachwerk aufgebaut ist – verletzt sein. Ein einfaches Beispiel dafür ist das in Bild 10.22 skizzierte Fachwerk, das durchgängig nach dem 1. Bildungsgesetz aufgebaut ist (angefangen mit dem obersten Stab). Will man in solchen Fällen einzelne Stabkräfte gesondert ermitteln, muß man auf andere, hier nicht erörterte Verfahren zurückgreifen. Eine in jedem Falle anwendbare Methode beruht auf dem Prinzip der virtuellen Arbeiten, das wir im folgenden Kapitel kennenlernen werden.

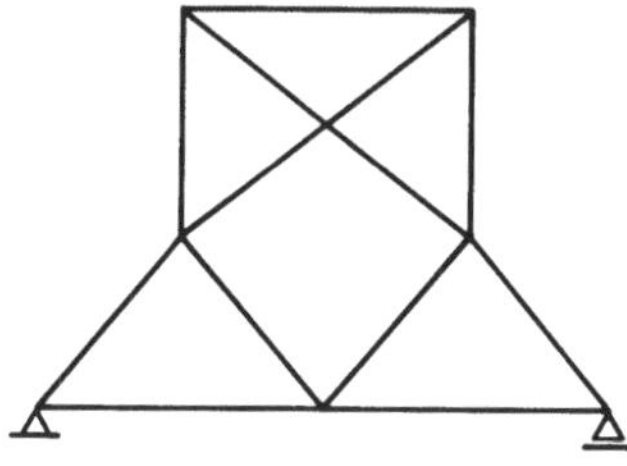

Bild 10.22
Beispiel für einen Ausnahmefall

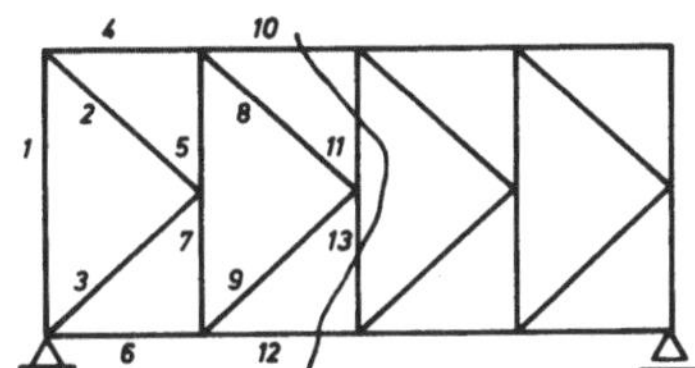

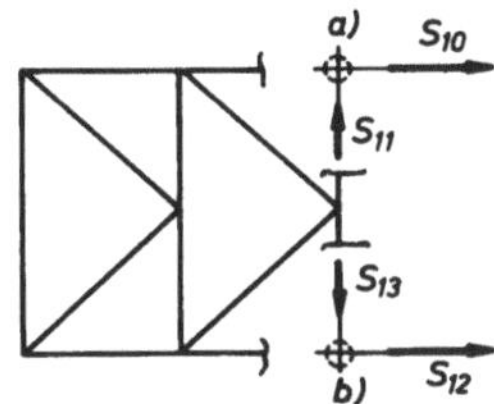

Bild 10.23 K-Fachwerk

Es gibt Sonderfälle, in denen ein Gesamtschnitt, der das Fachwerk in zwei Teile zerlegt, zwar mehr als drei Stäbe trifft (nämlich 4), die Stabkräfte aber dennoch aufgrund der besonderen Stabanordnungen mit Hilfe der Gleichgewichtsbedingungen berechnet werden können. Ein Beispiel dafür ist das sogenannte K-Fachwerk (Bild 10.23), das übrigens durchgängig nach dem 1. Bildungsgesetz aufgebaut ist. Ein Gesamtschnitt, wie er in der Bild 10.23 angedeutet ist, durchtrennt zwar vier Stäbe; da sich aber in den Punkten a und b jeweils die Wirkungslinien von drei Stäben schneiden, liefern die Momenten-Gleichgewichtsbedingungen in bezug auf diese Punkte jeweils eine Stabkraft:

$$\sum_i M_{i(a)} = 0 \quad \rightarrow \quad S_{12}$$

$$\sum_i M_{i(b)} = 0 \quad \rightarrow \quad S_{10} \,.$$

Die Stabkräfte S_{11} und S_{13} sind freilich auf diese Weise nicht zu bestimmen.

Wenden wir das *Ritter*-Schnittverfahren auf *räumliche Fachwerke* an, so ist der Schnitt so zu führen, daß genau *sechs* Stäbe durchtrennt und das Fachwerk dadurch in zwei Teile zerlegt wird. Von den durchschnittenen Stäben dürfen nicht mehr als drei in *einem* Knoten zusammentreffen. Unter diesen Voraussetzungen reichen die sechs Gleichgewichtsbedingungen, die wir für einen durch den Schnitt entstandenen Teil anschreiben können, gerade aus, die Stabkräfte der geschnittenen Stäbe zu berechnen.

11 Das Prinzip der virtuellen Arbeit

11.1 Das Prinzip der virtuellen Verschiebungen

Bei der Betrachtung der Bewegung von – starren oder deformierbaren – Körpern in Kapitel 5 haben wir die unter der Wirkung der eingeprägten Kräfte und unter der Berücksichtigung der kinematischen Bindungen eintretenden *realen (aktuellen) Verschiebungen* der Körperpunkte verfolgt, deren substantielles Differential

$$\mathrm{D}\boldsymbol{r} = \boldsymbol{v}\ \mathrm{d}t$$

ist. Wir gehen nun dazu über, auch (gedachte) *virtuelle Verschiebungen* $\delta\boldsymbol{r}$ einzuführen, die wie folgt definiert sind:

Def. 11.1: *Prinzip der virtuellen Verschiebung*
Eine virtuelle Verschiebung $\delta\boldsymbol{r}$ ist eine gedachte, bei festgehaltener Zeit ausgeführte, mit den kinematischen Bindungen verträgliche, hinreichend kleine (differentielle) Verschiebung, unter der sich die auf den Körper einwirkenden Kräfte nicht ändern. Mathematisch betrachtet stellen die virtuellen Verschiebungen eine *Variation des Verschiebungszustandes* des Körpers bei festgehaltener Zeit dar.

Die Einführung virtueller Verschiebungen stellt einen neuen gedanklichen Schritt, einen eigenständigen neuen Denkansatz dar, der durch die bisherige (gedankliche) Vorgehensweise nicht impliziert ist. Deshalb sprechen wir vom *Prinzip der virtuellen Verschiebungen*. Entsprechend der mathematischen Deutung als *Variationsprinzip* benutzen wir auch das Variationszeichen δ zur Bezeichnung der virtuellen Verschiebungen.

Sind die kinematischen Bindungen *zeitunabhängig (skleronom)* , so bilden die *realen* (aktuellen) Verschiebungen aus rein geometrischer Sicht eine Untergruppe der *virtuellen* Verschiebungen. Zu beachten bleibt dabei jedoch, daß die realen Verschiebungen stets einem Zeitintervall zugeordnet sind, während die virtuellen Verschiebungen bei festgehaltener Zeit ausgeführt zu denken sind. Daraus folgt auch, daß bei *zeitabhängigen (rheonomen)* kinematischen Bindungen die *realen* Verschiebungen im allgemeinen keine Untergruppe der *virtuellen* Verschiebungen bilden.

Ferner ist zu beachten, daß bei virtuellen Verschiebungen die an dem Körper angreifenden Kräfte als unveränderlich zu betrachten sind, während sie sich bei realen Verschiebungen durchaus in Abhängigkeit von den Verschiebungen (und natürlich auch von der Zeit) ändern können.

Bei *starren Körpern* lassen sich die virtuellen Verschiebungen der Körperpunkte auf eine *virtuelle Translation* und eine *virtuelle Rotation* zurückführen (vgl. Abschnitt 5.2):

$$\delta \boldsymbol{r} = \delta \boldsymbol{r}_{\bar{0}} + \delta \boldsymbol{\varphi} \times (\boldsymbol{r} - \boldsymbol{r}_{\bar{0}}).$$

Translation und Rotation müssen natürlich mit den kinematischen Bindungen verträglich sein.

Bei *deformierbaren Körpern* setzen wir in der Regel voraus, daß die virtuellen (mit den kinematischen Bindungen verträglichen) Verschiebungen zugleich in dem Sinne kompatibel sind, daß der Zusammenhang des Körpers bei den virtuellen Verschiebungen gewahrt bleibt (stetiges, zumindest bereichsweise differenzierbares Verschiebungsfeld).

11.2 Das Prinzip der virtuellen Arbeit in der Statik

Wir betrachten zunächst einen kinematisch ungebundenen starren Körper. Die an diesem Körper angreifenden (eingeprägten) *Kräfte* $\boldsymbol{F}_i$ – wir beschränken uns hier der Einfachheit halber auf Einzelkräfte als Resultierende von flächenhaft oder volumenhaft angreifenden Kräften – mögen ein Gleichgewichtssystem bilden (Bild 11.1). Flächenhaft und volumenhaft angreifende Momente schließen wir hier abermals aus (*Boltzmann*-Axiom). Bei der virtuellen Verschiebung des Körpers, die durch

$$\delta \boldsymbol{r} = \delta \boldsymbol{r}_{\bar{0}} + \delta \boldsymbol{\varphi} \times (\boldsymbol{r} - \boldsymbol{r}_{\bar{0}})$$

zu beschreiben ist, verrichten die einzelnen Kräfte $\boldsymbol{F}_i$ die *virtuelle Arbeit*

$$\delta A_i = \boldsymbol{F}_i \cdot \delta \boldsymbol{r}_i = \boldsymbol{F}_i \cdot [\delta \boldsymbol{r}_{\bar{0}} + \delta \boldsymbol{\varphi} \times (\boldsymbol{r} - \boldsymbol{r}_{\bar{0}})] .$$

Wir sprechen hier abkürzend von den virtuellen Verschiebungen eines *Körpers*, statt von den virtuellen Verschiebungen der *Körperpunkte* infolge einer virtuellen Lageänderung (manchmal auch *virtuelle Verrückung* genannt) *des Körpers*. Da Mißverständnisse Jedoch kaum zu befürchten sind, wollen wir im folgenden bei dieser Bezeichnung bleiben.

Für die virtuelle Arbeit des gesamten Kräftesystems gilt

$$\delta A \;=\; \sum_i \delta A_i = \sum_i \{\boldsymbol{F}_i \cdot [\delta \boldsymbol{r}_{\bar{0}} + \delta \boldsymbol{\varphi} \times (\boldsymbol{r}_i - \boldsymbol{r}_{\bar{0}})]\}$$

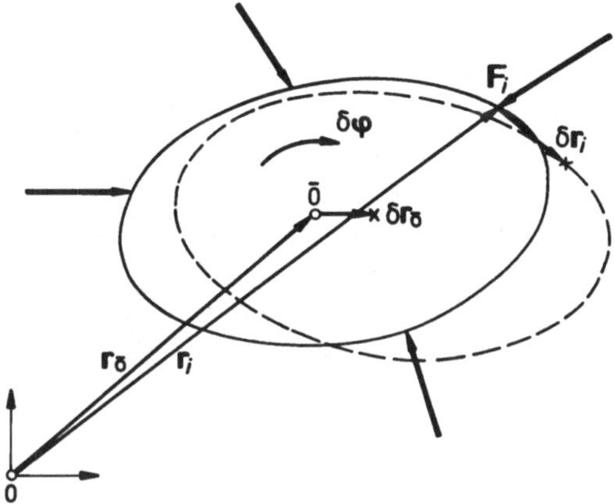

Bild 11.1 Virtuelle Verschiebung eines Körpers

$$= \sum_i \{\boldsymbol{F}_i \cdot \delta \boldsymbol{r}_{\bar{0}}\} + \sum_i \{\boldsymbol{F}_i \cdot [\delta\boldsymbol{\varphi} \times (\boldsymbol{r}_i - \boldsymbol{r}_{\bar{0}})]\}$$
$$= \left\{\sum_i \boldsymbol{F}_i\right\} \cdot \delta \boldsymbol{r}_{\bar{0}} + \delta\boldsymbol{\varphi} \cdot \left\{\sum_i (\boldsymbol{r}_i - \boldsymbol{r}_{\bar{0}}) \times \boldsymbol{F}_i\right\}.$$

Da für ein Gleichgewichtssystem

$$\sum_i \boldsymbol{F}_i = \boldsymbol{0}$$

und

$$\sum_i \boldsymbol{M}_{i(\bar{0})} = \sum_i (\boldsymbol{r}_i - \boldsymbol{r}_{\bar{0}}) \times \boldsymbol{F}_i = \boldsymbol{0}$$

sind, folgt also

Satz 11.1: Bilden die an einem starren Körper angreifenden Kräfte $\boldsymbol{F}_i$ ein Gleichgewichtssystem, so verschwindet bei einer virtuellen Verschiebung die resultierende virtuelle Arbeit dieses Kräftesystems:

$$\delta A = \sum_i \delta A_i = 0\,.$$

Etwa angreifende *Momente* (singuläre Kräftepaare) schließen wir hier und im folgenden stets dadurch mit ein, daß wir sie uns durch *äquivalente* Kräftepaare realisiert denken.

Die Umkehr dieses Satzes lautet:

Satz 11.2: *Prinzip der virtuellen Arbeit in der Statik (Fassung A)*
Verschwindet die resultierende virtuelle Arbeit δA eines an einem starren Körper angreifenden Kräftesysstems $\boldsymbol{F}_i$ für jede beliebige virtuelle Verschiebung, so bilden die Kräfte $\boldsymbol{F}_i$ ein Gleichgewichtssystem.

Wir können den Satz 11.2 anstelle des Grundgesetzes der Mechanik zur axiomatischen Grundlage der Statik machen. Dazu erinnern wir uns, daß aus dem Grundgesetz der Mechanik als notwendige und hinreichende Gleichgewichtsbedingungen für den starren Körper

$$\sum_i \boldsymbol{F}_i = \mathbf{0}, \quad \sum_i \boldsymbol{M}_{i(\bar{0})} = \mathbf{0}$$

abzuleiten sind (vgl. Abschnitt 6.4). Dieselben Bedingungen folgen aber auch aus Satz 11.2 in Umkehrung des Beweises zu Satz 11.1 bei Einführung *beliebiger* virtueller Verschiebungen $\delta \boldsymbol{r}_{\bar{0}}$, $\delta \boldsymbol{\varphi}$. Wir können deshalb die Grundaussagen der Statik äquivalent mit Hilfe des *Prinzips der virtuellen Arbeit* formulieren, wobei dann Satz 11.2 axiomatische Bedeutung erhält.

Überlegungen in dieser Richtung gehen schon auf die Schule von *Aristoteles* zurück. Dort wurde als goldene Regel für Hebeeinrichtungen der Satz *Kraft mal Kraftweg gleich Last mal Lastweg* formuliert. Die systematische Ausgestaltung des Prinzips der virtuellen Arbeit und seine Ausdehnung auf die *Kinetik*, auf die wir später (in Band III) noch zu sprechen kommen, geht im wesentlichen auf *Johann Bernoulli* (1667-1748) und auf *Lagrange* (1736-1813) zurück.

Den Satz 11.2 können wir unmittelbar auch auf solche starren Körper anwenden, die kinematischen Bindungen unterliegen, aber noch mindestens den Freiheitsgrad $\lambda = 1$ besitzen:

$$1 \leqslant \lambda < 6\,.$$

Wir haben hier nur zu beachten, daß die jetzt noch zulässigen virtuellen Verschiebungen den kinematischen Bindungen genügen müssen. Gerade diese Einschränkung führt jedoch dazu, daß die aus den kinematischen Bindungen resultierenden *Reaktionen* $\boldsymbol{F}_k^{(r)}$ bei der Ermittlung der virtuellen Arbeit überhaupt herausfallen. Denn es gilt (vgl. Satz 8.1)

Satz 11.3: Die virtuelle Arbeit einer *Reaktion* $\boldsymbol{F}_k^{(r)}$ ist stets Null:

$$\boldsymbol{F}_k^{(r)} \cdot \delta \boldsymbol{r}_k = 0\,.$$

Dieser für zeitunabhängige und zeitabhängge kinematische Bindungen geltende Sachverhalt macht das Prinzip gerade für solche Systeme starrer Körper (einzelne starre Körper eingeschlossen) besonders wirkungsvoll, die kinematischen Bindungen unterliegen. Denn aufgrund dieses Sachverhaltes vereinfacht sich Satz 11.2 zu

---

Satz 11.4: ***Prinzip der virtuellen Arbeit in der Statik (Fassung B)***

Verschwindet die resultierende virtuelle Arbeit der an einem System starrer Körper angreifenden eingeprägten Kräfte $\boldsymbol{F}_i^{(e)}$ für jede beliebige virtuelle Verschiebung des Systems, d.h. ist

$$\delta A^{(e)} = \sum_i \{\boldsymbol{F}_i^{(e)} \cdot \delta \boldsymbol{r}_i\} = 0,$$

so ist das System im Gleichgewicht, d.h. die eingeprägten Kräfte $\boldsymbol{F}_i^{(e)}$ bilden mit den Reaktionen $\boldsymbol{F}_k^{(r)}$ ein Gleichgewichtssystem.

Die Anwendungsmöglichkeiten des Satzes 11.4 umfassen (einzelne starre Körper jeweils eingeschlossen)

1. die Ermittlung unbekannter eingeprägter Kräfte in einem Gleichgewichtssystem,
2. die Festlegung einzelner System-Parameter zur Erfüllung der Gleichgewichtsbedingungen,
3. die Ermittlung von Reaktionen in einem Gleichgewichtssystem, in dem man unter Anwendung des Befreiungsprinzips die betreffenden kinematischen Bindungen löst und sie durch unbekannte eingeprägte Kräfte ersetzt,
4. die Ermittlung der Gleichgewichtslagen von beweglichen Systemen.

Mathematisch betrachtet führt des *Prinzip der virtuellen Arbeit* auf ein *Variationsproblem*: Die Arbeit der an dem System angreifenden (eingeprägten) Kräfte soll bei allen zugelassenen Variationen des Verschiebungszustandes im Gleichgewichtszustand verschwinden. Daraus lassen sich die Gleichgewichtsbedingungen für mechanische Systeme herleiten.

11.3 Beispiele für die Anwendung des Prinzips der virtuellen Arbeit in der Statik

11.3.1 Ermittlung unbekannter eingeprägter Kräfte in einem Gleichgewichtssystem

Als einfaches Beispiel wählen wir zunächst einen Flaschenzug (Bild 11.2). Wir suchen die zum Heben des Gewichtes G erforderliche Seilkraft F. Zwischen den virtuellen Verschiebungen δh und δf der Kraftangriffspunkte besteht die Beziehung

$$\delta f = 4\, \delta h\,.$$

Das Prinzip der virtuellen Arbeit liefert deshalb als Gleichgewichtsbedingung

$$\delta A^{(e)} = -G\,\delta h + F\,\delta f = \{-G + 4F\}\,\delta h = 0,$$

und daraus folgt, da δh beliebig gewählt werden kann,

$$F = \frac{1}{4}\,G.$$

Dasselbe Ergebnis können wir natürlich auch aus einer Kräfte-Gleichgewichtsbetrachtung gewinnen, indem wir durch einen gedachten Schnitt die untere Flasche freimachen und beachten, daß wir durch einen solchen Schnitt vier Seilstränge durchtrennen, in denen jeweils die Seilkraft F herrscht.

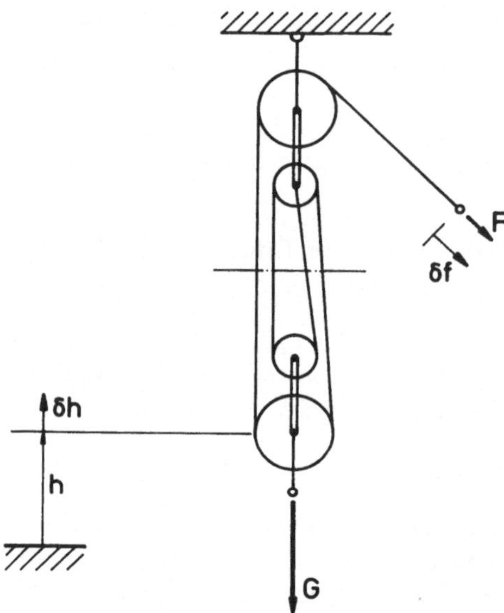

Bild 11.2
Beispiel: Flaschenzug

Als zweites Beispiel betrachten wir eine gewichtsbelastete Seilabspannung, die das Gewicht G_0 trägt (Bild 11.3). Gegeben seien die Spannweite l sowie die Längen a und b der Seilabschnitte und damit auch die Winkel α und β. Wir suchen die erforderlichen Spanngewichte G_1 und G_2, die das System im Gleichgewicht halten.

Es handelt sich hier um ein System vom Freiheitsgrad $\lambda = 2$. Wir können also die Lage der einzelnen Gewichte durch $\lambda = 2$ Zahlenangaben (sog. generalisierte Koordinaten) festlegen, beispielsweise durch die Längen a und b (bzw. α und β). Beide Größen können dann unabhängig voneinander variiert werden.

Für die virtuelle Arbeit der an diesem System angreifenden Kräfte gilt im Falle des Gleichgewichts allgemein

$$\delta A^{(e)} = G_0\,\delta f - G_1\,\delta a - G_2\,\delta b = 0,$$

wobei δf noch durch δa und δb ausgedrückt werden kann. Um G_1 und G_2 zu bestimmen, genügen zwei geeignet gewählte, spezielle virtuelle Verschiebungen. Als erste virtuelle Verschiebung wählen wir eine solche, die einer vertikalen Verschiebung des

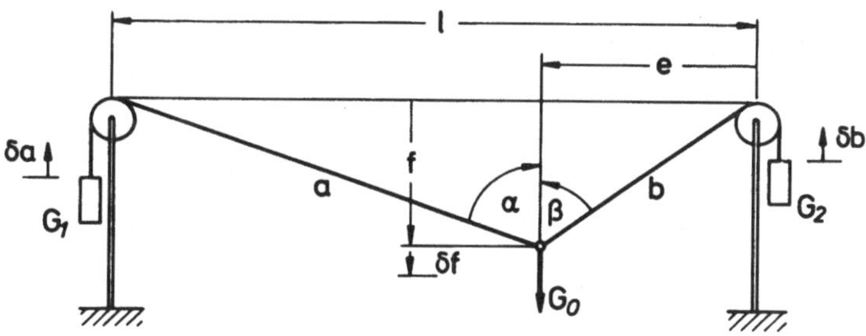

Bild 11.3 Beispiel: Seilabspannung

Angriffspunktes von G_0 entspricht. In diesem Falle bleibt e = konst. Wir erhalten deshalb (unter Benutzung der Methoden der Differentialrechnung) aus

$$a^2 = f^2 + (l - e)^2 \quad \rightarrow \quad 2a\,\delta a = 2f\,\delta f$$

bzw.

$$b^2 = f^2 + e^2 \qquad \rightarrow \quad 2b\,\delta b = 2f\,\delta f.$$

Setzen wir das in den allgemeinen Ausdruck für die virtuelle Arbeit ein, so folgt für diesen Fall (e = konst.)

$$\left\{G_0 - \frac{f}{a}\,G_1 - \frac{f}{b}\,G_2\right\}\delta f = 0,$$

also

$$G_0 = \frac{f}{a}\,G_1 + \frac{f}{b}\,G_2 = \cos\alpha\,G_1 + \cos\beta\,G_2.$$

Als zweite virtuelle Verschiebung des Systems wählen wir eine solche, die zu einer horizontalen Verschiebung des Angriffspunktes von G_0 führt. In diesem Falle bleibt f = konst., während e veränderlich ist. Wir erhalten dafür

$$\delta f = 0$$

$$2a\,\delta a = -2(l - e)\delta e$$

$$2b\,\delta b = 2e\,\delta e,$$

also

$$-\frac{a}{l - e}\,\delta a = \frac{b}{e}\,\delta b\,.$$

Setzen wir das wiederum in den allgemeinen Ausdruck für die virtuelle Arbeit ein, so ergibt das in diesem Falle

$$-\left\{G_1 - G_2 \frac{e}{b} \frac{a}{l-e}\right\} \delta a = 0,$$

d.h.

$$0 = G_1 \frac{l-e}{a} - G_2 \frac{e}{b} = G_1 \sin\alpha - G_2 \sin\beta .$$

Aus (1) und (2) sind G_1 und G_2 zu berechnen:

$$G_1 = G_0 \frac{1}{\cos\alpha\left(1 + \dfrac{\tan\alpha}{\tan\beta}\right)}$$

$$G_2 = G_0 \frac{1}{\cos\beta\left(1 + \dfrac{\tan\beta}{\tan\alpha}\right)} .$$

Wir können als spezielle virtuelle Verschiebungen natürlich auch solche wählen, bei denen einmal $\delta b = 0$, $\delta a \neq 0$ und im anderen Falle $\delta a = 0$, $\delta b \neq 0$. Dann erhalten wir jeweils *eine* Gleichung für *eine* Unbekannte (G_1 bzw. G_2).

11.3.2 Festlegung freier System-Parameter für ein Gleichgewichtssystem

Wir suchen für das in Bild 11.4 skizzierte System bei gegebenen Werten für G_1, G_2, α_1 und unter der Voraussetzung von Reibungsfreiheit den Neigungswinkel α_2, unter dem das System im Gleichgewicht ist. Unter Beachtung, daß

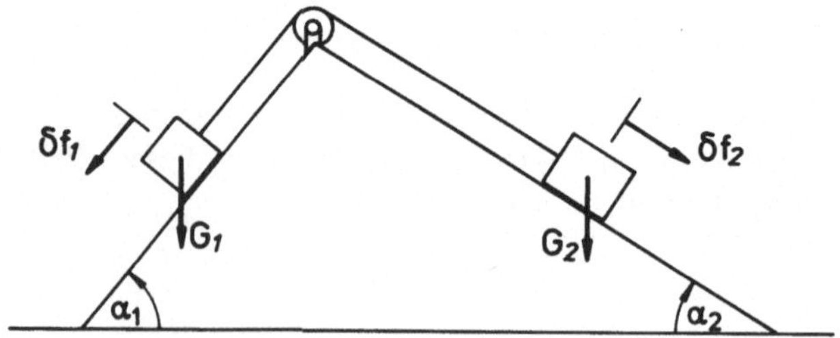

Bild 11.4 Beispiel: schiefe Ebene

$$\delta f_2 = -\delta f_1$$

ist, finden wir mit Hilfe des Prinzips der virtuellen Arbeit als Gleichgewichtsbedingung

$$\delta A^{(e)} = 0 = G_1 \sin\alpha_1\, \delta f_1 + G_2 \sin\alpha_2\, \delta f_2 = \{G_1 \sin\alpha_1 - G_2 \sin\alpha_2\}\, \delta f_1 ,$$

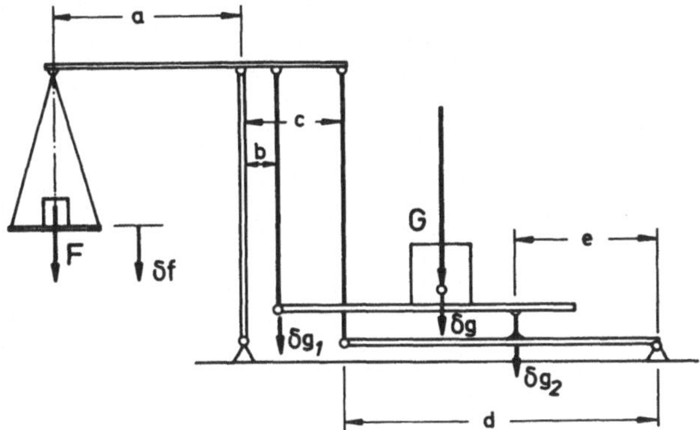

Bild 11.5 Beispiel: Brückenwaage

also

$$\sin\alpha_2 = \frac{G_1}{G_2}\,\sin\alpha_1 .$$

Als weiteres Beispiel betrachten wir die in Bild 11.5 skizzierte Brückenwaage. Wir fragen danach, wie die Hebelarm-Verhältnisse abgestimmt werden müssen, damit wir unabhängig von der Stellung der Last ein Verhältnis von Meß-Gewicht F zur Last G gleich 1 : 10 erhalten (Dezimalwaage).

Aus den Hebelarm-Verhältnissen leiten wir für die virtuellen Verschiebungen der beiden Auflagerpunkte des Wägetisches ab

$$\delta g_1 = -\frac{b}{a}\,\delta f$$

$$\delta g_2 = -\frac{c}{a}\,\frac{e}{d}\,\delta f .$$

Die virtuelle Verschiebung δg der Last wird nur dann unabhängig von der Stellung, wenn

$$\delta g_1 = \delta g_2 = \delta g$$

wird, also

$$\frac{b}{a} = \frac{c}{a}\,\frac{e}{d}\,, \quad \text{d.h.} \quad \frac{c}{b}\,\frac{e}{d} = 1 .$$

Mit

$$\delta g = -\frac{b}{a}\,\delta f$$

folgern wir dann weiter mit Hilfe des Prinzips der virtuellen Arbeit

$$\delta A^{(e)} = 0 = F\,\delta f + G\,\delta g = \left(F - \frac{b}{a}G\right)\delta f,$$

also

$$\frac{F}{G} = \frac{b}{a}\,.$$

Es muß somit

$$\frac{b}{a} = \frac{1}{10} \quad \text{und} \quad \frac{c}{b}\,\frac{e}{d} = 1$$

gemacht werden, wenn

$$F : G = 1 : 10$$

unabhängig von der Laststellung sein soll.

Wir können das Prinzip der virtuellen Arbeit auch einsetzen, um etwa für die in Bild 11.6 skizzierte Anordnung den Verlauf der Führung für das Gegengewicht F so zu ermitteln, daß sich die Klappe (Gewicht G) in jeder Stellung im Gleichgewicht befindet. In diesem Falle sind nicht einzelne Parameter zu bestimmen, sondern eine Funktion. Der Gedankengang ist dabei aber grundsätzlich der gleiche. Er sei hier nur angedeutet. Das Prinzip der virtuellen Arbeit liefert als Gleichgewichtsbedingung

$$\delta A^{(e)} = 0 = -G\,\frac{l}{2}\,\sin\varphi\,\delta\varphi + F\sin\alpha\,\delta f.$$

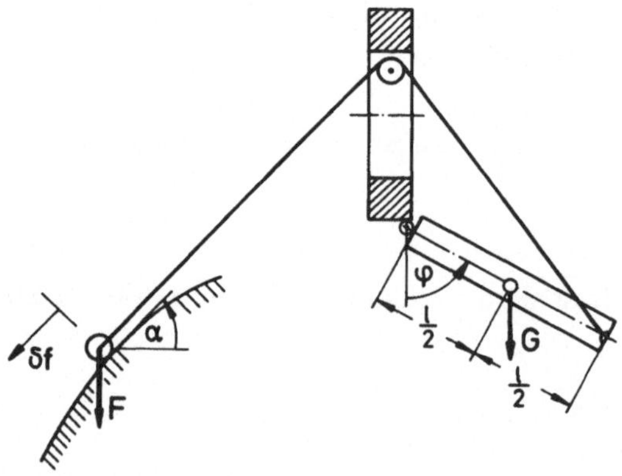

Bild 11.6 Beispiel: unbekannter Führungsverlauf

Andererseits läßt sich δf in Abhängigkeit von $\delta\varphi$ und den gegebenen System-Parametern ausdrücken. Damit ist dann der Führungsverlauf zu bestimmen.

11.3.3 Ermittlung von Reaktionen in einem Gleichgewichtssystem

Wenn wir die von einer kinematischen Bindung verursachte Reaktion mit Hilfe des Prinzips der virtuellen Arbeit ermitteln wollen, so müssen wir zuvor die betreffende kinematische Bindung lösen und statt ihrer die entsprechende Reaktion als unbekannte eingeprägte Kraft einführen (*Befreiungsprinzip*).

Als Beispiel betrachten wir den zweifach gelagerten Stab aus Bild 11.7. Um die rechte Auflagerreaktion B zu ermitteln, lösen wir die entsprechende kinematische Bindung und führen B als unbekannte eingeprägte Kraft ein. Das Prinzip der virtuellen Arbeit führt dann auf

$$\delta A^{(e)} = 0 = \{Fl_1 - Bl\}\,\delta\varphi,$$

d.h.

$$B = F\,\frac{l_1}{l}\,.$$

Um die Schnittgrößen zu ermitteln, denken wir uns den Stab durchgeschnitten. Durch spezielle Wahl der durch δf, $\delta\varphi_1$ bzw. $\delta\varphi_2$ charakterisierten virtuellen Ver-

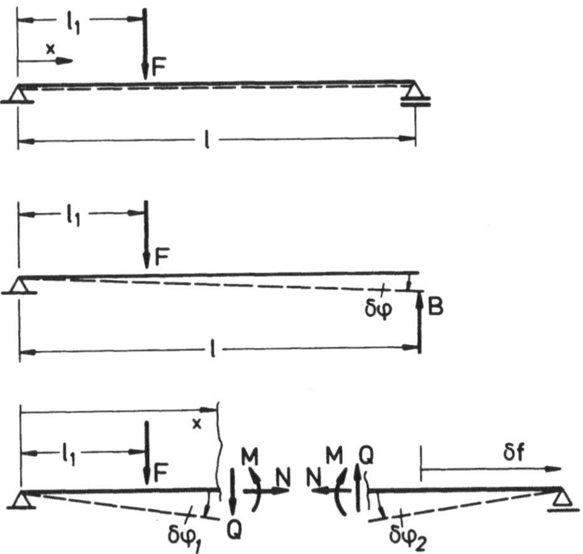

Bild 11.7 Bestimmung der Schnittgrößen

schiebungen finden wir:

1. *Normalkraft* $N(x)$ $\quad (0 \leqslant x \leqslant l)$

$$\delta\varphi_1 = \delta\varphi_2 = 0, \quad \delta f \neq 0,$$

$$\delta A^{(e)} = -N\,\delta f = 0 \;\rightarrow\; N(x) = 0.$$

2. *Biegemoment* $M(x) \qquad (l_1 \leqslant x \leqslant l)$

$$\begin{aligned}
&\delta f = 0, \quad x\,\delta\varphi_1 = (l-x)\,\delta\varphi_2, \\
&\delta A^{(e)} = 0 = Fl_1\,\delta\varphi_1 + Qx\,\delta\varphi_1 - M\,\delta\varphi_1 - M\,\delta\varphi_2 - Q(l-x)\,\delta\varphi_2 \\
&\phantom{\delta A^{(e)}} = \left\{F\,l_1 - M\,\frac{l}{l-x}\right\}\delta\varphi_1
\end{aligned}$$

$$\rightarrow\; M(x) = F\,\frac{l_1}{l}\,(l-x)\,;$$

analog: $M(x) \qquad (0 \leqslant x \leqslant l_1)$

3. *Querkraft* $Q(x) \qquad (l_1 < x \leqslant l)$

$$\begin{aligned}
&\delta f = 0, \quad \delta\varphi_1 = -\delta\varphi_2, \\
&\delta A^{(e)} = 0 = Fl_1\,\delta\varphi_1 + Qx\,\delta\varphi_1 - M\,\delta\varphi_1 - M\,\delta\varphi_2 - Q(l-x)\,\delta\varphi_2 \\
&\phantom{\delta A^{(e)}} = \{Fl_1 + Ql\}\,\delta\varphi_1
\end{aligned}$$

$$\rightarrow\; Q(x) = -F\,\frac{l_1}{l}\,;$$

analog: $Q(x) \qquad (0 \leqslant x < l_1)$.

Wir können die Bindungen auch einzeln lösen, indem wir ***nacheinander*** an der Schnittstelle

1. eine Längsverschieblichkeit ($\rightarrow N$),
2. ein Gelenk ($\rightarrow M$) bzw.
3. eine Querverschieblichkeit ($\rightarrow Q$)

einführen.

Als zweites Beispiel betrachten wir das in Bild 11.8 skizzierte Fachwerk. Wir wollen die Strabkraft S_6 bestimmen. Dazu schneiden wir in Gedanken diesen Stab und finden mit Hilfe des Prinzips der virtuellen Arbeit

$$\delta A^{(e)} = 0 = F\,\delta f - S_{6(r)}\,\delta s_{s_{6(r)}},$$

wobei die angegebenen virtuellen Verschiebungen δf bzw. $\delta s_{s_{6(r)}}$ den kinematischen Bindungen des durch den Schnitt freigelegten Systems genügen müssen. Wir werden später (in Band III) ein Verfahren kennen lernen, mit Hilfe dessen wir die Verschiebungszustände (also auch die virtuellen) von beweglichen Systemen beschreiben können.

Vorerst zeigt sich einfach, daß

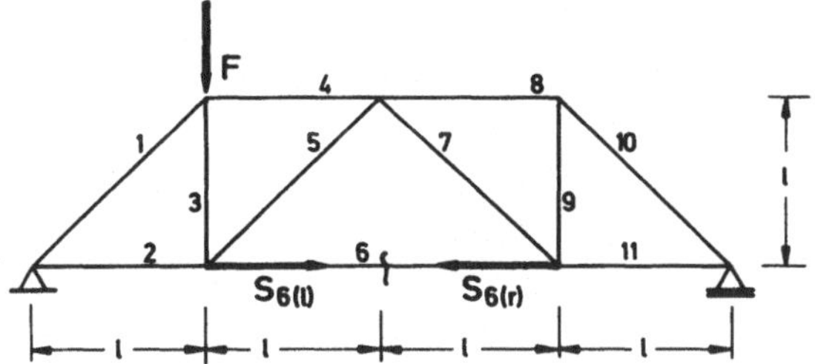

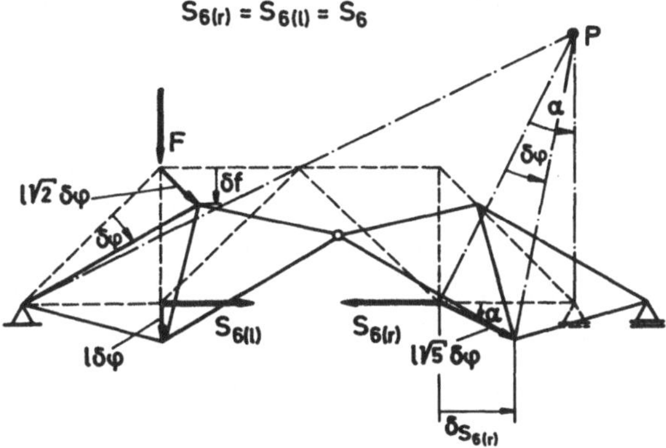

Bild 11.8 Fachwerk

$$\delta f = l\,\delta\varphi$$

$$\delta s_{6(r)} = 2l\,\delta\varphi$$

und damit

$$0 = \{F\,l - S_6\,2l\}\,\delta\varphi \;\rightarrow\; S_6 = \frac{F}{2}\,.$$

Als letztes Beispiel dieses Abschnitts wollen wir für das in Bild 11.9 skizzierte System die auf Haftreibung beruhende horizontale Auflagerreaktion A_R ermitteln. Obwohl wir keine formschlüssige Bindung zu lösen haben, um den Fußpunkt des Stabes verschieben zu können, haben wir doch das Haften als kinematische Bindung und A_R als Reaktion zu betrachten.

Mit

$$\delta f = -\frac{1}{2}\,\delta h = -\frac{1}{2}\,\delta\sqrt{l^2 - a^2} = \frac{1}{2}\,\frac{a}{\sqrt{l^2 - a^2}}\,\delta a = \frac{1}{2}\,\frac{a}{h}\,\delta a$$

liefert das Prinzip der virtuellen Arbeit

$$\delta A^{(e)} = 0 = G\,\delta f - A_R\,\delta a = \left\{G\,\frac{1}{2}\,\frac{a}{h} - A_R\right\}\,\delta a.$$

Wir erhalten also

$$A_R = \frac{1}{2}\,\frac{a}{h}\,G.$$

A_R muß der Haftbedingung

$$A_R \leqslant \mu_0 A_N = \mu_0 G = \tan\rho_0 G$$

genügen. Es muß also

$$\frac{1}{2}\,\frac{a}{h} = \frac{1}{2}\,\tan\alpha \leqslant \tan\rho_0$$

sein.

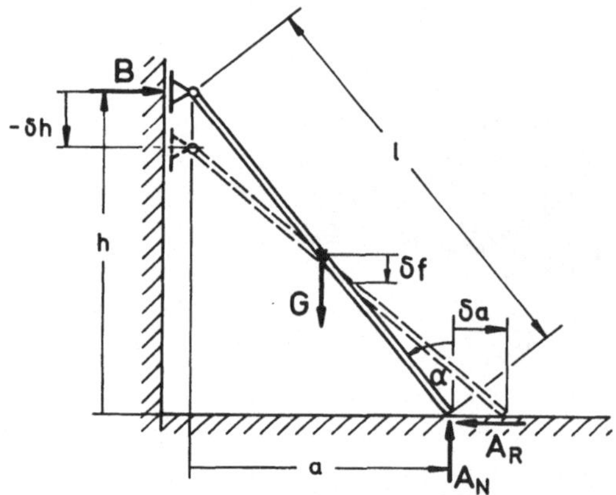

Bild 11.9 System mit Haftreibung

Aus den vorstehenden Beispielen folgt, daß das Prinzip der virtuellen Arbeiten hervorragend dazu geeignet ist, jeweils *eine* (äußere oder innere) Reaktion zu berechnen, indem man gerade die entsprechende kinematische Bindung löst.

11.3.4 Ermittlung von Gleichgewichtslagen bei beweglichen Systemen

Wir suchen die Gleichgewichtslage eines Brettes, das in der in Bild 11.10 skizzierten Weise reibungsfrei gelagert ist. Für die Lage des Schwerpunktes M lesen wir ab

$$h = \left\{ \frac{l}{2} - \frac{e}{\cos\alpha} \right\} \sin\alpha = h(\alpha)\,.$$

Das Prinzip der virtuellen Arbeit liefert für die Gleichgewichtslage die Bedingung

$$\delta A^{(e)} = -G\,\delta h = 0\,.$$

d.h. wegen $G =$ konst.

$$\delta h = \left\{ \frac{l}{2} \cos\alpha - \frac{e}{\cos^2\alpha} \right\} \delta\alpha = 0 \,.$$

Für die Gleichgewichtslage erhalten wir somit

$$\cos\alpha = \sqrt[3]{\frac{2e}{l}} \,.$$

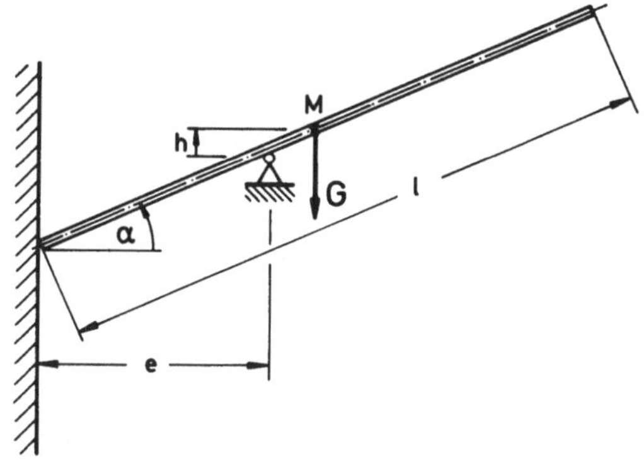

Bild 11.10 Bewegliches System

12 Statik der Seile

12.1 Allgemeines

Seile (Drähte, Fäden, Ketten) wollen wir hier idealisierend als linienhafte Körper mit verschwindender Biegesteifigkeit betrachten. Unter Biegesteifigkeit wollen wir dabei vorerst lediglich eine bestimmte Festigkeitseigenschaft verstehen, die einer Verbiegung des Seiles Widerstand leisten kann. Eine genauere Festlegung werden wir im entsprechenden Zusammenhang in Band II kennenlernen. Ein solches idealisiertes Seil kann also kein Biegemoment und keine Querkraft sowie (aus Stabilitätsgründen) keine Druckkraft aufnehmen. Sehen wir im Regelfall auch von Torsionsmomenten ab, so verbleibt als einzige Schnittgröße eine (nicht-negative) Normalkraft, die wir hier als *Seilkraft* ($S \geqslant 0$) bezeichnen.

Ob wir die Biegesteifigkeit eines Seiles vernachlässigen dürfen, hängt ab von

1. Werkstoff und Struktur des Seiles (homogen, geflochten usw.),
2. dem sich ergebenden oder vorgegebenen Krümmungsradius des Seiles im Verhältnis zu seinem Durchmesser.

Der Einfachheit halber wollen wir annehmen, daß die Voraussetzungen für solch ideale Seile gegeben seien. Wir wollen ferner auch annehmen, daß etwa auftretende Längungen des Seiles vernachlässigt werden dürfen, d.h. das Seil soll hier als *undehnbar* betrachtet werden. Diese zusätzliche über die Annahmen idealer Seile hinausgehende Einschränkung kann natürlich insbesondere etwa bei straff gespannten Seilen zu einer Verfälschung der Ergebnisse führen. Die Zulässigkeit dieser Einschränkung müssen wir deshalb von Fall zu Fall überprüfen.

Viele Probleme der Seilstatik laufen dann darauf hinaus, für ein gegebenes Seil (einschließlich seiner Befestigungsart) die sich bei einer gegebenen Belastung einstellende *Seilkurve* und die zugehörige *Seilkraft* zu ermitteln. Eine andere Fragestellung besteht darin, die sich für eine längs des Seiles bewegliche Last einstellende Gleichgewichtslage anzugeben. Die Behandlung solcher und anderer Probleme erfordert

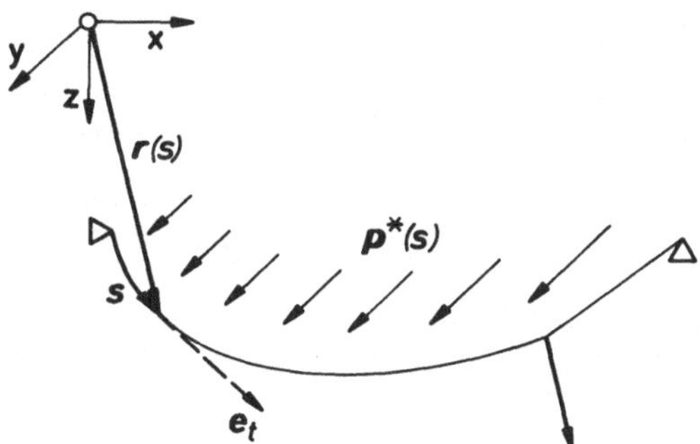

Bild 12.1 Seil mit Belastung

die folgenden (teils gegebenen, teils gesuchten Angaben, bei denen uns die längs der Seilkurve verlaufende Koordinate s als Parameter dient (vgl. Bild 12.1):

Seileigenschaften:	Seillänge l_0
	Massenbelegung $\mu(s) = \dfrac{\mathrm{d}m}{\mathrm{d}s}$
Seilbefestigung:	Befestigungspunkte,
	Umlenkrollen
Seilbelastung:	verteilte Belastungen $\mathbf{p}^*(s)$
	Einzellasten $\boldsymbol{F}_i = \boldsymbol{F}(s_i)$
Seilkurve:	$\boldsymbol{r} = \boldsymbol{r}(s) \rightarrow \; x = x(s)$
	$y = y(s)$
	$z = z(s)$
Seilkraft:	$\mathbf{S} = S(s)\,\boldsymbol{e}_t(s) \quad (S \geqslant 0)$

Dabei gilt es natürlich zu beachten, daß sich der Gleichgewichtszustand des Systems in der deformierten Lage des Seiles einstellt und daß hier anders als in Abschnitt 8.1 ausgeführt die Formänderungen, die einen Körperpunkt des Seiles aus der Ausgangslage $\mathring{\mathbf{r}}$ in die deformierte Lage $\mathbf{r}(s)$ überführen (vgl. Abschnitt 5.3) nicht mehr zu vernachlässigen sind. Die Besonderheit, die es deshalb bei der Behandlung der Statik der Seile zu beachten gilt ist, daß das Gleichgewicht der Kräfte hier nicht mehr näherungsweise am unverformten Körper angeschrieben werden kann. Bei unbekannter Seilkurve führt dies dazu, daß die Gleichgewichtsbedingungen dann neben den Kräften auch noch Bestandteile der unbekannten Lösung des Problems enthalten – und dies häufig auch noch in nicht-linearer Form.

12.2 Grundgleichungen der Statik der Seile

Gegeben seien: Seileigenschaften (einschließlich Befestigungsart), Belastung

Unbekannt sind dann: Seilkurve $\boldsymbol{r} = \boldsymbol{r}(s)$, Seilkraft $\boldsymbol{S} = \boldsymbol{S}(s)$ } 6 skalare Größen

Wir benötigen also insgesamt sechs skalare Gleichungen zur Bestimmung dieser Größen. Die erforderlichen Gleichungen finden wir durch folgende Überlegungen

1. Gleichgewichtsbedingung

Aus der Betrachtung eines Seilelementes mit *verteilter Belastung* (vgl. Bild 12.2a) lesen wir ab

$$\frac{d\boldsymbol{S}}{ds} = -\boldsymbol{p}^*(s) \longrightarrow \begin{aligned} \frac{dS_x}{ds} &= -p_x^*(s) \\ \frac{dS_y}{ds} &= -p_y^*(s) \\ \frac{dS_z}{ds} &= -p_z^*(s) \end{aligned}$$

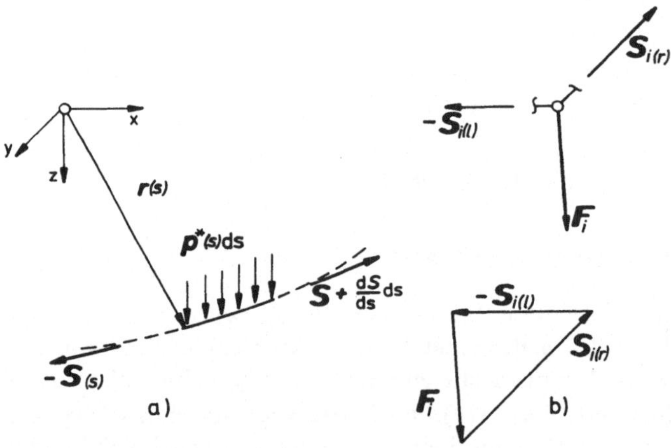

Bild 12.2 Belastungsarten

Bei Belastung durch eine *Einzellast* (vgl. Bild 12.2b) dagegen gilt

$$\boldsymbol{S}_{i(r)} - \boldsymbol{S}_{i(l)} = -\boldsymbol{F}_i \,.$$

Das sind jeweils drei skalare Gleichungen.

2. Seileigenschaften

Wegen der fehlenden Biegesteifigkeit muß die Seilkraft $\boldsymbol{S}$ stets tangential zur Seilkurve wirken. Diese Aussage können wir auch in der Form

$$e_t(s) \times S(s) = 0 \quad ; \qquad e_t(s) = \frac{\mathrm{d}r(s)}{\mathrm{d}s}$$

schreiben. Daraus erhalten wir zunächst drei weitere skalare Gleichungen

$$\begin{aligned}
\frac{\mathrm{d}y(s)}{\mathrm{d}s} S_z(s) - \frac{\mathrm{d}z(s)}{\mathrm{d}s} S_y(s) &= 0 \\
\frac{\mathrm{d}z(s)}{\mathrm{d}s} S_x(s) - \frac{\mathrm{d}x(s)}{\mathrm{d}s} S_z(s) &= 0 \\
\frac{\mathrm{d}x(s)}{\mathrm{d}s} S_y(s) - \frac{\mathrm{d}y(s)}{\mathrm{d}s} S_x(s) &= 0
\end{aligned}$$

Davon sind jedoch nur zwei unabhängig voneinander. Wir weisen dies leicht dadurch nach, daß wir beispielsweise die dritte Gleichung nach S_x auflösen und das Ergebnis in die zweite Gleichung einsetzen; dann wird die zweite mit der ersten Gleichung identisch. Die obige Bedingung liefert uns mithin nur *zwei* Gleichungen. Die dritte noch benötigte Gleichung gewinnen wir aus der Annahme über das Materialverhalten des Seiles. Für *undehnbare Seile* gilt für das betrachtete Seilelement nämlich die einfache Beziehung

$$\mathrm{d}s = \mathrm{d}\overset{\circ}{s}$$

daß sich – bei ansonsten beliebiger Deformation – die Länge des Elementes gegenüber der der Ausgangslage nicht verändert. Damit stehen uns sechs skalare Gleichungen zu Bestimmung der sechs skalaren Unbekannten zur Verfügung. Zusammen mit den Randbedingungen

z.B. $r(0) = r_0 \qquad r(l) = r_1$ (s. Bild 12.3a)
oder $r(0) = r_0 \qquad S(r_1) = G$ (s. Bild 12.3b)

ist die Aufgabe dann lösbar. Anhand einiger einfacher Beispiele wollen wir dies veranschaulichen.

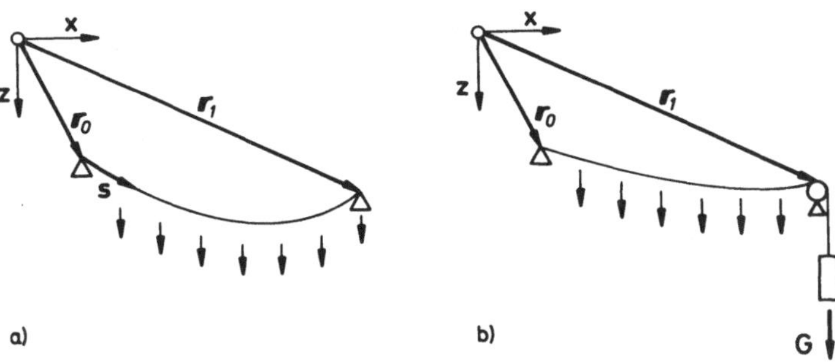

Bild 12.3 Randbedingungen

12.3 Das vertikal belastete, undehnbare Seil

12.3.1 Gleichungssystem

Bei vertikaler Belastung erhalten wir ein *ebenes Problem*, das einige Vereinfachungen mit sich bringt. Wir legen das Koordinatensystem so, daß die Seilkurve in der x-z-Ebene liegt (vgl. Bild 12.4). Es liegt dann nahe, die Seilkurve – unter Elimination des Parameters s – in der Form

$$z = z(x)$$

zu beschreiben. Für den Zusammenhang zwischen den beiden Differentialen $\mathrm{d}s$ und $\mathrm{d}x$ ergibt sich dabei aus

$$(\mathrm{d}s)^2 = (\mathrm{d}x)^2 + (\mathrm{d}z)^2$$

die Beziehung

$$\mathrm{d}s = \mathrm{d}x\sqrt{1 + \left(\frac{\mathrm{d}z}{\mathrm{d}x}\right)^2} = \mathrm{d}x\sqrt{1 + (z')^2}\,.$$

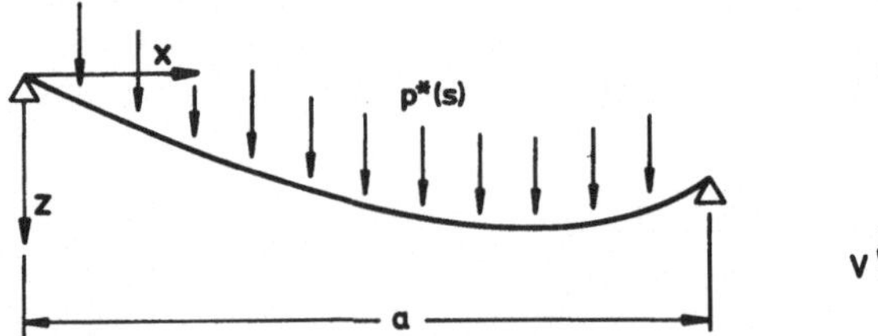

Bild 12.4 Vertikal belastetes Seil

Wir setzen zur Vereinfachung der Schreibweise

$$p_z^*(s) = p^*(s) \qquad (\text{da} \quad p_x^* = p_y^* = 0)$$
$$S_x = H, \quad S_z = V \quad (\text{da} \quad S_y = 0)\,.$$

Aus der Gleichgewichtsbedingung in x-Richtung

$$\frac{\mathrm{d}H}{\mathrm{d}s} = -p_x^*(s) = 0$$

folgt

$$H = \text{konst.}$$

Es verbleiben dann nur noch die folgenden Gleichungen

1. Gleichgewichtsbedingung in z-Richtung:

$$\frac{dV}{ds} = \frac{dV}{dx}\frac{dx}{ds} = \frac{dV}{dx}\frac{1}{\sqrt{1+(z')^2}} = -p^*(s).$$

2. Seileigenschaften:

   (a) wegen $\boldsymbol{e}_t \times \boldsymbol{S} = 0$:

   $$\frac{dz(x)}{dx} = \frac{V}{H},$$

   (b) wegen Undehnbarkeit:

   $$ds = d\overset{\circ}{s}.$$

Setzen wir Bedingung (2a) in (1) ein, so erhalten wir für die Seilkurve $z(x)$ die nicht-lineare Differentialgleichung

$$\boxed{\begin{aligned} \frac{z''}{\sqrt{1+(z')^2}} &= -\frac{p^*(s)}{H} \\ \text{mit}\quad H &= \text{konst.} \end{aligned}}$$

Wie diese Differentialgleichung zu lösen ist, hängt davon ab, in welcher Form uns $p^*(s)$ gegeben ist. Im allgemeinen bereitet die Lösung Schwierigkeiten, da wir $s = s(x)$ noch nicht kennen. Es gibt jedoch auch einfach lösbare Sonderfälle. Die noch unbekannte Größe H (Horizontalkomponente von S) können wir nachträglich aus den Randbedingungen – im allgemeinen unter Heranziehung der Bedingung (2b) – ermitteln.

12.3.2 Das durch Eigengewicht belastete Seil

Wir setzen konstanten Seilquerschnitt A und homogenen Werkstoff (ρ = konst.) voraus. Dann wird

$$p^*(s) = \rho g A = \text{konst.} = p^*.$$

Wir erhalten deshalb für die Seilkurve die Differentialgleichung

$$\frac{z''}{\sqrt{1+(z')^2}} = -\frac{p^*}{H} = \text{konst.}$$

mit den zugehörigen Randbedingungen.

Setzen wir hier $z'(x) = u(x)$, so können wir die Variablen trennen und die Gleichung integrieren

$$\int\limits_{u(0)}^{u(x)} \frac{\mathrm{d}u}{\sqrt{1+u^2}} = [\operatorname{ar\,sinh} u]_0^x = -\int\limits_0^x \frac{p^*}{H}\,\mathrm{d}x = -\frac{p^*}{H}\,x$$

d.h. $u(x) = z'(x) = \sinh\left\{c - \frac{p^*}{H}\,x\right\}$ mit $c = \operatorname{ar\,sinh} u(0)$.

Nochmalige Integration ergibt

$$z = z(0) - \frac{H}{p^*}\left\{\cosh\left[c - \frac{p^*}{H}\,x\right] - \cosh c\right\}.$$

Die Integrationskonstanten $z(0)$ und $c = \operatorname{ar\,sinh} z'(0)$ sowie der Parameter H sind aus den Randbedingungen und den Angaben über die Seilbefestigung (z.B. Seillänge) zu errechnen.

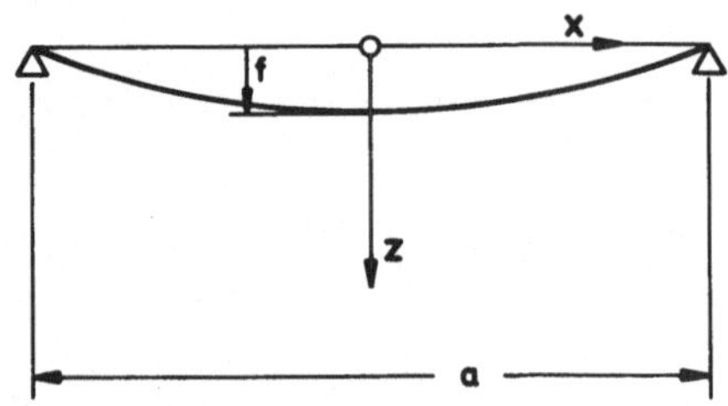

Bild 12.5
Beispiel

Beispiel (vgl. Bild 12.5)
Bei der Festlegung des Koordinatensystems nutzen wir die Symmetrie des Problems aus.

Gegeben seien: Seillänge l_0
Eigengewicht pro Längeneinheit: $p^* = \rho g A$
Randbedingungen: $z'(0) = 0$
$z\left(\frac{a}{2}\right) = 0$

Aus der ersten Randbedingung folgt

$$c = \operatorname{ar\,sinh} z'(0) = 0.$$

Damit wird

$$z(x) = z(0) - \frac{H}{\rho g A}\left\{\cosh\frac{\rho g A}{H}\,x - 1\right\}.$$

$z(0) = f$ können wir mit Hilfe der zweiten Randbedinung ermitteln und erhalten so

$$f = \frac{H}{\rho g A}\left\{\cosh\frac{\rho g A a}{2H} - 1\right\} = f(H).$$

Damit wird

$$z(x) = \frac{H}{\rho g A} \left\{ \cosh \frac{\rho g A a}{2H} - \cosh \frac{\rho g A}{H} x \right\}.$$

Die noch offene Horizontalkomponente H der Seilkraft S können wir schließlich aus der Bedingung

$$\frac{l_0}{2} = \int_0^{\frac{a}{2}} \sqrt{1+(z')^2}\, dx = \int_0^{\frac{a}{2}} \sqrt{1+\sinh^2 \frac{\rho g A}{H} x}\, dx$$

$$= \int_0^{\frac{a}{2}} \cosh \frac{\rho g A}{H} x\, dx = \frac{H}{\rho g A} \sinh \frac{\rho g A a}{2H}$$

herleiten. Das ist eine transzendente Gleichung für

$$H = H(\rho g A,\ a,\ l_o)\ .$$

Für straff gespannte Seile $\left(\frac{\rho g A a}{2H} \ll 1 \right)$ können wir durch Reihenentwicklung eine Näherungslösung angeben. Wir erhalten zunächst

$$\frac{l_o}{a} = \frac{2H}{\rho g A a} \sinh \frac{\rho g A a}{2H} = 1 + \frac{1}{6} \left(\frac{\rho g A a}{2H} \right)^2 + \frac{1}{120} \left(\frac{\rho g A a}{2H} \right)^4 + \cdots$$

Brechen wir diese Reihe nach dem zweiten Glied ab, so finden wir

$$H \approx \rho g A a \sqrt{\frac{1}{24\left(\frac{l_o}{a} - 1\right)}}\ .$$

Eine entsprechende Reihenentwicklung für $f(H)$ ergibt (nach Umkehr der Beziehung)

$$H \approx \frac{1}{8}\, \rho g A a\, \frac{a}{f}\ ,$$

d.h.

$$H \sim \frac{1}{f}\ .$$

Bei straff gespannten Seilen für die $z' \ll 1$ wird, ist

$$S = \sqrt{V^2 + H^2} = H\sqrt{1+(z')^2} \approx H.$$

Wir können deshalb in solchen Fällen auch verhältnismäßig einfach die Längung des Seiles berücksichtigen. Dazu haben wir oben anstelle von l_0 die sich unter der Belastung tatsächlich einstellende Länge l einzusetzen.

12.3.3 Belastung gegeben als $p(x)$

Wir gehen hier davon aus, daß die Belastung nicht in der Form $p^*(s)$ gegeben sei (d.h. als Belastung pro Längeneinheit des Seiles und der Koordinate s zugeordnet), sondern in der Form $p(x)$, also bezogen auf die horizontale Länge und der Koordinate x zugeordnet (vgl. Bild 12.6. Zwischen $p^*(s)$ und $p(x)$ besteht die Beziehung

$$p^*(s)\ \mathrm{d}s = p(x)\ \mathrm{d}x$$

d.h.

$$p^*(s) = p(x)\,\frac{\mathrm{d}x}{\mathrm{d}s} = \frac{p(x)}{\sqrt{1+(z')^2}}\,.$$

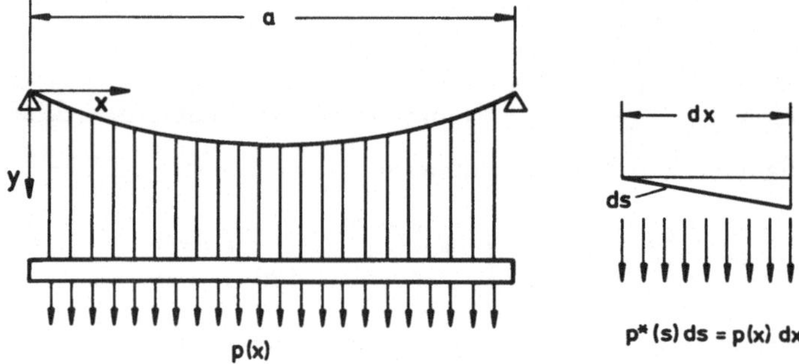

Bild 12.6 Belastung gegeben als $p(x)$

Setzen wir das in die Differentialgleichung für das vertikal belastete Seil ein, so erhalten wir

$$\boxed{z''(x) = -\,\frac{p(x)}{H}}$$

mit den entsprechenden Randbedingungen.

Diese Differentialgleichung läßt sich unmittelbar integrieren. Die zweifache Integration ergibt

$$\boxed{z(x) = z(0) + z'(0) - \frac{1}{H}\int_0^x\int_0^x p(\xi)\ \mathrm{d}\xi\ \mathrm{d}x.}$$

Die Integrationskonstanten $z(0)$ und $z'(0)$ sowie der noch offene Parameter H (die Horizontalkomponente der Seilkraft) sind wiederum aus den Randbedingungen und den Angaben über die Seilbefestigung (z.B. Seillänge l_0) zu bestimmen.

Beispiel: (vgl. Bild 12.6)

Gegeben seien: Belastung: $p(x) = \text{konst.} = p$

Randbedingungen: $z(0) = z(a) = 0$

Seillänge: l_0

Unter Beachtung der Randbedingung $z(0) = 0$ erhalten wir zunächst als Lösung

$$z(x) = z'(0)\,x - \frac{px^2}{2H}\,.$$

Die zweite Randbedingung $z(a) = 0$ liefert

$$z'(0) = \frac{pa}{2H}\,.$$

Die Lösung lautet mithin

$$\boxed{z(x) = \frac{p}{2H}\,x\,(a-x).}$$

Sie stellt eine Parabel dar. Den noch offenen Parameter H ermitteln wir aus der Bedingung

$$l_0 = \int\limits_0^a \sqrt{1+(z')^2}\,\mathrm{d}x = \int\limits_{z'(0)}^{z'(a)} \sqrt{1+(z')^2}\,\frac{\mathrm{d}x}{\mathrm{d}z'}\,\mathrm{d}z'.$$

Aus

$$z'(x) = \frac{pa}{2H}\left[1 - 2\,\frac{x}{a}\right]$$

folgt

$$\frac{\mathrm{d}x}{\mathrm{d}z'} = \frac{1}{\frac{\mathrm{d}z'}{\mathrm{d}x}} = -\frac{H}{p}$$

$$z'(0) = \frac{pa}{2H}\,, \qquad z'(a) = -\frac{pa}{2H}\,.$$

Das obige Integral geht damit über in

$$l_0 = -\frac{H}{p}\int\limits_{\frac{pa}{2H}}^{-\frac{pa}{2H}} \sqrt{1+(z')^2}\,\mathrm{d}z' = -\frac{H}{2p}\left[z'\sqrt{1+(z')^2} + \operatorname{ar\,sinh} z'\right]_{\frac{pa}{2H}}^{-\frac{pa}{2H}}\,.$$

Wir erhalten also als Bedingung für H die Beziehung

$$\boxed{\frac{l_0}{a} = \frac{1}{2}\sqrt{1+\left(\frac{pa}{2H}\right)^2} + \frac{H}{p}\,\operatorname{ar\,sinh}\frac{pa}{2H}\,.}$$

Aus dieser transzendenten Gleichung ist

$$H = H(p, a, l_0)$$

zu bestimmen. Für straffe Seile $\left(\frac{pa}{2H} \ll 1\right)$ können wir die rechte Seite in eine Reihe entwickeln. Wir erhalten dann eine Näherungslösung, die die gleiche Form hat wie bei Seilen, die durch ihr Eigengewicht belastet sind:

$$H \approx pa\sqrt{\frac{1}{24\left(\frac{l_0}{a} - 1\right)}} \, .$$

Das ist nicht verwunderlich; denn für straffe Seile ($z' \ll 1$) ist $p^*(s) \approx p(x)$.

Namen- und Sachregister

Einführung in die Strömungsmechanik

von Klaus Gersten

6., überarbeitete Auflage 1991. 200 Seiten mit 96 Abbildungen, 10 Tabellen und 52 durchgerechneten Beispielen. Kartoniert.
ISBN 3-528-43344-2

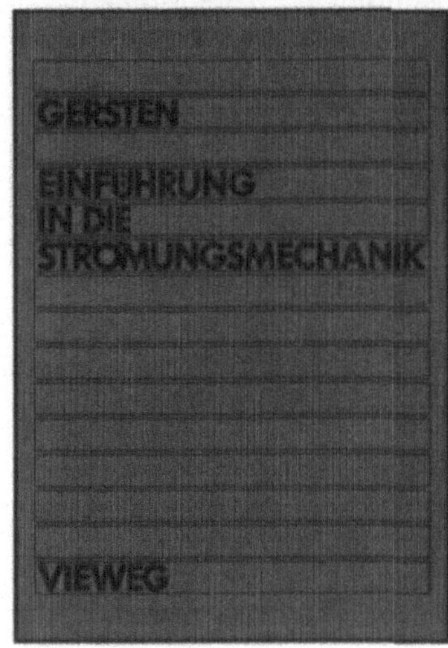

Aus dem Vorwort:

(...) Das Buch behandelt die Grundlagen der Strömungsmechanik und umfaßt etwa den Lehrstoff, der zum Studium in den Fächern Maschinenbau, Bauingenieurwesen, Verfahrenstechnik und Flugtechnik mindestens erforderlich ist.

Von den 18 Kapiteln des Buches befassen sich die ersten vier Kapitel mit der Statik der Fluide, die restlichen mit der Dynamik der Fluide. Zur Dynamik gehört vor allem die Behandlung der Erhaltungssätze für Masse, Energie und Impuls. Diese werden zunächst als Integralsätze und dann in Form von Differentialgleichungen hergeleitet und in ihren Anwendungen studiert. (...)

Obwohl es sich um eine Einführung in die Strömungsmechanik handelt, wird im Gegensatz zu einigen vorhandenen Lehrbüchern auch die Kompressibilität der Fluide wegen ihrer großen technischen Bedeutung berücksichtigt, jedoch in der einfachsten Form, so daß nur wenige Grundbegriffe aus der Thermodynamik verwendet werden. Im allgemeinen werden stationäre, d.h. zeitunabhängige Strömungen vorausgesetzt. Den instationären Strömungen ist ein gesondertes Kapitel am Ende des Buches gewidmet. In diesem Kapitel sind außerdem die wichtigsten Sätze übersichtlich zusammengestellt.

Es werden geringe mathematische Kenntnisse vorausgesetzt. Bei Vektorgleichungen sind meistens auch die Komponentengleichungen angegeben. Zur Vereinfachung werden fast nur Strömungen in Stromröhren und ebene Strömungen behandelt.

Verlag Vieweg · Postfach 58 29 · D-6200 Wiesbaden 1

vieweg